地震前兆观测台网信息管理系统设计与实现

滕云田 邓 攀 王 晨 著

U0363529

科学出版社

北京

内 容 简 介

本书以实现地震前兆观测台网业务信息化管理为目标,提出一种地震观测台网信息管理体系架构,设计并实现观测台网的元数据管理、数据采集、数据交换、数据服务、系统监控和系统管理等业务信息管理系统,内容涉及信息管理系统的体系结构、数据库结构、软件接口、容错性、系统测试与部署运行等,具有较高的创造性和实用性。

本书可供信息管理系统、软件工程、计算机科学等相关专业研究生和本科生使用,也可供地球科学观测与研究领域相关的观测系统开发人员阅读参考。

图书在版编目(CIP)数据

地震前兆观测台网信息管理系统设计与实现/滕云田,邓攀,王晨著. —北京:科学出版社,2020.11

ISBN 978-7-03-063164-0

Ⅰ.①地⋯ Ⅱ.①滕⋯②邓⋯③王 Ⅲ.①地震前兆-管理信息系统-研究 Ⅳ.①P315.72-39

中国版本图书馆 CIP 数据核字(2019)第 250550 号

责任编辑:魏英杰 / 责任校对:郭瑞芝
责任印制:吴兆东 / 封面设计:陈 敬

科 学 出 版 社 出版
北京东黄城根北街 16 号
邮政编码:100717
http://www.sciencep.com

北京九州迅驰传媒文化有限公司 印刷
科学出版社发行 各地新华书店经销

*

2020 年 11 月第 一 版 开本:720×1000 B5
2020 年 11 月第一次印刷 印张:20 3/4
字数:418 000

定价:198.00 元
(如有印装质量问题,我社负责调换)

前　　言

　　地震学研究和地震预测预报实践表明,地震孕育、发展和发生过程中或多或少地可能引起震源区及附近物质的压力、密度、结构等介质性质的变化及其迁移、运动等,在地表附近反映出来的是地球物理、地球化学、地壳运动、地质力学、水文地质和地下介质性质等地学特性的变化,这些与地震孕育、发生相关联的地学特性变化征兆通常称之为地震前兆。为获取、遴选地震前兆信息的观测台网在地震行业传统上称作地震前兆观测台网。

　　我国的地震前兆观测台网始建于 20 世纪 60 年代。经过几十年的发展,特别是经过"八五"期间的科技攻关、"九五"期间的数字化改造、"十五"期间的"中国数字地震观测网络"工程建设以及"十一五"期间的"中国地震背景场探测"工程建设,我国地震前兆观测方式从人工、模拟发展到自动化、数字化和网络化,已经基本构成覆盖我国大陆、综合地球物理和地球化学观测的数字观测网络。与其他行业一样,在当今日新月异的信息技术的推动下,地震前兆观测工作模式也发生了革命性变化,对全国地震前兆观测台网的数据采集、传输、管理、服务及运行监控等所有观测业务实行统一的信息化管理已经成为必然需求,也是地球科学观测与研究的技术发展方向。

　　目前中国地震前兆观测台网观测仪器种类多达几十种,各类仪器的通信方式及交互协议、产出数据内容及格式等迥异。全台网拥有的 1000 多个观测站点、3000 多台套观测仪器分布全国各地,不但需要按照台站、省级区域台网中心、国家台网中心分级运行监控管理并提供应用服务,同时还需要按照行业内部学科划分进行专业化的运行监控管理并提供应用服务。面对观测站点分布全国各地、观测仪器类型众多、观测数据异地异构的庞大的观测网络,需要开发一套符合地震前兆观测实际业务需求的专用业务管理系统,实现全国地震前兆观测业务高效、可靠的信息化管理,保障观测台网的运行质量和应用服务效能。

　　中国地震前兆观测台网信息管理系统是管理全国所有观测仪器及各个节点的元数据管理、数据采集、数据交换、数据服务、系统监控和系统管理等各项前兆观测业务的庞大的软件系统,加上观测仪器类型多、业务专业性强、地域分布广和稳定性要求高等特点,因此本管理系统的设计与开发是一项非常复杂的系统工程。本台网信息管理系统的开发成功并在全国得到部署应用是多家单位通力合作的成果。中科软软件有限责任公司、中国地震局地壳应力研究所和山西省地震局的技术人员做了很多前期开发工作,中国地震台网中心的周克昌研究员主持了地震前兆台网数据库结构的设计,由北京航空航天大学的邓攀博士和中国地震局地球物理研究所王晨高级工程师领衔的软件开发团队完成本管理系统第一版本的开发、测试与部署。中国地震局地球物理研究所滕云田研究员组织以中国地震局地球物理研究所的王晨高级工程师、中国地震台网中心的刘高川高级工程师和黄经国高级工程师、山东省地震局的赵银刚高级工程师和陈传华高级工程师、甘肃省地震局的王建军高级工程师、吉林省地震局的庞晶源高级工程师、中国地震局地球物理研究所的尹晶飞硕士为核心骨干的开发团队完成系统的完善与升级,形成本管理系统的第二版本。在本管理系统的开发、测试、部署与运行维护过程中得到各个省级地震局和中国地震局直属机构的友好合作。

参加本书撰写人员及大体分工如下:滕云田研究员负责全文的总体设计、统稿和全文审校;邓攀博士负责系统总体设计部分的撰写;王晨高级工程师负责系统监控业务相关部分的撰写;刘高川高级工程师负责数据交换业务相关部分的撰写;吉林省地震局的庞晶源高级工程师负责数据服务业务相关部分的撰写;山东省地震局的赵银刚高级工程师负责数据采集业务部分的撰写;甘肃省地震局的王建军高级工程师负责元数据管理业务相关部分的撰写;安徽省地震局的陈俊高级工程师负责系统测试部分的撰写;中国地震台网中心的黄经国高级工程师负责系统部署与运行部分的撰写;中国地震台网中心的周克昌研究员和国防灾科技学院的刘庆杰副教授负责数据库设计部分的撰写;山东省地震局蔡寅高级工程师负责软件接口部分的撰写;浙江省地震局的尹晶飞工程师负责前台界面设计部分的撰写;中国地震局地球物理研究所的范晓勇工程师负责系统前台界面部分的撰写。

本书直接或间接地引用了许多专家和学者的文献或著作,在此一并表示诚挚的谢意!

由于作者水平有限,书中难免有疏漏和不妥之处,敬请读者批评和指正。

目　　录

第1章 概　　述

地震前兆观测的根本任务是测量获取覆盖全国的地球物理、地球化学、地壳运动、水文地质和地下介质性质等地学变化信息,因此需要在全国范围布设各种观测仪器进行地震前兆信息的采集,并及时传输到台站、省级区域地震前兆台网中心(以下简称"区域中心")和国家地震前兆台网中心(以下简称"国家中心"),以及各个学科台网中心(以下简称"学科中心"),以便各级管理节点对观测仪器的运行状态和测量数据的质量进行监控,同时在各级管理节点汇聚所有观测数据及相关信息,为各类用户提供数据服务。地震前兆观测台网信息管理系统就是将全网观测仪器的数据采集和各级管理节点的数据传输、数据存储、数据管理、数据服务和运行监控等业务实现统一的信息化管理。

1.1　地震前兆观测台网简介

1.1.1　地震前兆观测任务与目的

减轻地震灾害的根本途径是实现对地震的有效预测,但准确地预测地震,目前还是全球性的科学难题。地震孕育、发展和发生过程中或多或少地会引起震源区及其附近物质的压力、密度、结构等性质的变化、迁移和运动等,在地表附近反映出来的是地球物理、地球化学、地壳运动、地质力学、水文地质和地下介质性质等地学特性的变化。这些与地震孕育、发生关联的变化征兆通常称为地震前兆。地震前兆观测的根本任务就是通过一定的技术手段测量获取可能包含地震前兆的地学特性变化的相关信息,包括重力场、地磁场、地壳运动、地电场、应力场、地下介质电学性质、交变电磁信号、地下水的水位和水温,以及地下水的氡和汞含量等,试图通过这些地学特性变化信息研究地震的孕育机理和发生征兆,以期预测和预报地震。多年的地震前兆观测和数据积累为我国开展地震预测探索与地震预报实践提供了重要的支撑,各种地震前兆观测数据已经成为地震科学研究、地震震情分析判定不可缺少的基本信息,并取得多次具有减灾实效的地震预报实例。同时,重力场、地磁场、水文地质和地球化学等动态变化信息也可以为科学研究、资源勘探、环境保护和国防建设等领域提供宝贵的基础数据。

众所周知,地震预测预报仍然是世界性的科学难题,也是人类不懈努力的奋斗目标。于是,观测手段尽可能多、获取信息尽可能丰富、监测范围尽可能广、观测资料积累尽可能长、观测数据质量尽可能高成为地震前兆观测的基本理念。不同时期、不同技术阶段的观测站点分布在全国,构成中国地震前兆观测台网。表1.1所示的是典型地震前兆观测仪器及测量内容。图1.1所示的是地震前兆观测部分典型数据波形。

表 1.1 典型地震前兆观测仪器及测量内容

学科划分	观测仪器	观测内容
重力	连续观测相对重力仪	固定台站重力场变化连续观测
	流动绝对重力仪	重力场绝对值流动测量
	流动相对重力仪	重力场相对变化流动测量
地磁	地磁场总强度测量仪 磁通门经纬仪	固定台站地磁场总强度、偏角和倾角人工绝对测量
	地磁总强度连续记录仪 磁通门磁力仪 质子矢量磁力仪	固定台站地磁场各个要素变化连续观测
地壳形变	水管倾斜仪、摆式倾斜仪	洞体型固定台站地倾斜连续观测
	洞体应变仪	洞体型固定台站地应变连续观测
	钻孔倾斜仪	钻孔型固定台站地倾斜连续观测
	钻孔体应变仪	钻孔型固定台站地体应变连续观测
	钻孔分量应变仪	钻孔型固定台站分量地应变连续观测
	固定 GNSS(global navigation satellite system,全球导航卫星系统)测量仪	固定台站测点位置变化连续观测
	水准仪	地面两点间高差流动测量
	流动 GNSS 测量仪	测点位置变化流动测量
地电	地电阻率仪	固定台站地下介质电阻率连续观测
	地电场仪	固定台站地电场连续观测
	电磁扰动仪	固定台站交变电磁场连续观测
地下流体	水温仪	固定台站地下水水温连续观测
	水位仪	固定台站地下水水位连续观测
	测氡仪	固定台站地下水氡含量测量
	测汞仪	固定台站地下水汞含量测量

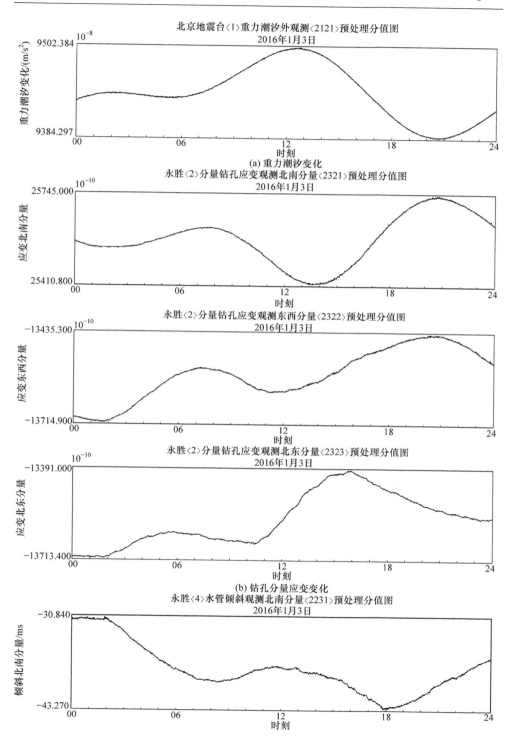

北京地震台〈1〉重力潮汐外观测〈2121〉预处理分值图
2016年1月3日
(a) 重力潮汐变化

永胜〈2〉分量钻孔应变观测北南分量〈2321〉预处理分值图
2016年1月3日

永胜〈2〉分量钻孔应变观测东西分量〈2322〉预处理分值图
2016年1月3日

永胜〈2〉分量钻孔应变观测北东分量〈2323〉预处理分值图
2016年1月3日
(b) 钻孔分量应变变化

永胜〈4〉水管倾斜观测北南分量〈2231〉预处理分值图
2016年1月3日

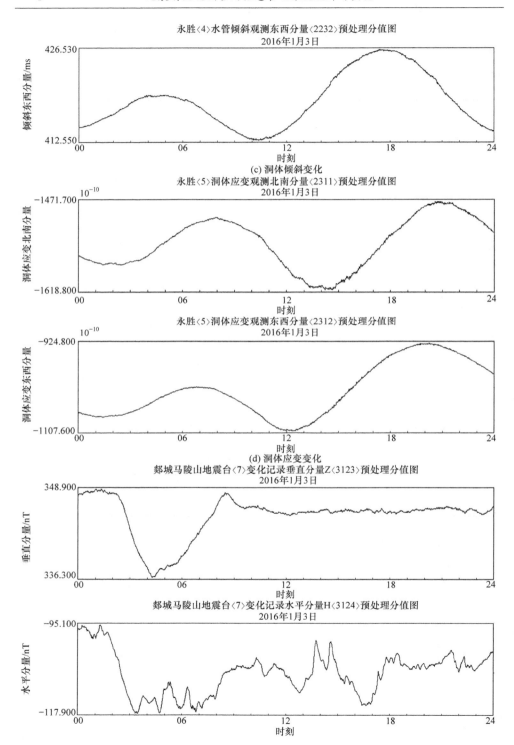

永胜〈4〉水管倾斜观测东西分量〈2232〉预处理分值图
2016年1月3日

(c) 洞体倾斜变化

永胜〈5〉洞体应变观测北南分量〈2311〉预处理分值图
2016年1月3日

永胜〈5〉洞体应变观测东西分量〈2312〉预处理分值图
2016年1月3日

(d) 洞体应变变化

郯城马陵山地震台〈7〉变化记录垂直分量Z〈3123〉预处理分值图
2016年1月3日

郯城马陵山地震台〈7〉变化记录水平分量H〈3124〉预处理分值图
2016年1月3日

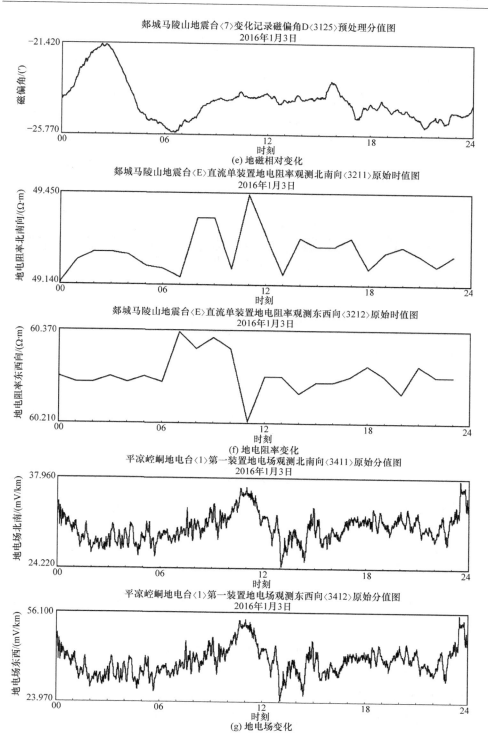

郯城马陵山地震台〈7〉变化记录磁偏角D〈3125〉预处理分值图
2016年1月3日

(e) 地磁相对变化

郯城马陵山地震台〈E〉直流单装置地电阻率观测北南向〈3211〉原始时值图
2016年1月3日

郯城马陵山地震台〈E〉直流单装置地电阻率观测东西向〈3212〉原始时值图
2016年1月3日

(f) 地电阻率变化

平凉崆峒地电台〈1〉第一装置地电场观测北南向〈3411〉原始分值图
2016年1月3日

平凉崆峒地电台〈1〉第一装置地电场观测东西向〈3412〉原始分值图
2016年1月3日

(g) 地电场变化

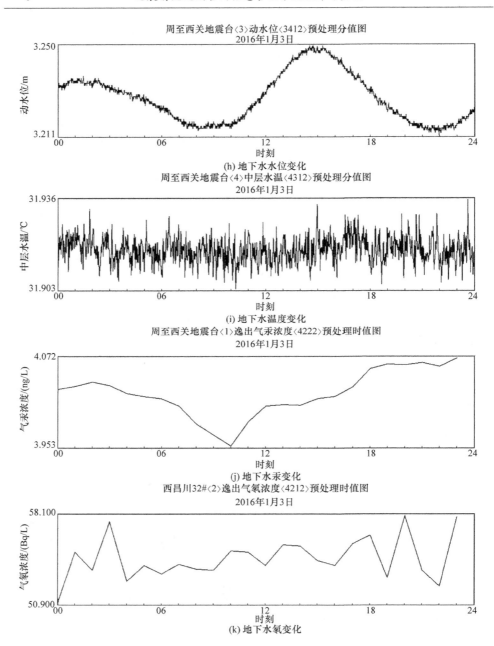

图 1.1　地震前兆观测部分典型数据波形

1.1.2　地震前兆观测台网构成

按照运行管理与应用服务功能划分,全国各省级地震局建立本区域的地震前兆观测台网,并建立区域地震前兆台网中心,负责所辖区域台网的运行管理并提供应用服务。全国所有区域地震前兆观测台网构成全国地震前兆观测台网,在中国地震台网中心建立国家地震前兆台网中心,负责全国地震前兆观测台网的运行管理并提供应用服务。

按照地震行业内部传统的专业划分,地震前兆观测台网划分为重力台网、地磁台网、地壳形变台网、地电台网和地下流体台网,并建立各个专业台网的学科台网中心,即重力台网中心、地磁台网中心、地壳形变台网中心、地电台网中心和地下流体台网中心,负责全国各个专业台网的技术管理、观测数据质量监控,并提供专业化应用服务。

图 1.2 所示的是由各个区域台网构成的地震前兆观测台网结构示意图。图 1.3 所示的是由各个专业台网构成的地震前兆观测台网结构示意图。

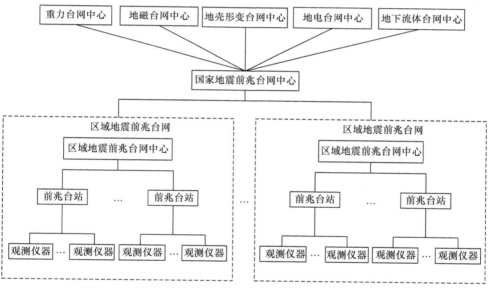

图 1.2　由各个区域台网构成的地震前兆观测台网结构示意图

1.1.3　地震前兆观测台网现状

我国地震前兆观测台网始建于 20 世纪 60 年代。经过几十年的建设与发展,我国地震前兆观测方式从人工、模拟发展到自动化、数字化和网络化,已经基本建成基于现代信息网络,覆盖全国,综合地球物理和地球化学观测的数字观测网络。目前观测站点已经有 1000 多个,观测仪器达到 3000 多台/套。据不完全统计,按照专业台网划分的固定观测台网的具体规模情况如下。

① 重力台网。监测重力场,约有 80 个台站,配置连续测量的相对重力仪。湖北省地震局建有重力台网中心。

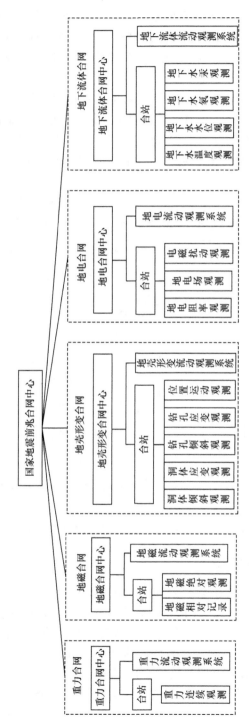

图 1.3　由各个专业台网构成的地震前兆观测台网结构示意图

②　地磁台网。监测地磁场,约有 200 个台站,配置由质子磁力仪和磁通门经纬仪构成的地磁绝对观测系统、由 overhauser 磁力仪和磁通门磁力仪(或质子矢量磁力仪)构成的地磁相对记录系统。中国地震局地球物理研究所建有地磁台网中心。

③　地壳形变台网。监测地倾斜、地应变和测点位置运动等,约有 180 个地倾斜台站、180 个地应变台站、260 个 GNSS 台站,配置水管倾斜仪、摆式倾斜仪、洞体应变仪、钻孔倾斜仪、钻孔应变仪、GNSS 测量仪等测量仪器。湖北省地震局建有地壳形变台网中心。

④　地电台网。监测地下介质电阻率和地电场,约有 80 个地电阻率台站、115 个地电场台站,配置地电阻率仪和地电场仪等测量仪器。中国地震台网中心建有地电台网中心。

⑤　地下流体台网。监测地下水水温、水位、氡、汞等,约有 400 个水温台站、510 个水位台站、80 个测汞台站、280 个测氡台站,配置水温仪、水位仪、测氡仪和测汞仪等测量仪器。中国地震台网中心建有地下流体台网中心。

1.2　台网信息管理系统设计目标

1.2.1　地震前兆台网拓扑结构

我国地震前兆观测的数字化始于"八五"期间的地震前兆观测仪器数字化科技攻关。在"八五"科技攻关成果的基础上,"九五"期间研发了一批数字化地震前兆观测仪器,并开始地震前兆观测台网的数字化改造,基本实现基于 RS232 串行接口联网的全国地震前兆观测仪器的组网观测。地震前兆传感器使用公用数据采集器或自带的数字化主机实现模拟/数字的转换和数据传输。台站或区域中心通过拨号连接到仪器,从仪器下载观测数据到本地计算机,再通过文件传输协议(File Transfer Protocol,FTP)方式分别报送到区域中心、国家中心和学科中心。在区域中心和国家中心,将数据文件导入 SQL(structured query language)Server 数据库,实现数据管理并提供给地震预测分析人员使用。为此,中国地震局还专门制定了地震行业标准《地震前兆观测仪器第 2 部分:通信与控制》(DB/T 12.2—2003)。图 1.4 所示的是"九五"期间地震前兆观测台网数字化改造后的台网网络架构示意图。

"十五"期间实施的"中国数字地震观测网络"项目,新建与改扩建 300 多个具有信息管理功能的地震前兆台站、31 个区域中心、1 个国家中心和 5 个学科中心,安装了近 1000 台/套基于 TCP/IP 网络通信的地震前兆观测仪器,每套仪器都分配有一个 IP 地址。这些仪器通过有线或无线等各种通信链路基于 RJ45 网络接口

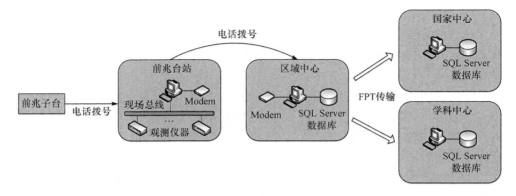

图 1.4　"九五"期间地震前兆观测台网数字化改造后的台网架构示意图

连接到台站局域网,有的仪器则直接连接到区域中心局域网。所有台站或区域中心可以通过网络远程从仪器下载观测数据,并对仪器进行监控。台站或区域中心通过网络从仪器中采集数据后直接采用 Oracle 数据库进行本地存储管理,提供给用户使用,同时上传至国家中心,实行统一、完整的数据管理与服务。国家中心按照专业学科将观测数据分发给各个学科中心,在学科中心生产专业化数据产品并提供专业化数据服务。为实现网络化仪器的统一管理,中国数字地震观测网络项目制定了《中国地震前兆台网网络化仪器通信技术规程》,规定了网络化仪器通信命令和数据传输格式等。台站→区域中心→国家中心→学科中心各级节点通过数据交换的方式进行数据传输。图 1.5 所示的是当前地震前兆观测台网整体网络架构示意图。

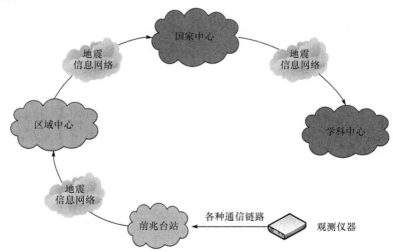

图 1.5　当前地震前兆观测台网整体网络架构示意图

1.2.2　台网信息管理系统设计目标

针对地震前兆观测台网拓扑结构和信息管理节点构成,台网信息管理系统的设计目标就是设计开发一套专业化地震前兆观测业务管理软件,实现统一的信息化管理,给用户提供一个运行稳定、使用便捷的管理和服务平台。

① 实现观测业务信息化管理。将地震前兆观测的台站、区域中心、国家中心和学科中心各级节点的数据采集、数据传输、数据存储、数据服务及运行监控等业务全部实现信息化管理,并将各个功能子系统集成为一个完整的管理平台。

② 实现观测业务完整性管理。信息管理系统不但将所有新建设的网络化自动观测仪器(简称 IP 仪器)实现有效管理,同时将原有的非网络化通信自动观测仪器(简称非 IP 仪器)、人工观测仪器、流动观测系统等接入管理平台,体现地震前兆观测系统信息化管理的完整性。同时,为地震前兆观测数据处理、观测数据质量评价、地震预测预报分析等业务应用系统提供服务接口。

③实现观测业务规范化管理。通过数据通信接口规范、业务数据规范、应用接口规范等设计,将分布在全国的观测站点、观测仪器,以及其他应用系统统一接入管理平台,实现地震前兆观测全国各级节点、各个应用系统的规范化管理。

④实现观测业务高可靠管理。对于地震前兆观测而言,保证观测数据的连续性至关重要,因此地震前兆观测业务信息化管理系统必须具备长期可靠运行的能力。即使发生观测人员误操作、网络中断、电源掉电、服务器宕机等异常情况,信息管理系统仍能保持正常运行或快速恢复运行。

⑤实现观测业务功能友好与方便管理。地震前兆观测业务信息化管理就是试图将观测人员的人工作业转化为自动化工作模式,并使观测人员随时随地通过访问信息管理系统完成相应的业务工作,因此浏览器/服务器模式架构设计成为管理系统的基本需求。同时,为了适应不同层次观测人员的业务水平,管理系统使用界面必须友好、方便,而且具有很强的容错性也是信息管理系统应达到的目标。

1.3　台网信息管理系统主要内容

地震前兆观测台网信息管理系统的设计目标是实现全国地震前兆观测台网的所有观测仪器、观测站点的动态组网观测,承担观测业务统一的信息化管理功能职责。该系统主要包括元数据管理、数据采集、数据交换、数据服务、系统监控和系统管理等子系统。台网信息管理系统构成示意图如图 1.6 所示。

1.3.1　元数据管理子系统

元数据管理子系统负责台网的测点、仪器、台站及各级管理节点元数据的配

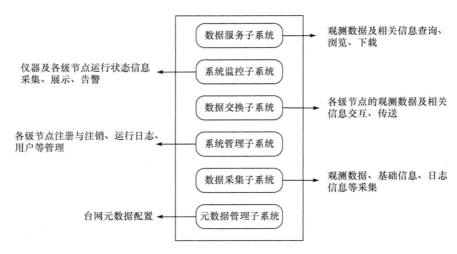

图 1.6　台网信息管理系统构成示意图

置、同步上报和冲突处理等业务功能,为台网运行的监控管理和台网观测数据的分析应用提供基础信息支撑。

1.3.2　数据采集子系统

数据采集子系统负责台网的观测数据及相关信息的采集业务功能,包括:对地震前兆观测的 IP 仪器、非 IP 仪器、人工观测仪器、流动观测系统等各类观测仪器的观测数据和仪器日志进行采集;对地震前兆观测基础信息进行采集;对工作日志信息进行采集等。

1.3.3　数据交换子系统

数据交换子系统负责台站、区域中心、国家中心和学科中心各级节点的观测数据及相关信息的交互与传送的业务功能。下级节点一旦发生信息更新,及时将更新的信息报送至上级管理节点。此外,采用数据交换方式,对区域中心、国家中心和学科中心的数据库进行备份。

1.3.4　数据服务子系统

数据服务子系统负责各级节点为台网用户提供数据查询、浏览和下载等服务业务功能。数据服务内容包括原始观测数据、预处理数据和数据产品,以及基础信息和日志信息等。

1.3.5　系统监控子系统

系统监控子系统负责台网运行监控业务功能,包括观测仪器运行状态监视和对观测仪器的参数配置、调零、标定、复位、重启等控制,管理节点的应用服务器、数据库等资源状态监视,各个功能软件进程状态监视,一旦发现异常情况及时予以告警。

1.3.6　系统管理子系统

系统管理子系统负责与台网信息管理相关的管理业务功能,包括节点注册、注销、删除等节点管理;数据采集、数据交换、数据服务、系统监控等子系统的运行日志管理;用户注册、注销、删除,以及户权限控制等用户管理。

第 2 章　系统总体设计

　　地震前兆观测台网信息管理系统的总体设计是在分析台网业务流程、各级管理节点业务职责和各项观测业务功能的基础上,确定台网整体数据流程和各级管理节点数据流程,然后进行整个管理系统的体系结构设计,包括系统分层结构设计、各业务子系统及功能模块设计和各功能模块之间的关系设计。这部分是整个系统开发生命周期中的基础部分,是整个系统设计与开发的框架和基础。

2.1　台网观测业务分析

2.1.1　台网业务拓扑结构分析

　　依据地震前兆观测台网整体架构,以及台网实际观测业务管理和应用服务需求,观测台网分为前兆台站、区域中心、国家中心和学科中心四级管理节点。各级管理节点建立管理服务平台,分级承担台网运行业务管理并提供服务职责。台网业务拓扑结构如图 2.1 所示。

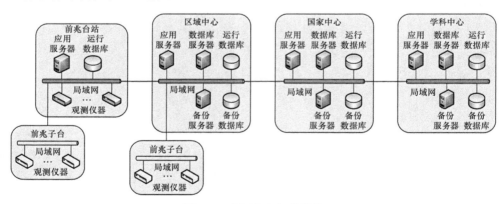

图 2.1　台网业务拓扑结构

　　前兆台站节点管理本台站的观测仪器和所属子台(无节点管理功能,由台站节点管理的台站),承担台站运行业务职责,为本台站用户提供数据应用服务,并接受上一级管理节点(区域中心)的管理,向区域中心报送观测数据及相关信息。

　　区域中心节点管理所属台站节点和所属子台(无节点管理功能,直接由区域中心管理的台站),承担本区域地震前兆观测台网运行业务职责,为本区域用户提供数据应用服务,并接受上一级管理节点(国家中心)的管理,向国家中心报送观测数据及相关信息。

国家中心节点管理全国所有区域中心节点,承担全国地震前兆观测台网运行业务职责,为全国用户提供数据应用服务,向各学科中心按照专业分发学科台网观测数据及相关信息。

学科中心节点接收国家中心分发的本学科台网的观测数据及相关信息,承担本学科台网运行业务职责,并为本学科用户提供专业化的数据应用服务。

2.1.2　管理节点业务职责分析

1. 前兆台站

前兆台站负责本台站及其所属子台观测系统的运行监控管理,主要业务职责如下。

(1) 数据采集

采集台站及所属子台所有观测仪器的观测数据和运行日志,采集台站、观测仪器和测点的基础信息,采集台站工作日志,将所有采集的观测数据及相关信息采用数据库的形式进行存储管理,保证本台站观测信息及时、完整地获取。

(2) 数据报送

将台站数据库管理的观测数据及相关信息及时、完整地报送到区域中心。

(3) 数据服务

为台站用户提供观测数据及相关信息的浏览、下载和图形绘制等数据服务。

(4) 系统监控

监视台站观测仪器的运行状态和台站信息管理平台软硬件运行状态,及时发现问题并予以维护,对观测仪器的参数设置、调零、标定等进行控制,保证台站观测系统正常、稳定运行。

(5) 系统管理

台站信息管理平台相关运行参数及基础信息的配置与维护、观测系统信息配置与维护,保证台站信息管理业务功能的可靠运行,并将本台站节点向区域中心申请注册,使其接入所属区域地震前兆观测台网的统一管理体系。

2. 区域中心

区域中心负责所辖区域地震前兆观测台网的运行监控管理,主要业务职责如下。

(1) 数据采集

采集直接接入区域中心的所属子台所有观测仪器的观测数据和运行日志,采集子台、观测仪器和测点的基础信息,采集子台工作日志,将所有采集的观测数据及相关信息采用数据库形式进行存储管理,保证观测信息及时、完整地获取。

(2) 数据汇集

汇集本区域地震前兆观测台网所有台站节点报送的观测数据及相关信息,将所有汇集的观测数据及相关信息,以及数据采集得到的所属子台的观测信息,采用数据库的形式存储管理,保证本区域地震前兆观测台网观测信息及时、完整地获取。

(3) 数据报送

将整个区域地震前兆观测台网所有观测数据及相关信息及时、完整地报送到国家中心,同时在本地进行数据备份和归档管理。

(4) 数据服务

为区域中心用户提供整个区域地震前兆观测台网观测数据及相关信息的浏览、下载和图形绘制等数据服务。

(5) 系统监控

监控本区域地震前兆观测台网所有前兆台站及其观测仪器的运行状态,监视区域中心信息管理平台软硬件运行状态,及时发现问题并予以维护。对所属子台观测仪器参数设置、调零、标定等进行控制,保证本区域台网观测系统正常、稳定地运行。

(6) 系统管理

区域中心信息管理平台相关运行参数及基础信息的配置与维护,所属子台及观测仪器信息的配置与维护,对台站节点进行审批和注销,保证区域中心信息管理业务功能的可靠运行,并将本区域中心节点向国家中心申请注册,使其接入全国地震前兆观测台网的统一管理体系。

3. 国家中心

国家中心负责全国地震前兆台网的运行监控管理,主要业务职责如下。

(1) 数据汇集

汇集全国所有区域中心报送的观测数据及相关信息,将所有汇集的观测数据及相关信息采用数据库形式进行存储管理,保证全国台网观测信息及时、完整地获取,同时在本地进行数据备份和归档管理。

(2) 数据分发

将汇集的全国台网观测数据及相关信息按照专业学科及时、完整地分发到重力、地磁、地壳形变、地电和地下流体五个学科中心。

(3) 数据服务

为国家中心用户提供全国台网所有观测数据及相关信息的浏览、下载和图形绘制等数据服务。

（4）系统监控

监视全国地震前兆台网所有区域中心、前兆台站，以及观测仪器的运行状态，监视国家中心信息管理平台软硬件运行状态，及时发现问题并予以维护，保证全国台网观测系统正常、稳定运行。

（5）系统管理

国家中心信息管理平台相关运行参数及基础信息的配置与维护，对区域中心进行审批和注销，对学科中心进行注册和注销，保证国家中心信息管理业务功能的可靠运行。

4. 学科中心

各个学科中心负责本学科全国台网的运行监控管理，主要业务职责如下。

（1）数据汇集

汇集本学科全国台网所有观测数据及相关信息，将所有汇集的观测数据及相关信息采用数据库形式进行存储管理，保证本学科台网所有观测信息及时、完整地获取，同时在本地进行数据备份和归档管理。

（2）数据服务

为本学科中心用户提供本学科台网所有观测数据及相关信息的浏览、下载和图形绘制等数据服务。

（3）系统监控

监控本学科台网所有台站及其观测仪器的运行状态，监视学科中心信息管理平台软硬件运行状态，及时发现问题并予以维护，保证本学科台网观测系统正常、稳定运行。

（4）系统管理

学科中心信息管理平台相关运行参数及基础信息的配置与维护，保证学科中心信息管理业务功能的可靠运行。

2.1.3　台网观测业务功能分析

根据地震前兆观测台网实际业务需求和信息化管理需要，台网基本业务功能主要包括元数据管理、数据采集、数据交换、数据服务、系统监控和系统管理。

1. 元数据管理

元数据管理负责与观测相关的台站、观测仪器等属性信息的配置与管理，负责与管理节点相关的节点属性信息的配置与管理，对这些元数据信息进行冲突检查与处理，以保证描述台站、观测仪器和管理节点属性的元数据在全台网的合法性、唯一性和一致性,为保障观测台网可靠运行和观测数据的正确应用提供基础。

2. 数据采集

数据采集负责对台网的观测数据,以及台站、测点、仪器等基础信息和日志信息的采集。按照数据采集对象可以把数据采集业务分为观测数据采集、基础信息采集和日志信息采集三个具体业务功能。

观测数据采集主要负责观测仪器的原始观测数据和运行日志等采集并入库。对自动观测仪器(包括非 IP 仪器、IP 仪器)而言,应能够自动采集或手动采集。对人工观测仪器而言,应能够采用人工录入的方式实现数据采集。对流动观测系统而言,应能够采用流动观测形成的数据文件导入的方式实现数据采集。

基础信息采集是采用人工录入的方式将台站基础信息、仪器基础信息,以及测点基础信息录入,并转换为规范的数据格式后导入数据库。

日志信息采集是采用人工录入的方式将台站、区域中心、国家中心和学科中心的工作日志录入,并转换为规范的数据格式后导入数据库。

3. 数据交换

数据交换负责台站、区域中心、国家中心和学科中心四级管理节点的所有观测数据和相关信息的传送,并在数据传送过程中进行一致性检查、冲突处理和错误警示,以保证全台网数据信息的完整性和一致性。同时,在区域中心、国家中心和学科中心采用数据交换的方式进行数据备份。

数据交换通过数据订阅和交换策略配置完成。数据订阅负责映射用户和数据的关系,用户可以选择需要进行传送的数据。已订阅的数据在交换任务执行时进行传送,未订阅的数据则不进行传送。

数据交换策略应能够定时自动交换和任意时刻手动交换。定时自动交换是在预先设定的交换时间点自动执行。手动交换在人工随时触发后立刻执行。为了提高数据交换效率,对于已完成交换的数据不再进行交换,仅对新增(更新)数据进行交换,也称增量数据交换。

数据备份策略应能够定时自动备份和任意时刻手动备份。定时自动备份是在预先设定的备份时间点自动执行。手动备份是人工随时触发后立刻执行。数据备份主要是把区域中心、国家中心和学科中心的运行数据库的数据信息传送到另一台服务器,以便在台网运行过程中,运行数据库一旦发生故障能够从备份数据库中恢复所有数据及相关信息。为了提高数据备份效率,数据备份采用增量数据备份。

4. 数据服务

数据服务负责提供对所有原始观测数据及相关信息、预处理观测数据和数据产品的查询、浏览和下载功能,并提供观测数据的波形绘制与展示功能。数据服务业务具体包括观测数据服务、基础信息服务和日志信息服务三个业务功能。

数据服务应能够依据选择不同台站、仪器、测项信息、起始和结束时间,查询、浏览数据,并可以 excel、txt 等格式下载。

5. 系统监控

系统监控负责对所有观测仪器的运行监控、信息管理平台的各个软件进程状态的监视和管理节点软硬件资源状态的监视,及时发现非正常运行状态并予以告警。系统监控业务具体包括仪器监控、进程监视和资源监视三个业务功能。

(1) 仪器监控

动态监视观测仪器的运行状态,查看仪器的实时数据波形,对仪器的参数设置、调零、标定等进行控制。

(2) 进程监视

动态监视元数据管理、数据采集、数据交换、数据服务等软件进程的运行状态。

(3) 资源监视

动态监视各级管理节点应用服务器的中央处理器(central processing unit,CPU)、内存、硬盘等资源的运行状态。

6. 系统管理

系统管理负责信息管理系统本身的相关管理,具体包括节点管理、日志管理和用户管理三个业务功能,保证信息管理系统的稳定运行与方便维护。

(1) 节点管理

将前兆台站、区域中心、国家中心和学科中心各级节点通过节点注册注销等具体业务功能实现有机连接和信息互通。

(2) 日志管理

将信息管理系统各个业务功能运行过程中记录的日志进行统一管理,以方便用户查询使用,掌握管理系统运行过程及其执行结果等相关信息。需要进行统一管理的日志包括采集日志、交换日志和监控日志等。

(3) 用户管理

负责管理系统各类用户的注册、审批、注销和修改。根据地震前兆观测的实际应用需求,将用户划分为管理员、专业用户和普通用户三类,管理系统需要对各类用户的权限进行定义,对各类登录的用户角色与业务权限进行映射验证与管理。

2.1.4 台网观测业务功能用例设计

1. 元数据管理

在地震前兆观测业务管理中,台站、区域中心、国家中心和学科中心均具有元数据管理功能,各级节点的不同用户角色具有相同的元数据管理权限,在此以台站节点的元数据管理用例为例进行说明,如图 2.2 所示。

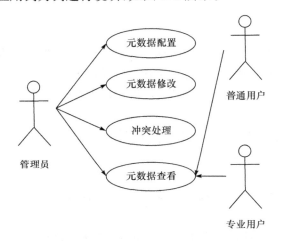

图 2.2 　台站节点的元数据管理用例图

台站管理员具有对该台站及其所属子台、仪器,以及台站节点信息等元数据的配置、修改、删除和查看的权限。当管理系统中出现信息冲突的时候可手工清除冲突信息,专业用户和普通用户具有查看该节点元数据的权限。

2. 数据采集

在地震前兆观测业务管理中,只有台站和区域中心两级节点具有数据采集业务功能,国家中心和学科中心不具有此项功能。台站和区域中心不同用户角色具有相同的数据采集权限。这里以台站节点数据采集用例进行说明,如图 2.3 所示。

台站管理员具有的权限包括自动化观测仪器的自动和手动采集任务配置与采集;人工观测仪器的数据录入;流动观测形成的数据文件导入;台站、仪器和测点等元数据和基础信息的录入;台站观测日志的录入。专业用户具有与管理员相同的权限。普通用户不具有任何数据采集权限。

3. 数据交换

在地震前兆观测业务管理中,台站、区域中心、国家中心和学科中心均具有数

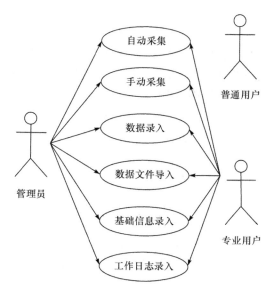

图 2.3　台站节点的数据采集用例

据交换功能,各级节点不同的用户角色具有相同的数据交换权限。这里以区域中心节点的数据交换用例(图 2.4)进行说明。

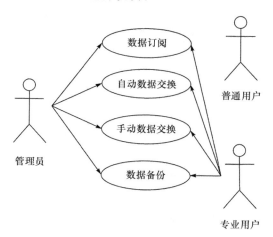

图 2.4　区域中心节点的数据交换用例

　　区域中心管理员具有的权限包括数据订阅,即选择从台站节点中需要进行交换的数据;配置数据交换策略并执行自动数据交换;手动数据交换;数据备份。专业用户与管理员具有相同的权限。普通用户不具有任何数据交换权限。

4. 数据服务

在地震前兆观测业务管理中,台站、区域中心、国家中心和学科中心均具有数据服务功能,各级节点的不同用户角色具有相同的数据服务权限。这里以区域中心节点的数据服务用例进行说明,如图 2.5 所示。

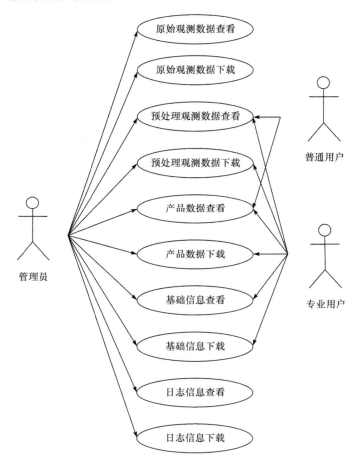

图 2.5　区域中心节点的数据服务用例图

区域中心管理员具有观测数据(包括原始数据和预处理数据)、产品数据、基础信息和日志信息的查看、绘图和下载权限。专业用户具有预处理数据、产品数据和基础信息的查看、绘图和下载权限,没有原始观测数据和日志信息的相关服务权限。普通用户具有预处理数据和产品数据的查看权限。

5. 系统监控

在地震前兆观测业务管理中,台站、区域中心、国家中心和学科中心均具有系统监控功能,各级节点不同用户角色具有相同的系统监控权限。这里以台站节点的系统监控用例(图 2.6)进行说明。

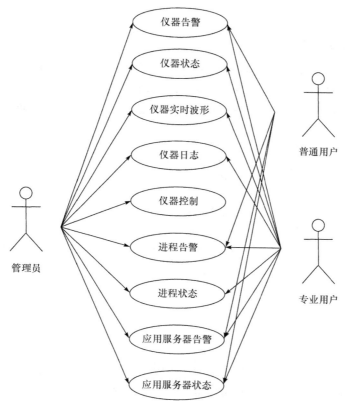

图 2.6　台站节点的系统监控用例

管理员具有的权限包括查看当前具有告警信息的仪器列表;获取仪器当前的状态信息、参数信息和属性信息;查看仪器的实时波形;查看仪器日志;对仪器进行调零、标定等参数设置;查看出现异常的进程信息;查看当前各个进程的执行状态;查看具有告警信息的数据库服务器或者应用服务器;查看当前应用服务器的CPU、内存等状态信息;查看当前存储资源的状态信息。

专业用户具有的权限包括查看当前具有告警信息的仪器列表;获取仪器当前的状态信息、参数信息和属性信息;查看仪器的实时波形;查看仪器日志;查看出现异常的进程信息;查看当前各个进程的执行状态;查看具有告警信息的数据库服务器或者应用服务器;查看当前应用服务器的 CPU、内存等状态信息;查看当前存储资源的状态信息。与管理员不同,专业用户不具有对仪器进行控制的权限。

普通用户具有的权限包括查看当前具有告警信息的仪器列表;查看出现异常的进程信息;查看具有告警信息的数据库服务器或者应用服务器;查看当前应用服务器的 CPU、内存等状态信息;查看当前存储资源的状态信息。普通用户仅具有仪器告警、进程告警、服务器告警、应用服务器和存储资源的查看权限。

6. 系统管理

（1）节点管理

① 台站用户。管理员可以向区域中心节点提交台站节点的注册申请,在注册过程中出现信息冲突的时候可人工清除冲突信息,查看本台站节点的节点拓扑。专业用户和普通用户可查看本台站节点的节点拓扑。台站节点管理用例如图 2.7所示。

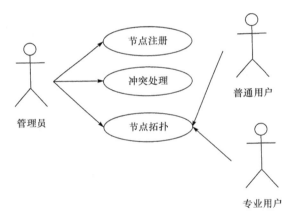

图 2.7　台站节点管理用例

② 区域中心用户。管理员可以向国家中心提交本区域中心节点的注册申请,在注册过程中出现冲突信息的时候可人工清除冲突信息,查看本区域中心节点的节点拓扑,对注册于本区域中心节点的台站节点进行审批或注销。专业用户和普通用户只具有查看本区域中心节点的节点拓扑权限。区域中心节点管理用例如图 2.8 所示。

③ 国家中心用户。管理员可以对注册于国家中心的区域中心节点进行审批和注销,查看国家中心节点的节点拓扑。专业用户和普通用户可以查看国家中心节点的节点拓扑。国家中心节点管理用例如图 2.9 所示。

④ 学科中心用户。管理员可以将本学科中心节点向国家中心提交注册申请,查看本学科中心节点的节点拓扑。专业用户和普通用户可以查看本学科中心节点的节点拓扑。学科中心节点管理用例如图 2.10 所示。

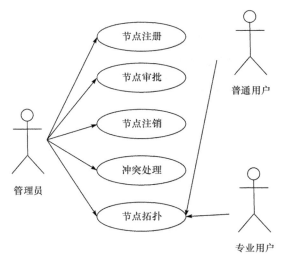

图 2.8　区域中心节点管理用例

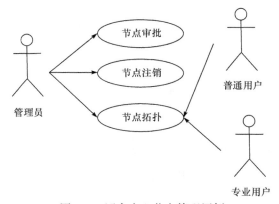

图 2.9　国家中心节点管理用例

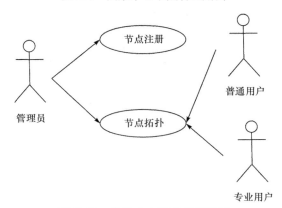

图 2.10　学科中心节点管理用例

（2）日志管理

在地震前兆观测业务管理中,台站、区域中心、国家中心和学科中心均具有日志管理功能,各级节点不同的用户角色具有相同的日志管理权限。这里以区域中心节点的日志管理用例(图 2.11)进行说明。

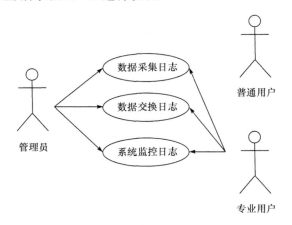

图 2.11　区域中心节点的日志管理用例

管理员具有查看数据采集日志、数据交换日志和系统监控日志的权限。专业用户与管理员具有相同的权限。普通用户不具有任何日志管理权限。

（3）用户管理

在地震前兆观测业务管理中,台站、区域中心、国家中心和学科中心均具有用户管理功能,各级节点不同的用户角色具有相同的用户管理权限。这里以区域中心节点的用户管理用例(图 2.12)进行说明。

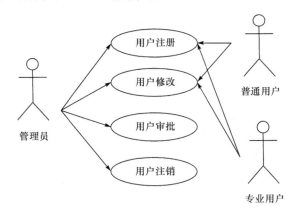

图 2.12　区域中心节点的用户管理用例

管理员具有所有用户角色的用户注册、用户审批、用户修改和用户注销的权限。专业用户和普通用户只有用户注册和用户自身信息修改的权限。

2.2 业务数据流程分析

2.2.1 台网整体数据流程

地震前兆观测的业务数据由前兆台站、区域中心、国家中心和学科中心四级管理节点负责管理。

前兆台站通过数据采集业务得到本台站观测仪器和所属子台观测仪器的观测数据及相关信息后在本地存储,并通过数据服务业务为用户提供数据。通过数据交换业务将所有观测数据及相关信息报送至区域中心。通过系统监控业务获取所有观测仪器的运行状态信息和节点信息管理平台的运行状态信息,并予以展示。

区域中心通过数据采集业务采集得到区域中心所属子台和流动观测系统的观测数据及相关信息,通过数据交换业务汇集所属台站节点报送的观测数据及相关信息,统一在本地存储,并通过数据服务业务为用户提供数据。通过数据交换业务将本区域中心所有观测数据及相关信息报送至国家中心,同时在本地进行数据备份。通过系统监控业务获取区域地震前兆台网所有观测仪器的运行状态信息和节点信息管理平台的运行状态信息,并予以展示。

国家中心通过数据交换业务汇集全国各个区域中心报送的各个区域地震前兆台网的观测数据及相关信息后在本地存储,通过数据服务业务为用户提供数据。通过数据交换业务将国家中心所有观测数据及相关信息按照学科专业分发至重力、地磁、地壳形变、地电和地下流体五个学科中心,同时在本地进行数据备份。通过系统监控业务获取全国地震前兆台网所有观测仪器的运行状态信息和节点管理平台的运行状态信息,并予以展示。

重力、地磁、地壳形变、地电和地下流体五个学科中心通过数据交换业务汇集本学科台网的所有观测数据及相关信息后在本地存储,通过数据服务业务为用户提供本学科台网的数据,同时在本地进行数据备份。通过系统监控业务获取本学科台网所有观测仪器的运行状态信息和节点信息管理平台的运行状态信息,并予以展示。

台网整体业务数据流程如图 2.13 所示。

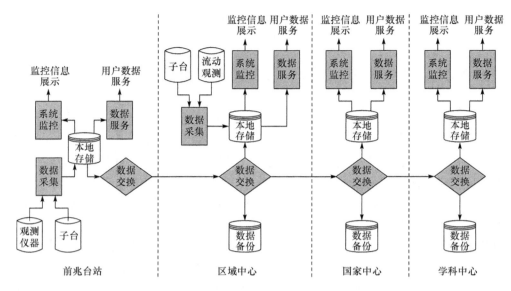

图 2.13　台网整体业务数据流程图

2.2.2　管理节点数据流程

1. 前兆台站

前兆台站通过数据采集业务采集得到观测数据及相关信息,包括自动或手动采集 IP 仪器、非 IP 仪器的观测数据和仪器运行日志;通过人工录入采集人工观测仪器观测数据;通过基础信息录入采集台站、仪器和测点的基础信息;通过工作日志录入采集台站工作日志,在本地入库存储。通过数据交换业务将所有观测数据及相关信息报送至区域中心。通过系统监控业务获取仪器运行状态等信息后进行展示,若有异常信息则予以告警。通过数据服务业务给用户提供本台站观测数据及相关信息。通过系统管理业务获取节点信息、日志信息和用户信息。前兆台站的业务数据流程如图 2.14 所示。

2. 区域中心

区域中心通过数据采集业务采集得到所属子台的观测数据和仪器运行日志,通过数据文件导入采集得到流动观测系统的数据,通过基础信息录入采集所属子台、仪器和测点的基础信息,通过数据交换业务汇集得到所属台站节点的观测数据和相关信息,在本地入库存储。通过数据交换业务将本区域地震前兆台网的所有观测数据及相关信息报送至国家中心,并进行数据备份。通过系统监控业务获取仪器运行状态等信息后进行展示,若有异常信息则予以告警。通过数据服务业务

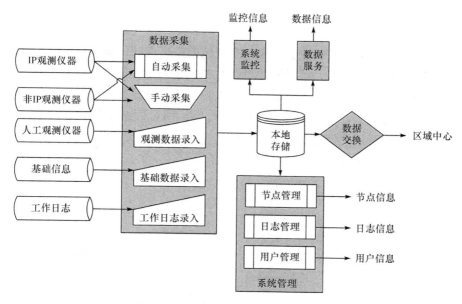

图 2.14　前兆台站的业务数据流程图

给用户提供本区域地震前兆台网观测数据及相关信息。通过系统管理业务获取节点信息、日志信息和用户信息。区域中心的业务数据流程如图 2.15 所示。

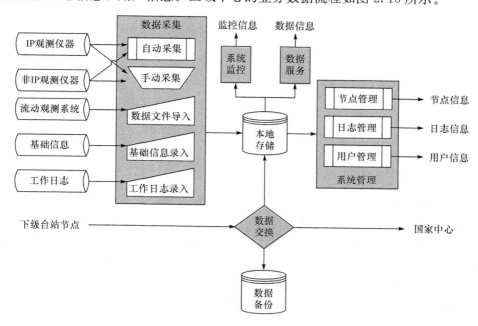

图 2.15　区域中心的业务数据流程图

3. 国家中心

国家中心通过数据交换业务汇集各个区域中心报送的区域地震前兆台网观测数据及相关信息,在本地入库存储,并进行数据备份,同时将全台网的观测数据和相关信息按照学科专业分发给各个学科中心。通过系统监控业务获取仪器运行状态等信息后进行展示,若有异常信息则予以告警。通过数据服务业务为用户提供全台网观测数据及相关信息。通过系统管理业务获取节点信息、日志信息和用户信息。国家中心的业务数据流程如图 2.16 所示。

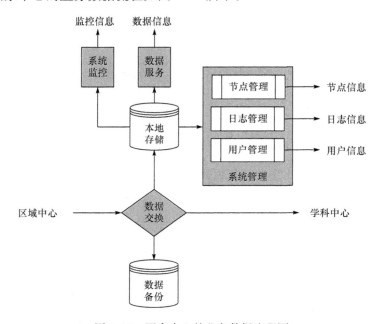

图 2.16　国家中心的业务数据流程图

4. 学科中心

学科中心通过数据交换业务从国家中心汇集全国本学科台网的观测数据及相关信息,在本地入库存储,并进行数据备份。通过系统监控业务获取仪器运行状态等信息后进行展示,若有异常信息则予以告警。通过数据服务业务给用户提供本学科台网的观测数据及相关信息。通过系统管理业务获取节点信息、日志信息和用户信息。学科中心的业务数据流程如图 2.17 所示。

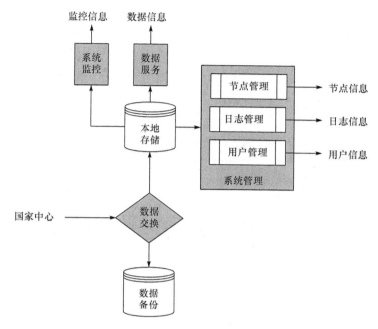

图 2.17　学科中心的业务数据流程图

2.3　系统体系结构设计

2.3.1　系统分层结构设计

管理系统主要实现对观测仪器、观测数据等资源进行有效管理,通过数据采集得到的观测数据及相关信息采用数据库的形式存储,并通过数据交换完成各级节点之间的信息传送,用户通过网页的方式进行各项业务功能的操作、展示和管理。根据这些业务功能需求,管理系统包括资源层、接口层、应用层、核心服务层和用户层等,通过分层管理、逐层信息交互实现系统的整体功能。系统层次结构如图 2.18 所示。

1. 资源层

资源层包含观测台网的各种观测仪器和数据资源。从数据的角度,资源包括产生观测数据的观测仪器、存储观测数据的数据库和数据文件等。

2. 接口层

接口层负责提供将资源接入系统的方法,包括仪器接口和数据接口。观测仪

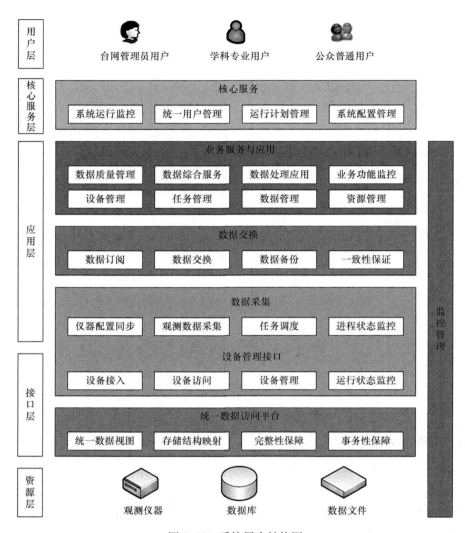

图 2.18　系统层次结构图

器统一通过采集模块的设备资源管理接口接入系统,屏蔽观测仪器的异构性,提供仪器信息给仪器监控、状态轮询等高级应用。

数据接口即统一数据访问平台,为节点的数据库、数据文件等数据资源提供统一的访问方式。通过统一的数据访问接口访问数据库,可以降低代码模块之间,以及代码和数据库结构之间的耦合度,屏蔽数据库资源的异构性,也可以为将来数据库结构的变更和迁移等提供方便。为提供统一数据访问,数据访问平台分为上下两层映射,并保持统一数据视图不变。当下层数据资源发生变化时,通过修改下层映射配置建立新的映射关系;当上层应用需求发生变化时,通过修改或增加上层应用主题视图的映射关系,可以为多种数据应用提供可扩展的灵活数据访问方式。

3. 应用层

应用层包含系统的大部分应用模块,主要包括数据采集、数据交换、数据服务和其他高级业务应用等。

数据采集负责从观测仪器获得观测数据与观测仪器状态信息,将观测数据存入数据访问平台。采集模块负责管理观测仪器,提供设备资源管理接口。

数据交换通过数据订阅机制,实现由台站向区域中心、区域中心向国家中心的数据传送功能,以及国家中心向学科中心的数据分发功能。数据交换负责对数据打包、传输,并维护数据的完整性和一致性。

数据服务负责通过数据访问接口获取用户指定的相关数据,提供给用户查看和下载等。

其他高级业务应用包含地震前兆台网中数据质量管理、数据预处理和数据产品加工等业务。这些应用虽然独立于台网信息管理系统,但也是通过数据访问接口或管理系统的数据服务模块共享使用台网数据资源。

4. 核心服务层

对系统运行进行统一监视、控制,包括对仪器资源、数据资源、管理平台硬件软件资源及其运行环境的监视;对系统运行计划、运行日志、参数配置进行统一的管理;对用户进行统一的权限映射管理。

5. 用户层

通过用户管理,为不同类型的用户提供符合其业务角色的访问级别控制。用户类型包括台网管理员用户、专业用户和普通用户。

2.3.2 系统功能模块设计

台网信息管理系统主要由元数据管理、数据采集、数据交换、数据服务、系统监控和系统管理等业务子系统构成,各个子系统又由具体的业务功能模块构成。系统的功能模块结构如图 2.19 所示。

1. 元数据管理子系统

元数据管理业务子系统主要包括元数据配置、元数据汇聚和元数据逻辑处理等功能模块,负责全台网元数据的配置、汇聚和统一管理。

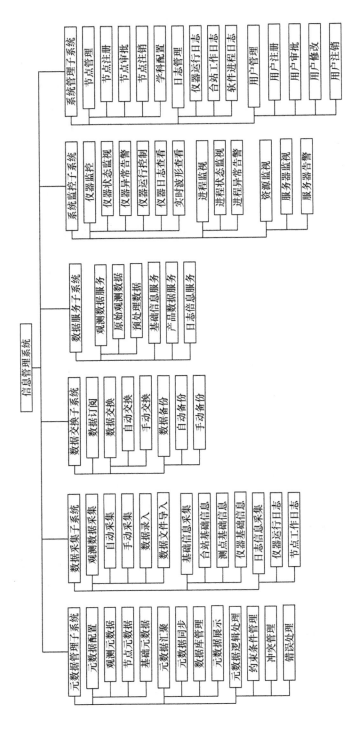

图 2.19　系统的功能模块结构

（1）元数据配置

台站、测点、仪器等观测属性信息类元数据配置；前兆台站、区域中心、国家中心、学科中心等管理节点属性信息类元数据配置；描述观测数据属性的基础元数据配置。

（2）元数据汇聚

连接与管理数据库，将各级节点的元数据及时逐级向上同步，保证全台网元数据的完整性；提供元数据查询、浏览接口，方便用户使用。

（3）元数据逻辑处理

在元数据配置、同步和汇聚过程中进行约束性管理，当发生信息冲突时，进行冲突处理、出错处理，保证全台网元数据的唯一性和一致性。

2. 数据采集子系统

数据采集子系统由观测数据采集、基础信息采集和日志信息采集等功能模块构成，负责全台网观测数据及相关信息的获取。

（1）观测数据采集

通过自动采集、手动采集、数据录入和数据文件导入四种方式采集不同类型观测仪器的观测数据。

（2）基础信息采集

与观测相关的基础数据的录入，包括台站基础信息、测点基础信息和仪器基础信息的录入。

（3）日志信息采集

仪器运行日志采集；台站、区域中心、国家中心和学科中心四级节点工作日志的录入。

3. 数据交换子系统

数据交换子系统由数据订阅、数据交换和数据备份等功能模块构成，负责台站、区域中心、国家中心和学科中心四级管理节点的所有观测数据和相关信息的传送，同时在国家中心、区域中心和学科中心进行数据备份。

（1）数据订阅

映射用户和数据的关系，用户可以选择需要进行传送的数据。已订阅的数据将在下次交换任务执行时进行传送，未订阅的数据不参加传送。

（2）数据交换

采用定时自动交换和手动触发交换两种交换策略。自动交换是在预先设定的交换时间点自动执行数据交换任务。手动交换是人工触发后立刻执行一次数据交换任务。

（3）数据备份

采用定时自动备份和手动触发备份两种备份策略。自动备份是在预先设定的备份时间点自动执行数据备份任务。手动备份是在人工触发后立刻执行一次数据备份任务。

4. 数据服务子系统

数据服务子系统由观测数据服务、基础信息服务、数据产品服务和日志信息服务等功能模块构成，负责将全台网观测数据、基础信息、数据产品和日志信息提供给用户。

（1）观测数据服务

提供原始观测数据和预处理数据的查询、浏览、下载和绘图功能。通过选择台站、仪器、测项信息、起始日期、结束日期等约束条件获取相应的观测数据，以 excel 或者 txt 格式下载或绘制数据波形。

（2）基础信息服务

提供台站、测点和仪器基础信息的查询、浏览和下载功能。通过选择台站获取该台站的所有基础信息，包括台站基础信息，以及台站拥有的观测洞体、地电场地、地磁场地、井、泉、断层等相关的基础信息。

（3）产品数据服务

提供产品数据的查询、浏览、下载和绘图功能。通过选择台站、仪器、测项信息、起始日期、结束日期等约束条件获取相应的产品数据信息，以 excel 或者 txt 格式下载或绘制数据波形，也可以直接查看或下载已经处理形成的图像产品。

（4）日志信息服务

提供仪器运行日志和台站工作日志的查询、浏览和下载功能。通过选择台站、不同仪器和起始日期、结束日期等约束条件获取相关的日志信息，以 excel 或者 txt 格式下载。

5. 系统监控子系统

系统监控子系统由仪器监控、进程监视和资源监视等功能模块构成，负责对所有观测仪器的运行监控、对管理系统的各个软件进程状态的监视和对管理节点软硬件资源状态的监视，并对非正常运行状态予以告警。

（1）仪器监控

提供仪器状态监视、仪器异常告警、仪器运行控制、仪器日志查看和实时波形查看等功能。

（2）进程监视

提供进程状态监视和进程异常告警功能。进程状态监视是采集并显示当前管理系统各个软件进程的运行状态，包括采集进程、交换进程和备份进程，显示正在进行的采集、交换或者备份任务的详细信息。进程异常告警则显示出现异常的软件进程及其异常信息。

（3）资源监视

提供应用服务器及其存储资源的状态监视和异常告警功能。应用服务器状态监视是采集并显示当前应用服务器的 CPU、内存、存储等状态信息。服务器异常告警则显示具有告警信息的数据库服务器或者应用服务器的名称、所属节点等信息。

6. 系统管理子系统

系统管理子系统由节点管理、日志管理和用户管理等功能模块构成，负责对节点接入与退出、业务运行过程与结果，以及业务功能使用等的统一管理。

（1）节点管理

提供台站、区域中心、国家中心和学科中心之间的节点注册、节点审批、节点注销和学科配置功能。

（2）日志管理

提供将管理系统各个业务功能子系统运行过程中记录的日志进行统一管理的功能，包括仪器运行日志、台站工作日志和软件进程日志。

（3）用户管理

提供管理系统各类用户的注册、审批、修改和注销功能。系统划分为管理员、专业用户和普通用户三类，定义各类用户的权限，进行各类登录的用户角色与业务权限的映射验证与管理。

2.3.3 系统模块结构设计

系统模块结构及其交互关系示意图如图 2.20 所示。

1. 设备层

设备层也称为物理层，包括各种 IP 仪器、非 IP 仪器、人工观测仪器、非在线观测仪器和流动观测系统等，是系统运行功能实现的物理基础。

2. 设备适配器

在设备层上面，设计设备适配器。设备适配器主要负责对各类仪器进行封装，通过业务通信协议适配物理通信协议，屏蔽各类设备资源的异构性，将物理设备封

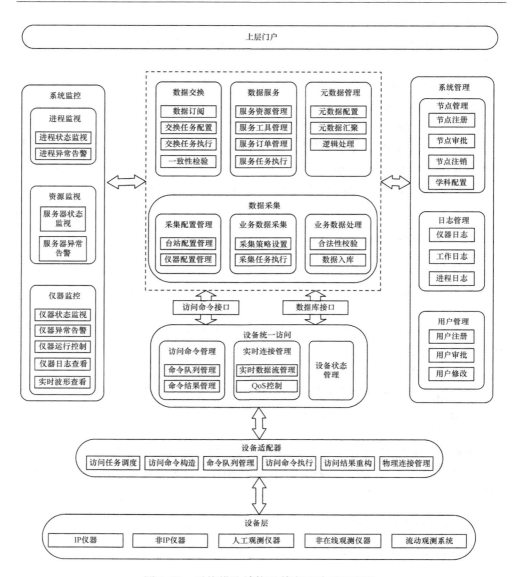

图 2.20　系统模块结构及其交互关系示意图

装为可统一远程访问的设备资源,其功能子模块包括访问任务调度、访问命令构造、命令队列管理、访问命令执行、访问结果重构,以及设备的物理连接管理等。

3. 设备统一访问

设备适配器的上面是管理系统的业务层。设备适配器封装了各种异构设备,而设备统一访问模块可以理解为访问这些异构设备的统一接口。这些接口为上层业务系统提供统一的访问方式,其功能子模块包括访问命令管理、实时连接管理,以及设备状态管理等。

4.业务系统

业务系统包括元数据管理子系统、数据采集子系统、数据交换子系统、数据服务子系统和系统监控子系统。这些子系统通过设备统一访问接口访问和管理设备资源,实现管理系统的具体业务功能。

5.上层门户

上层门户又称为界面层或者视图层,主要为系统提供业务功能的界面展示,为用户提供各个业务作业的交互接口。系统视图层和业务层的分离,不但可以实现系统的并行开发,而且可以大大增强系统的可维护性。

第3章　系统数据库设计

基于数据库实现信息高效、合理的管理是信息管理系统的基本技术解决方案。数据库和表的设计一直是信息管理系统的核心内容,合理、准确的表结构是系统成功开发的基础,也是保证系统性能和功能的关键因素。系统基于 Oracle 数据库系统,在详细分析地震前兆观测业务和数据特点的基础上,设计地震前兆观测台网统一的观测业务数据库系统,以便实现整个台网数据管理的统一性,为各级节点数据采集、数据交换和数据服务等业务功能提供规范化数据结构基础。

3.1　台网业务数据及特点分析

3.1.1　台网业务数据分类

按照地震前兆观测业务实际,地震前兆观测台网业务数据包含以下数据类型。

1. 观测数据类

观测数据类业务数据包括数字化观测仪器、人工观测仪器、流动观测仪器的原始产出观测数据,简称原始数据;对原始数据经过预处理后形成的预处理观测数据,简称预处理数据;对原始数据或预处理数据经过数学加工后产出的产品数据。

2. 基础信息类

基础信息类业务数据包括台站名称、台站代码、经纬度、所在行政区划等台站基础信息;测点名称、测点改造日期、经纬度、测点离主台距离、所在行政区划、主要干扰源、地形地质构造图、测点图片信息、测点建设报告等测点基础信息;观测洞室、磁房、井泉、地电外线路等观测场地基础信息;仪器名称、生产厂家、生产日期等仪器基本信息;仪器 ID 号、安装日期、安装地点、运行参数等仪器运行信息;仪器校准时间、格值参数等仪器校准信息;仪器维修维护时间、维修内容、维修人、维修的主要事项等仪器维修与维护记录信息。

3. 日志信息类

日志信息类业务数据包括观测仪器的启动时间、访问记录、异常记录等仪器运行日志;日志类型、日志描述、操作流程和依据、处理人员等工作日志;数据采集、数据交换、数据服务、系统监控和系统管理等各个业务进程的启动时间、执行过程及结果、异常记录等进程日志。

4. 数据属性类

数据属性类业务数据包括描述数据分类的类别代码及类别名称等;描述数据属性的数据量纲、观测精度、采样率、数据起始时间和结束时间等。

3.1.2 台网业务数据特点

地震前兆观测台网业务数据呈现如下业务特点。

1. 分布式,要求全网一致

地震前兆观测数据及相关信息由分布于全国各地的观测仪器和管理节点产生,并在前兆台站、区域中心、国家中心和学科中心四级节点进行存储、管理与服务,是典型的分布式数据。观测数据及相关信息不但在管理节点本地进行有效管理,还需要在多级业务管理节点之间进行传送,使全网所有观测数据和相关信息实行统一管理。

鉴于地震前兆观测最根本的目的是为遴选地震前兆异常信息提供基础数据,服务于地震预测预报,因此为了保证各级节点数据应用的可靠性,必须保证从观测仪器产出、数据采集与汇集的传输、各级节点的入库,到最后提供给用户的数据完全一致,以免发生分析应用结果的冲突,甚至是错误。

2. 数据量巨大,要求数据连续

地震前兆观测台网具有 1000 多个观测站点、3000 余套观测仪器,每年产生近 1TB 的观测业务数据,而且随着高采样率观测仪器不断投入使用,产出数据量也将快速增长。同时,地震前兆观测是一项需要长期坚持不懈开展的业务工作,随着时间的推移,累积的观测数据将越来越庞大。

地震前兆观测数据反映的是地球物理场、地球化学、地下介质性质和地壳运动等地学特性的动态变化和长期演化过程,观测数据的连续性是地震前兆观测的生命。因此,除了因观测仪器本身故障等不可避免的原因造成的数据缺失,从信息管理角度造成的数据丢失是难以接受的。即使因网络中断、管理节点软硬件故障、管理系统本身缺陷等原因不能及时采集、汇集观测数据,也必须能够采取可行的措施及时予以补救。

　　3. 数据类型多,要求描述精细

　　仅就观测数据而言,按照采样率的不同,数据分为时、分、秒一次采样的数据等;按照学科专业的不同,数据分为重力、地磁、地壳形变、地电和地下流体观测数据;按照数据产出层级的不同,观测数据分为原始观测数据、预处理数据和产品数据;按照数据产出的时间、区域、地点、仪器,又需要详尽标识观测仪器、所在测点、所属台站、所属区域,以及产出时间等描述信息。

　　虽然地震前兆观测数据类型多,但为了保证提供用户应用的精准性和效果,需要对数据本身的定位(产出仪器、地点、时间、内容等)及其产出过程(产出精度、运行过程、变化异常原因及处理、工作日志等)予以精细描述,以免应用误解,甚至是错误。

　　4. 数据实时性不高,管理时间跨度大

　　地震前兆观测数据大多反映地学特性的缓慢变化。观测数据主要应用于地震预测预报研究与实践、地震科学研究,每天获取并提供给用户基本能够满足地震监测预报应用需求,因此观测台网每天采集并逐级报送数据,在分布式数据管理系统中,实时性要求并不高。

　　但是,地震前兆异常分析不但需要短期的地学异常变化信息,很多情况从需要一年、几十年,甚至更长时间的背景变化趋势来判识异常信息,因此需要对地震前兆观测数据进行长期有效的管理,并提供高效、完整的服务。

　　5. 数据用户不庞大,访问数据频次高

　　地震前兆观测是专业性很强的地学观测,其用户大多是地震行业的监测人员、地震预报分析人员和地震行业外的地球科学研究人员,因此日常观测中对数据访问的用户量并不庞大。但为了及时将观测数据逐级传送并提供用户应用,业务管理系统需要及时发现数据更新,并进行读取、写入等访问作业。为了对观测仪器、观测环境等原因造成的无效数据进行处理,特别是,对受到各种人文活动干扰进行抑制或剔除的处理,全国所有观测业务人员每天都对原始观测数据进行各种干预处理,需要对数据库进行大量的访问操作。为了提高地震前兆观测应用效能,前兆台站、区域中心等观测业务人员需要及时发现观测异常(有别于通常观测结果的数据异常现象),并对观测异常进行分析处理,也需要频繁访问数据库。各级管理节点为了及时掌握观测数据质量状况,需要频繁访问数据进行质量动态监控,这又大大增加了对数据库访问的频次。

3.2　数据库总体设计

3.2.1　基本设计思路

1. 设计原则

为了有效支撑台网信息管理系统的数据采集、数据交换、数据服务、系统监控等业务功能的稳定性和高效性,并保证系统的健壮性、可靠性和可扩展性,数据库设计基于以下原则。

(1) 库结构一致性原则

通过前兆台站、区域中心、国家中心和学科中心的数据库结构一致来保证整个台网业务数据在既集中又分散管理状况下的全国统一的业务管理和应用。

(2) 交换一致性原则

通过数据交换的数据主体部分与数据库存储的数据主体部分结构一致来保证数据传递、接收和入库的一致状态。

(3) 表结构一致性原则

通过数据主体存储表的结构与观测仪器的类型无关(即观测仪器的变化不对表结构造成影响)来保证数据表的扩展性和观测数据的独立性。

(4) 数据信息关联性原则

通过数据库表结构关联,实现地震前兆观测数据与地震前兆仪器观测特性的变化、观测日志、异常事件、异常落实与处理等信息的关联,方便数据服务、数据检索等数据信息联动。

(5) 表命名一致性原则

通过台站、区域中心、国家中心和学科中心的数据库和数据表按统一规则命名来保证管理系统安装、部署、运行,以及升级的可靠性。

2. 设计考虑因素

地震前兆数据库结构设计需要重点考虑的主要因素有以下几个方面。

(1) 性能

影响数据库性能的因素很多,虽然可以在数据库部署和运行时利用数据库管理系统的特性,如分区等参数设定、结构化查询语言、索引和存储过程策略等优化来提高性能,但数据库结构是影响数据库性能的一个重要方面。对于地震前兆数据库来说,最大量的操作是数据查询和插入,因此主要考虑数据查询和数据插入的速度。由于地震前兆数据库需存储数年乃至数十年的数据,在设计时需要根据台网规模对表中的记录数量进行正确估计,避免在数据库系统运行过程中记录数量的过快增长而影响性能。

(2) 稳定性

数据库系统主要是为了数据集成和数据共享。通过数据集成统一计划与协调遍及各相关应用领域的信息资源,这样可使数据得到最大程度的共享,而冗余最少。由于数据库用整体观点来看待和描述数据,数据不再是面向某一应用,而是面向整个系统,因此可以大大减少数据的冗余。数据库结构的变动会引起一连串的反应,即基于该数据库结构的所有应用系统都要进行相应修改,所以在设计地震前兆数据库结构时,必须综合考虑仪器种类、台网规模、观测项目发展和应用需求等,尽可能地使数据库结构保持相对稳定。

(3) 数据冗余

尽管采用数据库管理数据不可避免地会有合理的数据冗余,但并不是说所有的冗余都可以或应该消除,出于应用业务或技术上的原因,如数据合法性检验、数据存取效率等方面的需要,同一数据可能在数据库中保持多个副本,有时为了提高查询速度而采取数据冗余的措施等。在数据库系统中,冗余是受控的。系统知道冗余,保留必要的冗余也是系统预定的,但应尽量避免因数据库结构不合理带来的冗余。这种数据冗余既浪费存储空间,又会给数据库的性能带来负面影响。

(4) 可伸缩性

前兆台站、区域中心、国家中心和学科中心各级管理节点都需要采用数据库来管理数据。这四级节点的数据库结构应保持一致,以便在数据库层面构建分布式数据库系统和数据交换,也便于应用软件的开发。这种一致并不意味着完全相同,应根据各级管理节点的数据规模和应用需求的不同对数据库结构进行合理的裁减。

(5) 规范性

数据库设计应尽量采用国家或行业相关标准、规范,即尽可能采用台站代码、测项分类与代码、仪器分类与代码、仪器号、采样率代码、数据分类与代码、业务机构代码、有关日志等方面的标准和规范,使地震前兆数据库系统对各种数据信息的管理规范化,便于数据交换和数据应用等。

3. 特殊问题处理

进行数据库设计时,系统本身的分布、动态、大规模和时效性等特点增加了系统设计的难度。在此借鉴其他系统的经验和特点,运用一系列技术手段进行地震前兆观测中若干特殊问题的处理与设计。

(1) 测点管理

对于地震前兆观测,经常出现一个台站上多套相同仪器同时观测的情形,同时存在不同的两套仪器观测相同物理量的情形。例如,一个地磁台站通常有两套地磁场相对记录仪器,产生相同的地磁场水平分量 H、偏角分量 D 和垂直分量 Z 的数据,同时存在连续观测仪器(如 Overhauser 磁力仪)和人工观测仪器(如质子旋进磁力仪)产出相同的地磁场总强度 F 的数据。在存储数据时,仅用台站代码和测项分量代码无法区分,用仪器号虽可区分,但会带来其他问题。若仪器故障更换一台新仪器时,数据的衔接就会出现问题。为此,设计引入"测点"这一个逻辑层面上的概念,以解决区分同一台站多套相同仪器或具有相同测项分量不同仪器观测数据的问题。这相当于将台站细分为很多测点,通过测点就可以有效区分一个台站上的多套仪器。测点可以理解为仪器拾取信号的那个测量地点。测点与仪器之间没有必然的联系。在一个测点上更换同种类型的仪器时,保持测点编码不变,在该测点上的观测数据就可以衔接起来。如果某仪器停止观测后,在同一测点更换了不同类型的观测仪器,例如原重力测量仪停止测量后,更换为地倾斜测量仪,这时采用一个新的测点编码,就可以区分两套不同种类仪器的数据。

(2) 观测设施管理

系统在设计时将观测设施作为一个对象进行管理,将对观测设施的描述与在该设施中开展的地震前兆观测内容分开。这种策略的优点是明显的,在一个观测设施中开展多种观测项目时,关于观测设施本身的各种信息不会在数据库的基础信息中多次重复出现,既避免了信息的重复冗余,又避免了同一信息多副本引起的信息不一致性问题。

(3) 信息关联

数据库表之间的联系通过关系实现。关系将数据库的各表关联为一个有机整体,满足各种业务需求。系统按照关系数据库设计的第三范式的要求进行规范化处理,不但可以减少数据冗余,而且不会发生插入(insert)、删除(delete)和更新(update)操作异常。系统表之间的信息关联由台站代码属性、测点编码属性、仪器代码属性和仪器号属性构成。例如,数据表与基础信息表、数据表与日志表之间通过台站代码、测点编码和测项分量代码实现关联;仪器信息表之间通过仪器代码和仪器号实现关联。

(4) 历史基础信息的保存

历史基础信息的保存对数据分析非常重要,因为它对应特定时期的观测数据,所以在数据库中不能只保留最新的基础信息。数据库系统的基础信息表采用时间字段来标明该信息的有效时间,并将该时间字段作为联合主键之一。这样,不同时期的基础信息就可以保存在一个表中。例如,观测山洞改造前后可以作为两条记录保存在洞体信息表中,仪器每次校准的参数(如格值)都可以保存在台站仪器校准信息表中等。停止观测的仪器在台站仪器运行信息表中通过停测时间进行标识,其信息可以作为历史记录保存在相关的仪器信息表中。

在台站仪器运行信息表中,台站代码、测点编码与仪器号联合作为主键,这样当一台仪器从一个台站搬迁到另一个台站时,在台站仪器运行信息表中应产生该仪器的一条新记录,而该仪器在原台站或原设施中的运行信息将作为历史信息予以保留。

(5)高采样率数据的存储

在本管理系统中,高采样率数据是指采样率高于1次/秒的观测数据。对于高采样率数据的存储需要采取一定的策略,以便保证对大数据存储和应用读取的时效性能。

① 表的设立策略。高采样率数据只按测项建表,同一测项所有高采样率的数据用同一张表存放来提高管理性能。

② 数据行粒度的设定策略。考虑高采样率数据量比较大,在数据应用时,需要查看一天完整的高采样率数据的业务场景比较少,而多数情况是用户只需查看一天中的某一小段数据,如某几分钟或某小时的数据。此时,如果数据以天为单位存放,将造成数据库I/O的浪费和性能的下降,使用户长时间等待。为避免此种情况的发生,经过权衡,对高采样率数据表,采用以小时为单位的数据存储粒度。

③ 数据压缩存储策略。考虑高采样率数据量大,本管理系统为高采样率数据压缩提供标识,但不对具体数据压缩算法进行限定,方便不同数据特征采用最合适的压缩算法实现。应用数据时提供相应的解压算法即可还原数据。

3.2.2　数据编码设计

描述、定位地震前兆观测数据的关键元数据主要包括台站代码、测点编码、测项代码及测项分量代码、仪器代码、仪器号、日志类型代码、信息类型代码和机构代码。

1. 台站代码

台站代码直接采用地震行业标准《地震台站代码》(DB/T 4—2003)规定的地震台站代码,或按照该标准规定的编码原则和方法编制台站代码。

2. 测点编码

测点编码用1位数字或英文字母表示,英文字母区分大小写。

3. 测项代码及测项分量代码

测项代码及测项分量代码直接采用地震行业标准《地震测项分类与代码》(DB/T3—2011)规定的地震测项的分类与代码。

4. 仪器代码

仪器代码直接采用地震行业标准《地震观测仪器分类与代码》(DB/T 26—

2008)规定的地震观测仪器的分类原则与方法、编码方法及其给出的地震观测仪器的分类代码。

5. 仪器号

参照《中国地震前兆台网技术规程》，仪器号由 12 位组成，其构成示意图如图 3.1 所示。第 1 位为大写英文字母，表示仪器类别："十五"期间网络化观测仪器用 "S"表示；"九五"期间数字化观测仪器用"J"表示；模拟观测仪器用"M"表示；人工观测仪器用"R"表示。第 2～4 位为仪器主观测的测项代码，按照《地震测项分类与代码》规定的测项代码表示。第 5～8 位为仪器厂家或用户自定义标志。第 9～12 位为仪器序列号，由 4 位阿拉伯数字组成。对于自带仪器号的仪器，采用仪器自带的仪器号，但其定义必须遵循本规则。

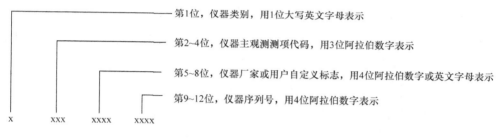

图 3.1　仪器号构成示意图

6. 日志类型代码

日志类型代码直接采用地震行业标准《地震前兆数据库结构：台站观测》(DB/T 51—2012)规定的日志类型代码。

7. 信息类型代码

信息类型代码直接采用地震行业标准《地震前兆数据库结构：台站观测》(DB/T 51—2012)规定的信息类型代码。

8. 机构代码

机构代码直接采用地震行业标准《地震前兆数据库结构：台站观测》(DB/T 51—2012)规定的机构代码。

3.2.3　数据库总体结构

地震前兆数据库由数据表、日志表、数据字典表构成。数据表用于存放各类观测数据，日志表用于存放工作日志和仪器运行日志等，数据字典表用于存放描述观测数据属性的相关信息。地震前兆数据库表项众多、相互关联、依赖关系复杂,数据库结构及各类表的实体-联系图如图 3.2 所示。

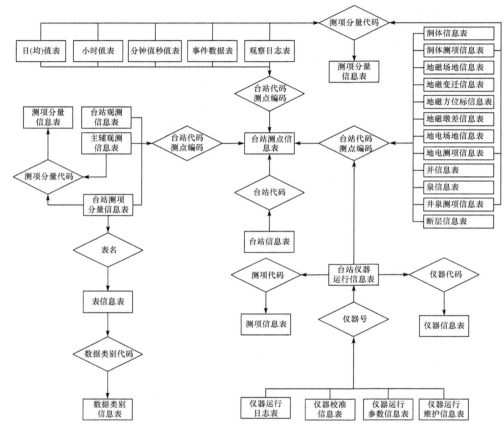

图 3.2　数据库结构及各类表的实体-联系图

3.3　数据库表结构设计

3.3.1　数据表

1. 日(均)值表

日(均)值表(表 3.1)存放按日采样的数据或日均值数据,每天每个测项分量为一条记录。观测值序列将观测值数据以 ASCII 字符形式存放。对于日(均)值,该序列只有一个数据。

起始时间为观测值序列中第一个数据的采样时间。

表 3.1　日(均)值表

编号	字段描述	字段英文名	英文名缩写	字段类型及长度	主键	NULL	说明
1	起始时间	start date	startDate	date	√		
2	台站代码	station ID	stationID	char(5)	√		
3	测点编码	observation point ID	pointID	char(1)	√		
4	测项分量代码	item ID	itemID	char(4)	√		
5	采样率代码	sampling rate	sampleRate	char(2)		√	
6	观测值序列	observed value	obsValue	varchar2(20)			
7	预处理标志	pre-processing flag	processingFlag	number(1)		√	注1

主键:起始时间＋台站代码＋测点编码＋测项分量代码

关联:〔台站测点信息表.台站代码〕=〔日(均)值表.台站代码〕;〔台站测点信息表.测点编码〕=〔日(均)值表.测点编码〕;〔测项分量信息表.测项分量代码〕=〔日(均)值表.测项分量代码〕

注1:本字段只用于数字化预处理地震前兆数据表,取值为0或1。0表示该天的数据在预处理时未作改动,1表示预处理时做了改动,以下各表同

2. 小时值表

小时值表(表 3.2)存放按小时采样的数据,包括整点值和时均值数据,每天每个测项分量为一条记录。观测值序列将观测值数据以 ASCII 字符形式存放,将一天 24 个小时值数据按采样次序连接起来,数据之间用空格符分隔。缺测数据用"NULL"表示。全天缺数时用"NULLALL"表示。格式如下。

第 0 时的数据　第 1 时的数据　第 2 时的数据……第 23 时的数据

起始时间为观测值序列中第一个数据的采样时间。

表 3.2　小时值表

编号	字段描述	字段英文名	英文名缩写	字段类型及长度	主键	NULL	说明
1	起始时间	start date	startDate	date	√		
2	台站代码	station ID	stationID	char(5)	√		
3	测点编码	observation point ID	pointID	char(1)	√		
4	测项分量代码	item ID	itemID	char(4)	√		
5	采样率代码	sampling rate	sampleRate	char(2)		√	

编号	字段描述	字段英文名	英文名缩写	字段类型及长度	主键	NULL	说明
6	观测值序列	observed value	obsValue	varchar2(4000)			
7	预处理标志	pre-processing flag	processingFlag	number(1)		√	

主键:起始时间＋台站代码＋测点编码＋测项分量代码

关联:(台站测点信息表.台站代码)＝[小时值表.台站代码];(台站测点信息表.测点编码)＝[小时值表.测点编码];(测项分量信息表.测项分量代码)＝[小时值表.测项分量代码]

3. 分钟值表和秒值表

分钟值表存放每分钟 1 次采样的数据,秒值表存放每秒 1 次采样的数据,如表 3.3 所示。分钟值表每天每个测项分量为一条记录,秒值表每天每个测项分量按小时分成 24 条记录。

观测值序列将观测值数据以 ASCII 字符形式存放,将一天 1440 个分钟值或一个小时 3600 个秒值数据按采样次序连接起来,数据之间用空格分隔。缺测数据用"NULL"表示。全天缺数时用"NULLALL"表示。

数据起始时间为观测值序列中第一个数据的采样时间。

表 3.3　分钟值表和秒值表

编号	字段描述	字段英文名	英文名缩写	字段类型及长度	主键	NULL	说明
1	起始时间	start date	startDate	date	√		
2	台站代码	station ID	stationID	char(5)	√		
3	测点编码	observation point ID	pointID	char(1)	√		
4	测项分量代码	item ID	itemID	char(4)	√		
5	采样率代码	sampling rate	sampleRate	char(2)		√	
6	观测值序列	observed value	obsValue	clob			
7	预处理标志	pre-processing flag	processingFlag	number(1)		√	

主键:起始时间＋台站代码＋测点编码＋测项分量代码

关联:(台站测点信息表.台站代码)＝[分钟值表.台站代码];(台站测点信息表.测点编码)＝[分钟值表.测点编码];(测项分量信息表.测项分量代码)＝[分钟值表.测项分量代码];(台站测点信息表.台站代码)＝[秒值表.台站代码];(台站测点信息表.测点编码)＝[秒值表.测点编码];(测项分量信息表.测项分量代码)＝[秒值表.测项分量代码]

4. 事件数据表

事件数据表（表 3.4）存放仪器记录的事件数据，一个事件一个测项分量为一条记录。事件数据表中观测值序列的格式如下。

长度、日期、台站代码、设备 ID、采样率、事件序号 1、事件起始时间、事件结束时间、测项分量代码、按采样次序排列的事件数据、事件序号 2、事件起始时间、事件结束时间、测项分量代码、按采样次序排列的事件数据、……、事件序号 n、事件起始时间、事件结束时间、测项分量代码、按采样次序排列的事件数据。

事件序号：整数表示，表示当天事件的次序。

事件起始时间和事件结束时间：采用"hhmmss"格式，表示时、分、秒，均为 2 位数字，不足部分补 0。

若某天的事件结束时间超过第二天的 0 时 0 分 0 秒，则将超过第二天的 0 时 0 分 0 秒的测量数据续记在该事件数据内。

所有信息以空格符分隔。

起始时间为观测值序列中第一个数据的采样时间。

表 3.4 事件数据表

编号	字段描述	字段英文名	英文名缩写	字段类型及长度	主键	NULL	说明
1	起始时间	start date	startDate	date	√		
2	台站代码	station ID	stationID	char(5)	√		
3	测点编码	observation point ID	pointID	char(1)	√		
4	测项分量代码	item ID	itemID	char(4)	√		
5	采样率代码	sample rate	sampleRate	char(2)		√	
6	观测值序列	observed value	obsValue	clob			

主键：起始时间＋台站代码＋测点编码＋测项分量代码
关联：(台站测点信息表.台站代码)＝[事件数据表.台站代码]；(台站测点信息表.测点编码)＝[事件数据表.测点编码]；(测项分量信息表.测项分量代码)＝[事件数据表.测项分量代码]

3.3.2 日志表

1. 观测日志表

观测日志表（表 3.5）存放台站观测日志条目。每个日志条目为一条记录，一个测项分量一天可有多个日志条目。

表 3.5　观测日志表

编号	字段描述	字段英文名	英文名缩写	字段类型及长度	主键	NULL	说明
1	台站代码	station ID	stationID	char(5)	√		
2	测点编码	observation point ID	pointID	char(1)	√		
3	测项分量代码	item ID	itemID	char(4)	√		
4	起始时间	event start time	startDate	date	√		
5	结束时间	event end time	endDate	date	√		
6	日志类型码	event ID	evtID	number(3)			
7	日志描述	event description	evtDesc	varchar2(200)			
8	日志填写人员	log recording person	logPerson	varchar2(20)			
9	是否进行预处理	is processed	isProcessed	number(1)		√	注1
10	是否自动处理	is processed automatically	isAuto Processed	number(1)		√	注2
11	处理软件名称	software name	proSoftware	varchar2(30)		√	
12	置为 NULL 数据个数	number of nulls set	NullNum	number(6)		√	
13	处理人员	person on duty	evtPerson	varchar2(20)		√	
14	处理流程和依据	event processing procedure and criteria	evtProcessing	varchar2(100)		√	
15	处理时间	processing time	proDate	date		√	
16	预处理描述	processing description	proDesc	varchar2(400)		√	
17	备注	note	evtNote	varchar2(100)		√	

主键:台站代码＋测点编码＋测项分量代码＋起始时间＋结束时间
关联:(台站测点信息表.台站代码)＝〔观测日志表.台站代码〕;(台站测点信息表.测点编码)＝〔观测日志表.测点编码〕;(测项分量信息表.测项分量代码)＝〔观测日志表.测项分量代码〕
注1:0表示未处理,1表示在预处理时依据该日志条目进行了处理
注2:0表示人机交互处理,1表示自动处理

2. 仪器运行日志表

仪器运行日志表(表 3.6)存放符合《中国地震前兆台网技术规程》的仪器运行日志条目。每个日志条目为一条记录,一台仪器一天可有多个日志条目。

表 3.6　仪器运行日志表

编号	字段描述	字段英文名	英文名缩写	字段类型及长度	主键	NULL	说明
1	仪器号	instrument ID	instrID	char(12)	√		
2	发生时间	event start time	startDate	date	√		注 1
3	信息号	informaton number	inforNo	number(5)	√		注 2
4	信息类型码	information ID	inforID	char(2)			注 3
5	信息描述	event description	inforDesc	varchar2(50)		√	

主键:仪器号＋发生时间＋信息号
关联:(台站仪器运行信息表.仪器号)＝[仪器运行日志表.仪器号]
注 1:记录发生的时间,精确到秒
注 2:为记录发生的顺序号,用整数表示
注 3:表述设备运行中发生的信息类型,用两个字符表示

3. 模拟观测记录图件表

模拟观测记录图件表(表 3.7)存放台站模拟观测记录的图纸经扫描后产生的计算机可读的图件,一个图件为一条记录。

表 3.7　模拟观测记录图件表

编号	字段中文名	字段英文名	英文名缩写	字段类型及长度	主键	NULL	说明
1	数据起始时间	start time	startDate	date	√		
2	台站代码	station ID	stationID	char(5)	√		
3	测点编码	observation point ID	pointID	char(1)	√		
4	测项(分量)代码	item ID	itemID	char(4)	√		注 1
5	图件格式	image format	imageFormat	char(6)		√	注 2
6	图件	image file	imageFile	blob		√	注 3

主键:主键:数据起始时间＋台站代码＋测点编码＋测项(分量)代码
关联:(台站测点信息表.台站代码)＝[模拟观测记录图件表.台站代码];(台站测点信息表.测点编码)＝
[模拟观测记录图件表.测点编码];(测项分量信息表.测项分量代码)＝[模拟观测记录图件表.测项分量代码]
注 1:若几个测项分量记录在一张图纸上,则本字段为测项代码
注 2:图件格式指 jpg、bmp、gif、tif 等
注 3:本字段存放对应格式的图件

3.3.3　数据字典表

1. 表信息表

表信息表(表3.8)存放数据库中有关表的信息。库中每个表的信息为一条记录。

表 3.8　表信息表

编号	字段中文名	字段英文名	英文名缩写	字段类型及长度	主键	NULL	说明
1	表名	table name	tableName	varchar2(30)	√		
2	数据类别代码	data category code	dataCateCode	char(6)		√	注1
3	建表时间	table creation time	tblCreationTime	date			注2
4	表内容概述	table content description	tblContDesc	varchar2(200)		√	
5	备注	note	note	varchar2(100)		√	

字典项名:dict_tables

主键:表名

关联:(数据类别信息表.数据类别代码)＝[表信息表.数据类别代码]

注1:采用地震行业标准《地震数据分类与代码 第2部分:地震观测数据》中规定的数据小类代码,由6个阿拉伯数字和英文字母组成

注2:时间戳,默认值为当前时间

2. 数据类别信息表

数据类别信息表(表3.9)存放地震前兆观测数据本身类别代码的信息,每个数据小类为一条记录。

表 3.9　数据类别信息表

编号	字段中文名	字段英文名	英文名缩写	字段类型及长度	主键	NULL	说明
1	数据类别代码	data category code	dataCateCode	char(6)	√		
2	数据类别名称	data category name	dataCateName	varchar2(30)			

字典项名:dict_dataCode

主键:数据类别代码

关联:无

3. 台站信息表

台站信息表(表 3.10)存放数据库中所有台站的基本信息,每个台站的信息为一条记录。

表 3.10　台站信息表

编号	字段中文名	字段英文名	英文名缩写	字段类型及长度	主键	NULL	说明
1	台站代码	station ID	stationID	char(5)	√		
2	建台改造日期	station construction date	stationConsDate	date			
3	台站名称	station name	stationName	varchar2(50)			
4	纬度	latitude	latitude	char(11)			注 1
5	经度	longitude	longitude	char(12)			注 2
6	高程	altitude	altitude	decimal(7,2)		√	
7	主管单位	management unit code	unitCode	varchar2(3)			注 3
8	台基岩性	rock type	stationBaseRock	varchar2(100)		√	
9	台站编码	station old code	stationOldID	char(6)		√	注 4
10	台站 2 位代码	station 2 digit code	statID_2	varchar2(3)		√	注 5
11	台址勘选情况	site selection details	stationSiteDetail	varchar2(500)		√	
12	地震地质条件	seismic and geological conditions	stationGeology Condition	varchar2(500)		√	
13	周围地震活动性背景	seismicity background	staSeismicity	varchar2(100)		√	
14	占地面积	ground area	stationGround Area	number(6)		√	注 6
15	值守方式	station management mode	stationMgmt Mode	char(8)		√	注 7
16	值班电话	phone number of duty office	stationDuty Phone	varchar2(30)		√	
17	通信地址	mail address	stationMail Address	varchar2(100)		√	
18	自然地理	natural geography	stationNatural Geography	varchar2(500)		√	

编号	字段中文名	字段英文名	英文名缩写	字段类型及长度	主键	NULL	说明
19	气候特征	weather characteristics	stationWeather	varchar2(500)		√	
20	历史沿革	station history	stationHistory	varchar2(500)		√	
21	工作生活条件	working and living facilities	stationWorking LivingFacility	varchar2(500)		√	
22	台站基本情况描述	description	description	varchar2(500)		√	注8
23	台站建设报告	station construction report	stationReport	blob		√	注9
24	台站平面分布图	station photo	stationPhoto	blob		√	注10
25	测点分布图	distribution map of observation points	stationPntMap	blob		√	注11

字典项名:dict_stations

主键:台站代码＋建台改造日期

关联:无

注1:格式为度分秒,度、分、秒均为2位,不足补0

注2:格式为度分秒,度为2或3位,分、秒均为2位,不足补0

注3:机构代码

注4:老的台站编码

注5:"九五"数字化地震前兆台站使用的2位台站代码

注6:单位为平方米

注7:取值为有人值守、无人值守

注8:有关台站总体情况的概述

注9:存放 word 格式文件

注10:存放 jpg 格式图件

注11:存放 jpg 格式图件

4. 台站观测信息表

台站观测信息表(表3.11)存放所有台站的观测项目及其级别信息,每个台站的每个观测项目信息为一条记录。

表 3.11　台站观测信息表

编号	字段中文名	字段英文名	英文名缩写	字段类型及长度	主键	NULL	说明
1	台站代码	station ID	stationID	char(5)	√		
2	测点编码	observation point ID	pointID	char(1)	√		
3	观测项目	observation methods	stationObsMethod	varchar2(20)	√		注 1
4	级别	observation rank	stationRank	char(8)			注 2

字典项名:dict_statObservation

主键:台站代码＋测点编码＋观测项目

关联:(台站测点信息表.台站代码)＝[台站观测信息表.台站代码];(台站测点信息表.测点编码)＝[台站观测信息表.所在测点编码]

注 1:取值为重力、倾斜、洞体应变、钻孔应力(应变)、地磁、地电、地下流体、断层形变

注 2:取值为基准台、基本台、区域台、地方台

5. 台站测点信息表

台站测点信息表(表 3.12)存放数据库中所有台站的测点基本信息,每个测点的信息为一条记录。

表 3.12　台站测点信息表

编号	字段中文名	字段英文名	英文名缩写	字段类型及长度	主键	NULL	说明
1	台站代码	station ID	stationID	char(5)	√		
2	子台编码	sub-station ID	subStationID	char(5)		√	
3	测点编码	observation point ID	pointID	char(1)	√		
4	建点改造日期	station construction date	pointConsDate	date			
5	测点名称	observation point name	pointName	varchar2(50)			
6	纬度	latitude	latitude	char(11)			注 1
7	经度	longitude	longitude	char(12)			注 2
8	高程	altitude	altitude	decimal(7,2)		√	
9	地理坐标获取方式	way of geography coordinate determination	coorDeterminationWay	varchar2(20)		√	注 3

编号	字段中文名	字段英文名	英文名缩写	字段类型及长度	主键	NULL	说明
10	测点离主台距离	distance from observing point to station	pointDistance	number(5)		√	注4
11	行政区划	administrative region	pointAdmin Region	varchar2(100)		√	注5
12	主要干扰源	main disturbance source	pointMain DisturbSource	varchar2 (500)		√	
13	地形地质构造图	geographic and geological structure map	stationStructure Map	blob		√	注6
14	测点图片	point photo	pointPhoto	blob		√	注7
15	测点建设报告	point construction report	pointReport	blob		√	注8
16	备注	description	pointDescription	varchar2 (200)		√	

字典项名：dict_stationPoints

主键：台站代码＋测点编码

关联：(台站信息表.台站代码)＝[台站测点信息表.台站代码]

注1：格式为度分秒，度、分、秒均为2位，不足补0

注2：格式为度分秒，度为2或3位，分、秒均为2位，不足补0

注3：取值为天文测量、单机GPS测量、差分GPS测量、大比例尺地图量算

注4：单位为米，若测点位于主台，取值为0

注5：测点所在地的省、市、县、乡、村名称

注6：存放jpg格式图件

注7：存放jpg格式图件

注8：存放word格式文件

6. 洞体信息表

洞体信息表(表3.13)存放定点地壳形变和重力观测的洞体观测环境的基本信息。每个洞体和每个测项为一条记录。

表 3.13　洞体信息表

编号	字段中文名	字段英文名	英文名缩写	字段类型及长度	主键	NULL	说明
1	台站代码	station ID	stationID	char(5)	√		
2	洞体名	cave name	caveName	varchar2(20)	√		
3	建设改造日期	construction date	constructDate	date	√		
4	山洞岩性	rock type	rockType	varchar2(50)			
5	洞顶覆盖层厚度	earth depth above the cave	upDepth	number(4)			单位为米
6	洞内温度	temperature in the cave	temperature	decimal(5,1)			单位为度
7	洞内湿度	humidity in the cave	humidity	number(3)			百分比,相对湿度
8	年温差	yearly temperature variation	tempVariation	decimal(4,1)			单位为度
9	绝对重力值	absolute gravity value	absoluteGravity	decimal(12,4)		√	
10	洞体图片	cave map	caveMap	blob		√	注 1
11	备注	note	note	varchar2(50)		√	

字典项名:dict_statCave

主键:台站代码＋洞体名＋建设改造日期

关联:(台站测点信息表.台站代码)=[洞体信息表.台站代码]

注 1:存放 jpg 格式图件

7. 洞体测项信息表

洞体测项信息表(表 3.14)存放在洞体中开展地震前兆观测的测项环境基本信息,包括定点地壳形变和重力观测。每个测项分量为一条记录。

表 3.14　洞体测项信息表

编号	字段中文名	字段英文名	英文名缩写	字段类型及长度	主键	NULL	说明
1	台站代码	station ID	stationID	char(5)	√		
2	测点编码	observation point ID	pointID	char(1)	√		
3	测项分量代码	item ID	itemID	char(4)	√		
4	洞体名	cave name	caveName	varchar2(20)			

编号	字段中文名	字段英文名	英文名缩写	字段类型及长度	主键	NULL	说明
5	进深	distance from the entrance	entryDistance	number(4)			单位为米
6	方向	direction	direction	decimal(6,2)			单位为度,从正北起算的方位角
7	仪器墩方位	direction of the instrument base	instrDirection	decimal(6,2)		√	单位为度,从正北起算的方位角
8	仪器长度	instrument length	instrLength	decimal(5,2)		√	对于长条形仪器,如水管仪等
9	备注	note	note	varchar2(50)		√	

字典项名:dict_statCaveItems

主键:台站代码＋测点编码＋测项分量代码

关联:(台站测点信息表.台站代码)=［洞体测项信息表.台站代码］;(台站测点信息表.测点编码)=［洞体测项信息表.测点编码］;(测项分量信息表.测项分量代码)=［洞体测项信息表.测项分量代码］

8. 地磁观测场地信息表

地磁观测场地信息表(表 3.15)存放地磁观测台站的观测场地基本信息,每个测点为一条记录。

表 3.15　地磁观测场地信息表

编号	字段中文名	字段英文名	英文名缩写	字段类型及长度	主键	NULL	说明
1	台站代码	station ID	stationID	char(5)	√		
2	建设改造日期	construction date	constructDate	date	√		
3	地磁纬度	geomagnetic latitude	magLatitude	char(11)			
4	地磁经度	geomagnetic longitude	magLongitude	char(12)			
5	磁场梯度	geomagnetic TD	magTD	decimal(7,2)			
6	测点周围以一百公里为半径的范围内航磁图	map of geomagnetism around the point	magMapAround	blob		√	
7	测点内部磁场分布图	map of geomagnetism inside the point	magMapInside	blob		√	

续表

编号	字段中文名	字段英文名	英文名缩写	字段类型及长度	主键	NULL	说明
8	绝对观测室内部布局图	map of the absolute observation room	magMapAbs RoomPlane	blob		√	
9	绝对观测室建筑立面图	profile map of the absolute observation room	magMapAbs RoomProfile	blob		√	
10	绝对观测室内磁场分布图	distribution map of magnetism in the absolute observation room	magMapAbs Room	blob		√	
11	相对记录室内部布局图	map of the relative observation room	magMapRel RoomPlane	blob		√	
12	相对记录室建筑立面图	structure map of the relative observation room	magMapRel RoomProfile	blob		√	
13	相对记录室内磁场分布图	distribution map of the relative observation room magnetism in	magMapRel Room	blob		√	
14	备注	note	note	varchar2(50)		√	

字典项名:dict_statGeomag

主键:台站代码＋建设改造日期

关联:(台站测点信息表.台站代码)＝[地磁观测场地信息表.台站代码]

9. 地磁台观测标准变迁信息表

地磁台观测标准变迁信息表(表 3.16)存放地磁台观测值变迁信息,每次变迁为一条记录。变迁包括迁址、更换标准墩、更换标准仪、新增或更换观测仪器、更换观测仪器所在观测墩等。

表 3.16　地磁台观测标准变迁信息表

编号	字段中文名	字段英文名	英文名缩写	字段类型及长度	主键	NULL	说明
1	台站代码	station ID	stationID	char(5)	√		
2	测点编码	observation point ID	pointID	char(1)	√		
3	变迁发生时间	time of variation happened	varDate	date	√		

编号	字段中文名	字段英文名	英文名缩写	字段类型及长度	主键	NULL	说明
4	变迁原因	cause of variation	varCause	varchar2(50)		√	注1
5	D变化量	variation of D	varD	decimal(12,4)		√	
6	I变化量	variation of I	varI	decimal(12,4)		√	
7	F变化量	variation of F	varF	decimal(12,4)		√	
8	H变化量	variation of H	varH	decimal(12,4)		√	
9	X变化量	variation of X	varX	decimal(12,4)		√	
10	Y变化量	variation of Y	varY	decimal(12,4)		√	
11	Z变化量	variation of Z	varZ	decimal(12,4)		√	

字典项名:dict_statGeomagVariation

主键:台站代码＋测点编码＋变迁发生时间

关联:(台站测点信息表.台站代码)=[地磁台观测标准变迁信息表.台站代码];(台站测点信息表.测点编码)=[地磁台观测标准变迁信息表.测点编码]

注1:迁址、更换标准墩、更换仪器墩、更换仪器等

10. 地磁观测方位标信息表

地磁观测方位标信息表(表3.17)存放地磁观测方位标的基本信息,每个方位标为一条记录。

表3.17　地磁观测方位标信息表

编号	字段中文名	字段英文名	英文名缩写	字段类型及长度	主键	NULL	说明
1	台站代码	station ID	stationID	char(5)	√		
2	测点编码	observation point ID	pointID	char(1)	√		
3	方位标编号	azimuth flag No	aziFlagNo	number(1)	√		
4	观测墩号	stack No which can see the azimuth flag	stackNo	number(1)	√		
5	测定日期	measuring date	meaDate	date	√		
6	是否为主标志		isMainAziFlag	number(1)			
7	方位标距绝对观测室距离	distance from the flag to observation room	aziFlagDistance	decimal(6,1)			

续表

编号	字段中文名	字段英文名	英文名缩写	字段类型 及长度	主键	NULL	说明
8	方位标建设 方式类型	azimuth flag type	aziFlagType	varchar2(50)		√	
9	该观测墩至该 方位标方位角	—	azimuthAngle	decimal(10,2)			注1

字典项名:dict_statGeomagAziFlag

主键:台站代码＋测点编码＋方位标编号＋观测墩号＋测定日期

关联:(台站测点信息表.台站代码)＝[地磁观测方位标信息表.台站代码];(台站测点信息表.测点编码)＝[地磁观测方位标信息表.测点编码]

注1:用户输入格式为度分秒

11. 地磁观测墩差信息表

地磁观测墩差信息表(表3.18)存放地磁观测墩差的基本信息,每个墩为一条记录。

表 3.18　地磁观测墩差信息表

编号	字段中文名	字段英文名	英文名缩写	字段类型 及长度	主键	NULL	说明
1	台站代码	station ID	stationID	char(5)	√		
2	测点编码	observation point ID	pointID	char(1)	√		
3	测定日期	measuring date	meaDate	date	√		
4	墩号	stack No	stackNo	number(1)	√		
5	是否为标准墩	—	isStandardStack	number(1)			
6	D墩差	difference of D value	DDiffValue	decimal(7,1)		√	单位为 nT
7	I墩差	difference of I value	IDiffValue	decimal(7,1)		√	单位为 nT
8	F墩差	difference of F value	FDiffValue	decimal(7,1)		√	单位为 nT
9	H墩差	difference of H value	HDiffValue	decimal(7,1)		√	单位为 nT
10	Z墩差	difference of Z value	ZDiffValue	decimal(7,1)		√	单位为 nT

字典项名:dict_statGeomagDiff

主键:台站代码＋测点编码＋测定日期＋墩号

关联:(台站测点信息表.台站代码)＝[地磁观测墩差信息表.台站代码];(台站测点信息表.测点编码)＝[地磁观测墩差信息表.测点编码]

12. 地电观测场地信息表

地电观测场地信息表(表 3.19)存放地电观测台站的观测场地基本信息,每个测点为一条记录。

表 3.19　地电观测场地信息表

编号	字段中文名	字段英文名	英文名缩写	字段类型及长度	主键	NULL	说明
1	台站代码	station ID	stationID	char(5)	√		
2	建设改造日期	construction date	constructDate	date	√		
3	布极图	electrode lay out map	electMap	blob		√	注1
4	外线路走线图	line map	lineMap	blob		√	注1
5	外线路敷设方式	erecting mode	erectingMode	varchar2(20)		√	
6	备注	note	note	varchar2(50)		√	

字典项名:dict_statElectr
主键:台站代码＋建设改造日期
关联:(台站测点信息表.台站代码)=[地电观测场地信息表.台站代码]
注1:存放 jpg 格式图件

13. 地电测项信息表

地电测项信息表(表 3.20)存放地电观测台站的测项环境基本信息,每个测项分量为一条记录。

表 3.20　地电测项信息表

编号	字段中文名	字段英文名	英文名缩写	字段类型及长度	主键	NULL	说明
1	台站代码	station ID	stationID	char(5)	√		
2	测点编码	observation point ID	pointID	char(1)	√		
3	测项分量代码	item ID	itemID	char(4)	√		
4	方向	direction material	electDirection	varchar2(10)			
5	供电极距	current electrode distance	electCurrentDistance	decimal(7,2)		√	单位为米
6	测量极距	potential electrode distance	electPotentialDistance	decimal(7,2)		√	单位为米

续表

编号	字段中文名	字段英文名	英文名缩写	字段类型及长度	主键	NULL	说明
7	装置系数	K value	KValue	decimal(12,4)			
8	供电极埋深	current electrode depth	electPotential Depth	decimal(5,2)			单位为米
9	测量极埋深	potential electrode depth	electCurrent Depth	decimal(5,2)			单位为米
10	电极规格	electrode dimension	electDimension	varchar2(50)			
11	电极材料	electrode material	electMaterial	varchar2(20)			
12	线路材料	wire material	wireMaterial	varchar2(20)		√	
13	备注	note	note	varchar2(50)		√	

字典项名:dict_statElectrItems
主键:台站代码+测点编码+测项分量代码
关联:(台站测点信息表.台站代码)=[地电测项信息表.台站代码];(台站测点信息表.测点编码)=[地电测项信息表.测点编码];(测项分量信息表.测项分量代码)=[地电测项信息表.测项分量代码]

14. 观测井信息表

观测井信息表(表3.21)存放观测井的基本信息,包括地下流体观测、钻孔倾斜观测和钻孔应力-应变观测的井。每个测点为一条记录。

表 3.21　观测井信息表

编号	字段中文名	字段英文名	英文名缩写	字段类型及长度	主键	NULL	说明
1	台站代码	station ID	stationID	char(5)	√		
2	井名	well name	wellName	varchar2(20)	√		
3	建设改造日期	well finished date	constructDate	date	√		
4	成井日期	well finished date	finishDate	date		√	
5	成井单位	construction unit	constrUnit	varchar2(40)		√	
6	干扰源	disturbance factors	disturbFactor	varchar2(100)		√	
7	孔口标高	well mouth altitude	wellMouth Altitude	number(4)		√	单位为米
8	构造部位	tectonic location	wellLocation	varchar2(50)		√	
9	水文地质条件	geological condition	geoCondition	varchar2(100)		√	

编号	字段中文名	字段英文名	英文名缩写	字段类型及长度	主键	NULL	说明
10	完钻井深	drilling well depth	wellIniDepth	number(4)			单位为米
11	现有井深	current well depth	wellCurDepth	number(4)			单位为米
12	孔径	borehole diameter	holeDiameter	decimal(5,1)			单位为毫米
13	钻孔倾向	borehole tendency	holeTendency	varchar2(8)		√	
14	钻孔倾角	borehole dip angle	holeDipAngle	decimal(5,3)		√	单位为度
15	变径情况	diameter changing condition	diaChangeCondition	varchar2(30)		√	变径的直径、深度
16	止水情况	state of water controlling	waterStopCondition	varchar2(30)		√	
17	含水层与井孔接触类型	type of contact	contactType	varchar2(20)		√	裸井、射孔、滤水管
18	套管主要参数	main parameters of the tube	mainParameter	varchar2(50)		√	注1
19	射孔资料	perforating data	perforatingData	varchar2(50)		√	注2
20	井斜情况	slip condition	slipCondition	varchar2(50)		√	
21	水温	water temperature	wTemperature	decimal(8,3)			
22	井类型	well type	wellType	varchar2(10)		√	自流井、非自流井
23	观测含水层的观测段	observed zone	observedZone	varchar2(30)		√	
24	观测含水层的岩性	observed aquifer lithology	aquiferLith	varchar2(40)		√	
25	观测含水层的揭露厚度	open thickness	openThickness	varchar2(40)		√	
26	地下水埋藏类型	under ground water chemical type	waterType	varchar2(30)		√	
27	抽水试验资料	pumping-out test data	pumptestdData	varchar2(200)		√	注3
28	渗透系数	permeability coefficient	permeabilityCoefficient	varchar2(50)		√	

续表

编号	字段中文名	字段英文名	英文名缩写	字段类型及长度	主键	NULL	说明
29	地下水宏观描述	underground water macroscopic description	macroDesc	varchar2(100)			色、味、嗅、
30	矿化度	mineralized degree	mineralDegree	decimal(8,3)		√	单位为克/升
31	pH 值	pH value	pHValue	decimal(12,4)		√	
32	水化学类型	hydrochemical type	hydrochemType	varchar2(50)		√	
33	常规元素	routine element	routElement	varchar2(200)		√	元素及其含量
34	微量元素	microelement	microElement	varchar2(100)		√	元素及其含量
35	深源气体	plutonic gas	plutGas	varchar2(100)		√	元素及其含量
36	其他化学成分	other chemical components	otherComponent	varchar2(100)		√	元素及其含量
37	井房条件	ground recording house condition	houseCondition	varchar2(50)		√	
38	井房面积	ground recording house area	houseArea	decimal(5,1)		√	单位为平方米
39	井口装置描述	well mouth set description	wellmouthsetDesc	varchar2(200)			
40	井口装置示意图	well mouth set sketch map	wellmouthsetskMap	blob			
41	集气装置示意图	collecting gas set sketch map	collgassetskMap	blob			注4
42	钻孔地层柱状图	image of measuring item lay out	mtdLayoutMap	blob			注5
43	井区地质简图	geological map of the well area	geoMapwellArea	blob		√	注5
44	备注	note	note	varchar2(50)		√	

字典项名:dict_statWell

主键:台站代码＋井名＋建设改造日期

关联:(台站测点信息表.台站代码)＝[井信息表.台站代码]

注1:套管的直径和深度,滤水管的直径和深度

注2:射孔部位、人工井底、水泥返高

注3:含抽水试验涌水量、单位涌水量和降深资料

注4:对于自流井应为脱气-集气装置示意图

注5:存放 jpg 格式图件

15. 观测泉信息表

观测泉信息表(表 3.22)存放地下流体观测泉的基本信息,每个测点为一条记录。

表 3.22 观测泉信息表

编号	字段中文名	字段英文名	英文名缩写	字段类型及长度	主键	NULL	说明
1	台站代码	station ID	stationID	char(5)	√		
2	建设改造日期	well finished date	constructDate	date	√		
3	泉类型	spring type	springType	varchar2(10)			注1
4	出露条件	outcropped condition	outCondition	varchar2(50)			注2
5	构造部位	tectonic location	wellLocation	varchar2(50)		√	
6	水文地质条件	hydrogeological condition	hygeoCondition	varchar2(100)		√	
7	水温	water temperature	wTemperature	decimal(8,3)			
8	矿化度	degree of mineralization	mineralDegree	decimal(8,3)		√	克/升
9	pH 值	pH	pHValue	decimal(5,2)		√	
10	水化学类型	hydrochemical type	hydrochemType	varchar2(50)		√	
11	常规元素	routine element	routElement	varchar2(200)		√	元素及其含量
12	微量元素	microelement	microelement	varchar2(100)		√	元素及其含量
13	深源气体	plutonic gas	plutGas	varchar2(100)		√	元素及其含量
14	其他化学成分	other chemical components	other Component	varchar2(100)		√	元素及其含量
15	观测泉眼涌水量	outflow of spring water	outflow	decimal(8,3)		√	立方米/秒
16	总泉眼涌水量	total outflow of spring water	totalOutflow	decimal(8,3)		√	
17	泉区水文地质剖面图	hydrogeological profile of the spring area	hydroProfile	blob		√	注3
18	泉图片	well photo	wellPhoto	blob		√	注3
19	备注	note	note	varchar2(50)		√	

字典项名:dict_statSpring

主键:台站代码＋建设改造日期

关联:(台站测点信息表.台站代码)＝[泉信息表.台站代码]

注1:按补给的含水层类型分为上升泉和下降泉

注2:侵蚀、接触、溢流、断层泉

注3:存放 jpg 格式图件

16. 观测井泉测项信息表

观测井泉测项信息表(表 3.23)存放观测点井、泉的测项信息,包括地下流体观测、钻孔倾斜和钻孔应力-应变观测。每个测项分量为一条记录。

表 3.23 观测井泉测项信息表

编号	字段中文名	字段英文名	英文名缩写	字段类型及长度	主键	NULL	说明
1	台站代码	station ID	stationID	char(5)	√		
2	测点编码	observation point ID	pointID	char(1)	√		
3	测项分量代码	item ID	itemID	char(4)	√		
4	井名	well name	wellNname	varchar2(20)		√	
5	元件方向	element direction	direction	varchar2(30)		√	单位为度,从正北起算的方位角
6	观测层深度	measuring layer depth	meaLayerDepth	varchar2(30)			单位为米,观测的含水层深度段
7	观测层揭露厚度	measuring layer exposing thickness	meaLayerThick	varchar2(30)		√	指观测的含水层
8	观测层年代	measuring rock age	rockAge	varchar2(20)		√	
9	观测层岩性	measuring layer rock type	rockType	varchar2(50)		√	
10	观测层水温	measuring layer water temperature	meaLayer Temperature	decimal(6,1)		√	单位为度
11	备注	note	note	varchar2(50)		√	

典项名:dict_statWellItems

主键:台站代码+测点编码+测项分量代码

关联:(台站测点信息表.台站代码)=[井泉测项信息表.台站代码];(台站测点信息表.测点编码)=[井泉测项信息表.测点编码];(测项分量信息表.测项分量代码)=[井泉测项信息表.测项分量代码]

17. 断层信息表

断层信息表(表 3.24)存放地震前兆测点场地的断层信息,对于有断层的测点,一个测点为一条记录。

表 3.24　断层信息表

编号	字段中文名	字段英文名	英文名缩写	字段类型及长度	主键	NULL	说明
1	台站代码	station ID	stationID	char(5)	√		
2	断层名	fault name	faultName	varchar2(50)	√		
3	断层所属断裂带	the structure the fault belongs to	faultTectonics	varchar2(50)		√	
4	断层性质	fault type	faultType	varchar2(50)		√	
5	断层走向	fault strike	faultStrike	varchar2(30)		√	
6	断层错动方向	fault movement direction	faultMov Direction	varchar2(30)		√	
7	断层倾角	fault dip angle	faultDipAngle	decimal(5,1)		√	单位为度
8	断层上盘岩性	rock type of upper side of fault	upperRockType	varchar2(50)		√	
9	断层下盘岩性	rock type of lower side of fault	lowerRockType	varchar2(50)		√	
10	断层图片	fault photo	faultPhoto	blob		√	注1
11	备注	note	note	varchar2(50)		√	

字典项名:dict_faults
主键:台站代码＋断层名
关联:(台站测点信息表.台站代码)=[断层信息表.台站代码]
注1:存放 jpg 格式图件

18. 测项信息表

测项信息表(表 3.25)存放测项本身的信息,一个测项为一条记录。

表 3.25　测项信息表

编号	字段中文名	字段英文名	英文名缩写	字段类型及长度	主键	NULL	说明
1	测项代码	method ID	methodID	char(3)	√		
2	测项名称	method name	methodName	varchar2(30)			
3	说明	note	note	varchar2(50)		√	

字典项名:dict_methods
主键:测项代码

19. 测项分量信息表

测项分量信息表(表 3.26)存放测项分量本身的信息,每个测项分量为一条记录。

表 3.26　测项分量信息表

编号	字段中文名	字段英文名	英文名缩写	字段类型及长度	主键	NULL	说明
1	测项分量代码	item ID	itemID	char(4)	√		
2	测项分量名称	item name	itemName	varchar2(30)			
3	测项分量 6 位代码	item 6 digit code	itemID_6	char(6)		√	注 1
4	测项分量 2 位代码	item 2 digit code	itemID_2	char(2)		√	注 2
5	量纲	unit	unit	varchar2(10)		√	
6	说明	note	note	varchar2(50)		√	

字典项名:dict_items

主键:测项分量代码

注 1:"九五"数字化地震前兆台站使用的 6 位测项分量代码,6 位与 2 位相对应

注 2:"九五"数字化地震前兆台站使用的 2 位测项分量代码

20. 台站测项分量信息表

台站测项分量信息表(表 3.27)存放各表具有的台站测项分量信息,一个台站的一个测项分量为一条记录。

表 3.27　台站测项分量信息表

编号	字段中文名	字段英文名	英文名缩写	字段类型及长度	主键	NULL	说明
1	台站代码	station ID	stationID	char(5)	√		
2	测点编码	observation point ID	pointID	char(1)	√		
3	测项分量代码	item ID	itemID	char(4)	√		
4	采样率代码	sample rate	sampleRate	char(2)			
5	模拟观测还是数字化观测	analog or digital	analogOrDigital	number(1)			注 1
6	数据起始时间	data start time	startDate	date		√	注 2

编号	字段中文名	字段英文名	英文名缩写	字段类型及长度	主键	NULL	说明
7	数据结束时间	data end time	endDate	date		√	注3
8	备注	note	note	varchar2(100)		√	

字典项名:dict_stationItems

主键:台站代码＋测点编码＋测项分量代码

关联:(台站测点信息表.台站代码)=[台站测项分量信息表.台站代码];(台站测点信息表.测点编码)=[台站测项分量信息表.测点编码];(测项分量信息表.测项分量代码)=[台站测项分量信息表.测项分量代码]

注1:0表示模拟观测,1表示数字化观测,缺省为1

注2:表中数据的起始时间

注3:表中数据的结束时间

21. 仪器信息表

仪器信息表(表3.28)存放仪器本身的信息,每种仪器的信息为一条记录。

表3.28　仪器信息表

编号	字段中文名	字段英文名	英文名缩写	字段类型及长度	主键	NULL	说明
1	仪器代码	instrument code	instrCode	char(7)	√		注1
2	仪器名称	instrument name	instrName	varchar2(30)			
3	仪器型号	instrument type	instrType	varchar2(30)			
4	生产厂家名称	manufacturer name	manufName	varchar2(50)			
5	生产厂家地址	manufacturer address	manufAddress	varchar2(50)		√	
6	联系方式	contact	manufContact	varchar2(50)		√	
7	仪器记录方式	instrument recording type	recType	char(4)			取值为模拟、数字
8	性能指标描述	performance description	instrPeformance	varchar2(200)		√	

字典项名:dict_instruments

主键:仪器代码

注1:地震行业标准《地震观测仪器分类与代码》

22. 台站仪器运行信息表

台站仪器运行信息表(表3.29)存放台站各测项使用仪器的有关信息,一台仪器为一条记录。

表 3.29　台站仪器运行信息表

编号	字段中文名	字段英文名	英文名缩写	字段类型及长度	主键	NULL	说明
1	仪器号	instrument ID	instrID	char(12)	√		
2	台站代码	station ID	stationID	char(5)	√		注 1
3	测点编码	observation point ID	pointID	char(1)	√		注 2
4	观测墩号	stack No which can see the azimuth flag	stackNo	number(1)		√	
5	观测的测项分量代码	item ID string	itemIDStr	varchar2(100)			注 3
6	仪器代码	instrument code	instrCode	char(7)		√	
7	采样率	sampling rate	sampleRate	char(2)		√	
8	出厂日期	out date	outDate	date		√	
9	启用日期	observation start time	startDate	date		√	注 4
10	停测日期	observation end time	endDate	date		√	注 5
11	仪器类型	project which installing this instrument	instrProject	number(1)		√	注 6
12	IP 地址	instrument IP	instrIP	char(15)		√	
13	子网掩码	network mask	instrMask	char(15)		√	
14	网关	network gateway	instrGateway	char(15)		√	
15	端口号	service port	instrPort	number(5)		√	
16	仪器布设图	Instrument lay out map	instrMap	blob		√	注 7
17	收数单位代码	data collecting unit code	dcUnitCode	varchar2(5)			注 8
18	备注	note	note	varchar2(100)		√	

字典项名:dict_stationInstruments

主键:仪器号＋台站代码＋测点编码

关联:(台站测点信息表.台站代码)＝[台站仪器运行信息表.台站代码];(台站测点信息表.测点编码)＝[台站仪器运行信息表.测点编码];(仪器信息表.仪器代码)＝[台站仪器运行信息表.仪器代码]

注 1:仪器所在台站或子台的代码

注 2:仪器所在测点的编码

注 3:一台仪器可能测多个测项,测项代码用空格分隔如"3211　3221"

注 4:在该台站测点投入使用的时间

注 5:在该台站测点停止使用的时间

注 6:九五/十五/人工观测/首都圈:0/1/2/3

注 7:存放 jpg 格式图件

注 8:取值为机构代码或台站代码

23. 台站仪器校准信息表

台站仪器校准信息表(表3.30)存放台站各测项使用的仪器校准的有关信息，每台仪器每次校准为一条记录。

表 3.30　台站仪器校准信息表

编号	字段中文名	字段英文名	英文名缩写	字段类型及长度	主键	NULL	说明
1	仪器号	instrument ID	instrID	char(12)	√		
2	台站代码	station ID	stationID	char(5)			注1
3	测点编码	observation point ID	pointID	char(1)			注2
4	校准时间	cablibration time	cabliTime	date	√		
5	校准方式	cablibration method	cabliMethod	varchar2(50)			
6	校准结果	cablibration results	cabliResult	blob		√	注3
7	校准精度	cablibration accuracy	cabliAccuracy	varchar2(100)			

字典项名:dict_instrCablibration

主键:仪器号＋校准时间

关联:(台站仪器运行信息表.仪器号)=[台站仪器校准信息表.仪器号];(台站仪器运行信息表.台站代码)=[台站仪器校准信息表.台站代码];(台站仪器运行信息表.测点编码)=[台站仪器校准信息表.测点编码]

注1:仪器所在台站的代码

注2:仪器所在测点的编码

注3:存放包含校准数据、计算结果等的文件

24. 台站仪器运行参数信息表

台站仪器运行参数信息表(表3.31)存放台站各测项使用仪器的有关参数信息，一个参数为一条记录。

表 3.31　台站仪器运行参数信息表

编号	字段中文名	字段英文名	英文名缩写	字段类型及长度	主键	NULL	说明
1	仪器号	instrument ID	instrID	char(12)	√		
2	台站代码	station ID	stationID	char(5)			注1
3	测点编码	observation point ID	pointID	char(1)			注2
4	启用时间	measurement date	measDate	date	√		
5	失效日期	date no longer invalid	invalidDate	date		√	

编号	字段中文名	字段英文名	英文名缩写	字段类型及长度	主键	NULL	说明
6	参数名	parameter name	paraName	varchar2(16)	√		
7	参数值	parameter value	paraValue	decimal(12,4)			

字典项名:dict_instrParameters

主键:仪器号＋参数名＋启用时间

关联:(台站仪器运行信息表.仪器号)=[台站仪器运行参数信息表.仪器号];(台站仪器运行信息表.台站代码)=[台站仪器运行参数信息表.台站代码];(台站仪器运行信息表.测点编码)=[台站仪器运行参数信息表.测点编码]

注1:仪器所在台站的代码

注2:仪器所在测点的编码

25. 台站仪器运行维护信息表

台站仪器运行维护信息表(表 3.32)存放台站各测项使用的仪器故障或维修的有关信息,每台仪器每次故障或维修为一条记录。

表 3.32　台站仪器运行维护信息表

编号	字段中文名	字段英文名	英文名缩写	字段类型及长度	主键	NULL	说明
1	仪器号	instrument ID	instrID	char(12)	√		
2	台站代码	station ID	stationID	char(5)			注1
3	测点编码	observation point ID	pointID	char(1)			注2
4	故障开始时间	start time	startDate	date	√		
5	故障结束时间	end time	endDate	date		√	注3
6	维修维护时间	maintenance time	maintTime	date		√	
7	维修内容	maintenance content	maintDesc	varchar2(100)		√	
8	维修人	maintenance name	maintName	varchar2(30)		√	
9	维修机构	maintenance unit	maintUnit	varchar2(50)		√	
10	维修结果	maintenance	maintResult	varchar2(50)		√	注4

编号	字段中文名	字段英文名	英文名缩写	字段类型及长度	主键	NULL	说明
11	送修人	name on duty	dutyName	varchar2(30)			
12	备注	note	note	varchar2(100)		√	

字典项名:dict_instrMaintenance

主键:仪器号＋故障开始时间

关联:(台站仪器运行信息表.仪器号)=［台站仪器运行维护信息表.仪器号］;(台站仪器运行信息表.台站代码)=［台站仪器运行维护信息表.台站代码］;(台站仪器运行信息表.测点编码)=［台站仪器运行维护信息表.测点编码］

注1:仪器所在台站的代码

注2:仪器所在测点的编码

注3:维修后重新投入使用时间

注4:取值为继续使用或报废

26. 主观测与辅助观测对应表

主观测与辅助观测对应表(表3.33)用来描述台站主观测与辅助观测之间的对应关系,一个台站一对主观测与辅助观测存放为一条记录。

表3.33　主观测与辅助观测对应表

编号	字段中文名	字段英文名	英文名缩写	字段类型及长度	主键	NULL	说明
1	台站代码	station ID	stationID	char(5)	√		
2	测点编码	observation point ID	pointID	char(1)	√		
3	主观测测项分量代码	main itemID	mainItemID	char(4)	√		
4	辅助观测测项分量代码	Assistant itemID	assiItemID	char(4)	√		
5	备注	note	note	varchar2(100)		√	

字典项名:dict_mainAssiMtdPairs

主键:台站代码＋测点编码＋主观测测项分量代码＋辅助观测测项分量代码

关联:(台站测点信息表.台站代码)=［主观测与辅助观测对应表.台站代码］;(台站测点信息表.测点编码)=［主观测与辅助观测对应表.测点编码］;(测项分量信息表.测项分量代码)=［主观测与辅助观测对应表.主观测测项分量代码］;(测项分量信息表.测项分量代码)=［主观测与辅助观测对应表.辅助观测测项分量代码］

27. 观测日志类型信息表

观测日志类型信息表(表3.34)用来存放观测日志类型码和观测日志描述之

间的对应关系,一个观测日志类型信息为一条记录。

表 3.34 观测日志类型信息表

编号	字段中文名	字段英文名	英文名缩写	字段类型及长度	主键	NULL	说明
1	日志类型码	log code	logCode	number(3)	√		
2	日志类型描述	log description	logDesc	varchar2(50)			
3	备注	note	note	varchar2(50)		√	

字典项名:dict_logType
主键:机构代码

28. 机构信息表

机构信息表(表 3.35)用来存放与地震前兆观测相关的各级地震机构和部门的机构代码,以及机构名称之间的对应关系,一个机构信息为一条记录。

表 3.35 机构信息表

编号	字段中文名	字段英文名	英文名缩写	字段类型及长度	主键	NULL	说明
1	机构代码	unit code	unitCode	char(3)	√		
2	机构名称	unit name	unitName	varchar2(50)			
3	机构描述	description	unitDesc	varchar2(100)		√	

字典项名:dict_units
主键:机构代码

29. 工作日志表

工作日志表(表 3.36)用来存放地震前兆台站和各级地震前兆台网中心每天的运行工作情况,一天的工作日志为一条记录。

表 3.36 工作日志表

编号	字段中文名	字段英文名	英文名缩写	字段类型及长度	主键	NULL	说明
1	单位	—	logUnit	varchar2(5)	√		注1
2	日期	—	logDate	date	√		
3	值班员	—	logPersonOnDuty	varchar2(20)			
4	复核员	—	logChecker	varchar2(20)			
5	天气	—	logWeather	varchar2(20)		√	中心可不填

续表

编号	字段中文名	字段英文名	英文名缩写	字段类型及长度	主键	NULL	说明
6	气温	—	logTemperature	number(5,1)		√	
7	气压	—	logAirPressure	number(5,1)		√	
8	降水量	—	logRainFall	number(3)		√	
9	相对湿度	—	logHumidity	number(5,1)		√	
10	自然干扰情况	—	logNaturalDisturb	varchar2(200)		√	
11	人为干扰情况	—	logHumanDisturb	varchar2(200)		√	
12	缺记情况	—	logDataAbsent	varchar2(100)		√	注2
13	仪器运行状况	—	logInstrStatus	varchar2(200)		√	
14	系统硬软件运行情况	—	logSystemStatus	varchar2(200)		√	
15	直流电压	—	logDCVoltage	varchar2(100)		√	注3
16	交流电压	—	logACVoltage	varchar2(100)		√	注4
17	观测井水位类型	—	logWaterType	varchar2(6)		√	注5
18	自流井泄流量	—	logWaterCapacity	varchar2(20)		√	注6
19	采样气流量	—	logGasCapacity	varchar2(20)		√	
20	时钟校对时间	—	logClockCheckTime	date		√	
21	数据收集情况	—	logDataCollect	varchar2(200)		√	注7
22	数据预处理情况	—	logDataPreProcess	varchar2(100)		√	注8
23	数据入库情况	—	logDataIntoDB	varchar2(100)		√	
24	数据报送情况	—	logDataReport	varchar2(100)		√	
25	重大情况记载	—	logMajorEvents	varchar2(1000)		√	注9
26	日志文件	—	logFile	blob		√	注10
27	备注	note	note	varchar2(50)		√	

表名:机构代码_＋GL_log

主键:单位＋日期

关联:

注1:台站代码或机构代码

注2:逐个列出缺记台项

注3:逐个列出每台仪器的直流电压

注4:逐个列出每个测点的交流电压

注5:静水位或动水位

注6:地下流体观测用

注7:包括观测日志、仪器运行日志。列出各类数据(原始数据、预处理数据、模拟数据、模拟观测日志、数字化观测日志)的收集情况(收集的台项数),逐个列出迟收台项

注8:逐个列出各台项所做预处理情况

注9:逐个列出台站(台网)发生的每个重大情况

注10:存放.doc文件

第4章 系统详细设计

系统详细设计是继系统总体设计后最为核心的工作。系统总体设计定义了系统的总体框架和结构,而详细设计则细化系统的各个模块,精确定义系统各个模块的功能和流程,为各个模块的源代码实现提供依据和具体约束。台网信息管理系统主要由设备适配器、设备统一访问中间件、元数据管理子系统、数据采集子系统、数据交换子系统、数据服务子系统、系统监控子系统和系统管理子系统构成。

4.1 设备适配器设计

在地震前兆观测台网中,物理设备种类繁多,异构性大,如何屏蔽其异构性,减轻上层应用的负担,提高系统的可扩展性是首先需要解决的问题。这里采用设备适配器技术思路解决异构设备的访问问题。

4.1.1 设备异构性分析

在地震前兆观测台网中大量设备的异构性具体表现为物理连接方式异构、信息交互命令集异构和数据结果异构等。

1. 物理连接方式异构性

在地震前兆观测台网中,物理连接的方式可能存在 IP 连接、RS232 连接和点对点协议(point to point protocol,PPP)连接等形式,设备与服务器之间的数据通道由这几种连接方式组合而成。如图 4.1 所示的是设备物理连接异构示意图。

物理设备分为串行接口的公共数采设备、智能设备和网络化设备三种。

公共数采和智能设备通过 RS232 连接共享串口总线,实现本地设备的互连。串口总线可以经过 PPP 的调制解调器或者 RS232 协议到 TCP/IP 的转换器,提供远程控制和获取数据的通道。

网络化设备可以直接接入网络,并拥有一致的上层数据通信协议。具体数据通信协议可以参见《中国地震前兆台网技术规程》。

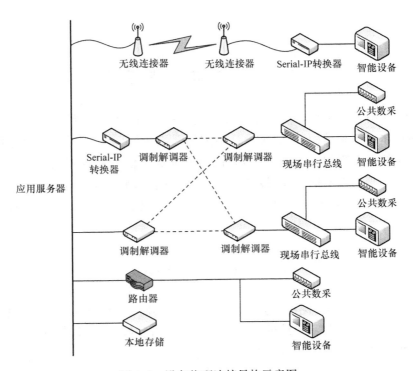

图 4.1　设备物理连接异构示意图

2. 信息交互命令集异构性

（1）网络化设备交互

网络化设备通信交互的命令集根据自身型号的不同存在差异。地震前兆网络化设备支持一种以类似 http 协议为基础的命令格式。

以采集仪器的观测数据为例，网络化设备数据采集指令格式如图 4.2 所示。

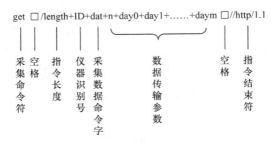

图 4.2　网络化设备数据采集指令格式

get：采集命令符，表示该指令是从仪器获取信息。

length：指令长度字，即除指令原语固有格式外指令的字节数总和。

ID：设备识别号，按照统一规则设定的设备 ID，定长 12 个字符。

dat：数据采集命令字，表示该指令获取的信息是仪器的观测数据。

n 和 day0…daym：数据传输的具体参数，即前 1 天至前 m 天，共 n 天的信息。

http/1.1：指令结束符，表示该指令到该符号结束。

数据采集指令正常执行返回信息格式如下。

＄第一个数据包信息长度\第一个数据包内容\第二个数据包信息长度\第二个数据包内容\…\最后一个数据包信息长度\最后一个数据包内容\ack\。

＄为返回信息起始符。

数据包内容是以天为单位的仪器观测数据。

若设备接收到不可识别的指令，返回＄err\。

若设备可以识别命令但不支持该功能，返回＄nak\。

（2）串口设备命令

串口设备通信交互命令按字节编码，每个字节单独表示命令的参数信息。如图 4.3 所示的是收取指定日期"九五"仪器数据命令格式。

字节1	字节2	字节3	字节4	字节5	字节6	字节7	字节8	字节9	字节10	字节11	字节12	字节13
AAH	xxH	xxH	xxH	xxH	xxH	xxH	xxH	xxH	xxH	xxH	xxH	xxH

图 4.3　收取指定日期"九五"仪器数据命令格式

字节 1：命令控制字。AAH 代表收取指定日期的仪器数据。

字节 2：仪器地址，设备在 RS232 串口总线上的编号。

字节 3：通道号，仪器模拟信号输入的通道序号。

字节 4～字节 7：时间参数年、月、日。

字节 8～字节 11：仪器密码。

字节 12～字节 13：循环冗余校验码（CRC 校验码）。

3. 数据结果异构性

（1）数据结果格式异构

设备响应命令返回的结果格式由设备硬件实现决定，而硬件的设计没有统一的结果格式标准，导致结果格式各不相同：不同型号的设备格式不同；相同型号，不同批次，嵌入式软件版本不同的设备，结果格式也有所区别。访问设备取回信息时需要对每一种结果提供特有的解析方式，对不同设备之间结果格式类似的部分，能够共享同种解析方法。

以"九五"期间数字化仪器为例，地震行业标准《地震前兆观测仪器 第 2 部分：

通信与控制》(DB/T 12.2—2003)规定的地震前兆观测仪器数据记录格式约定就有 9 种。

(2) 数据结果业务逻辑异构

某些设备采集的物理量可以被地震前兆观测系统直接使用,即其数据结果符合地震前兆观测的业务逻辑。然而,另外一些设备采集的物理量是不符合观测业务逻辑的,需通过相应的转换方可使用。例如,一些设备按分段幂函数进行数据处理,其处理公式为

$$f(x) = a_4 x^4 + a_3 x^3 + a_2 x^2 + a_1 x + a_0$$

其中,x 为设备采集到的量值,每一段的系数($a_4 a_3 a_2 a_1 a_0$)由观测业务逻辑根据测量的物理量指定。

4.1.2 适配器体系结构设计

1. 分层结构设计

设备适配器主要实现对物理设备的封装,将其封装为同构的虚拟设备,使上层的接口与虚拟设备的通信接口一致,对上层体现的业务功能为虚拟设备资源的访问功能,对下层资源采用不同的访问方式,根据资源的命令特征进行构造与操作。设备适配器直接与物理设备进行通信,在全局部署中作为物理设备的代理。根据不同观测场合需求的不同,多个物理设备可以使用一个适配器注册到系统,对上层应用表现为聚集在一点的多个虚拟设备。设备适配器的体系结构如图 4.4 所示。

(1) 接口层

接口层的功能主要是为上层访问设备提供统一的接口。在访问"九五"期间设备时,接受对模拟为"十五"期间设备的访问命令,并作为任务递交给任务调度层处理。在结果返回后,任务调度层的结果经过接口层返回请求者。接口层主要的职责是维护统一的接口描述,对外体现为提供一种数据服务。这一层并不检查内容的合法性,只规定适配器的边界。

(2) 任务调度层

任务调度层的功能主要是对适配器内部任务进行管理,监视并控制执行层的执行情况。为了提供任务执行的并发支持,在调度层运行多个执行单元,分别负责一个任务的执行。在新的任务到达时,任务调度模块根据多个执行线程的负载情况和任务的优先性,选择一个任务执行线程将任务分配下发。如果所有执行单元的当前任务负载过重,任务调度模块将该信息通过接口层送回,提示资源请求者减慢请求发送速度。除了外部的资源请求,内部还存在定时执行的任务计划。任务调度层负责监视并按时启动任务计划,生成任务并下发给执行单元。

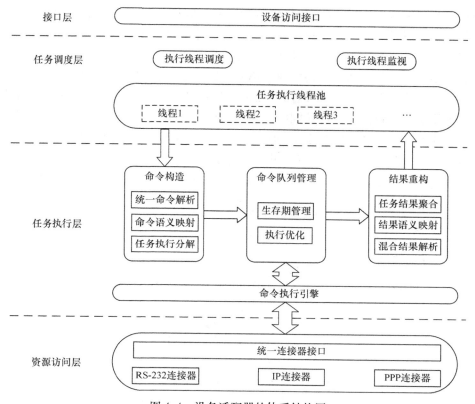

图 4.4　设备适配器的体系结构图

（3）任务执行层

任务执行层包括命令构造、命令队列管理、命令执行和结果重构等子模块。命令构造子模块通过虚拟设备和物理设备在命令上的映射，完成虚拟设备命令向物理设备命令的转换。命令队列管理子模块对发给物理设备的命令统一排队，并提供队列运行的优化策略。命令执行子模块获取队列中的物理设备命令，依赖物理通信协议适配单元依次执行。结果重构子模块根据设备的特性和业务逻辑需求将结果逐层处理。结果返回后，从任务调度模块的结果单元经过接口层返回给请求者。

（4）资源访问层

资源访问层是对不同物理连接方式设备的访问，为上层提供统一的接口。访问层内部维护连接的状态和参数配置，并对物理连接的操作根据功能组合为统一接口的方法。

2.　功能模块结构设计

根据适配器分层结构设计，以及业务处理的可靠、稳定、高效的访问需求，适配器划分为任务调度模块、任务执行模块和资源访问模块。设备适配器功能模块结构如图 4.5 所示。任务调度模块管理并调度多个任务执行单元,实现任务的分配和管理。任务执行模块接收任务并完成任务执行在本地的所有操作,包括任务构造和结果处理。任务执行模块中执行单元的数量根据物理设备资源的数量和物理连接的传输质量等具体情况设置,以保证并发任务请求可以较快地得到执行而不过分占用服务器资源。资源访问模块完成与物理设备通信的操作,把对物理设备的命令作为消息发送给物理设备,将结果作为消息接收,并负责管理命令的生命周期,对连接层出现的异常情况按尽量递交的原则进行处理。

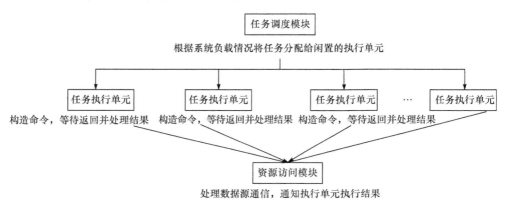

图 4.5　设备适配器功能模块结构图

4.1.3　适配器任务调度设计

任务调度层的结构设计参考线程池的概念,实例化一组执行者线程,并对它们进行监控和管理。当调度者收到任务请求,从池中找到一个可用的执行者,并把任务递交给它执行。任务调度模块的状态转换如图 4.6 所示。

任务调度的职责是响应任务请求、管理任务执行、按时执行任务计划。任务调度模块启动后,首先启动一个任务调度线程。任务调度线程初始化自己的资源,然后根据配置的任务执行者数量在线程池中初始化这些线程。当初始化过程结束,调度者开启对用户请求的响应接口,进入等待请求到来的状态。当调度者发现并接受任务请求,开始寻找一个负载轻的执行者执行这个任务。一旦任务分发成功,调度者不再管理该任务的执行,而转向处理下一个任务。如果在任务分发过程中无法找到可用的执行者,调度者直接向请求方返回资源紧张信息,协商减缓后续请求的发送。

任务计划的按时执行需要对系统时间和计划时间表进行匹配,当到达一个计划的时间点时,查询该任务计划中的任务,寻找空闲的执行者递交任务。任务计划

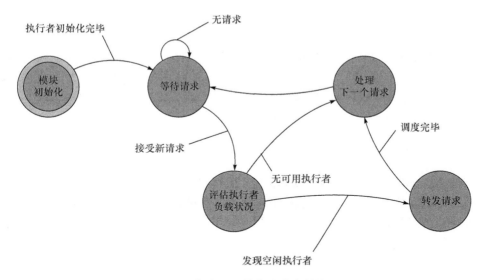

图 4.6　任务调度模块的状态转换图

的类型有两种,即对应虚拟设备命令的任务和对应物理设备命令的命令序列。在本系统中,设计命令序列的计划功能,即匹配系统时间和计划时间,将计划中的命令序列组合后放入命令队列等待访问模块发送到物理设备。结果作为缓存持久化到服务器上,对于后续收到的同样任务,由于缓存结果的存在,可以不通过实际与物理设备通信而快速得到缓存的结果。其技术要点如下。

1. 可靠递交

任务分发的可靠性要求接收到的任务需要直接递交给可用的执行者,即任务分发后,立即有一个执行单元获得该任务并开始执行。普通的队列机制不能满足这种可靠性要求,因为在物理连接访问时已经存在一次命令队列的等待,如果系统中继续引入任务队列,两层队列中间的执行者状态将复杂化,难以得到有效控制,对于上层用户而言,任务的执行情况变得更加复杂而无法有效追踪。采用分发而不是排队,即保证任务一经递交就可以开始执行,如果因为资源紧缺不具备立即执行的能力,就可以向上层返回资源紧缺的状态,协商减缓发送后续请求。

2. 拥塞控制

从另一个视角看,任务分发体现了一种缓冲机制。每个任务执行者都具备缓存一个任务的能力,当任务执行者空闲,可以视为缓冲区空,可以存放新任务。对于任务执行者都被占用的情况,新的任务导致缓冲区溢出,应及时报告用户该异常,重发该任务请求,避免任务丢失。

3. 内容无关

为了降低任务调度的依赖性,任务调度采用透明的递交方式,不对业务逻辑、业务数据做解析或保存。调度者接受请求,但并不处理任何连接的业务数据内容,它仅仅寻找一个可以处理该任务的执行者,把与请求者通信的权力递交给执行者。内容的处理由执行者完成,调度者对任务的性质不敏感。

4. 三次握手的任务递交模型

对执行者的管理是在任务的分发中得到体现的。在一定数量的执行者并发执行任务的情况下,每个执行者的状态需要得到监视和维护。执行者应该尽量保证自身不会异常退出或者发生死锁,但是从调度者的角度来看,这种保证是不可靠的,需要从执行者线程外部监视它的状况,触发它回答一些查询信息,保证这个线程确实正常运行。因此,提出任务递交的三个步骤:调度者首先轮询所有的执行者,查询它们的空闲状态;执行者发现这个空闲状态查询之后,响应并上报自己的运行状态;调度者收到第一个状态为空闲的执行者回复,即确定一个立即可用的执行者,就可以把任务递交给这个执行者,并返回处理下一个任务请求。

5. 线程池的管理与维护

调度者对执行者的管理还体现在执行者的动态替换。调度者通过查询执行者的状态判断它是否处于正常的运行状态。如果执行者被判断为已经异常退出或者死锁,线程池的维护首先试图停止该线程,然后开启一个新的执行者线程放入线程池,完成替换的过程。

6. 并发访问

对于多个同时到来的任务请求,希望能够在可靠性得到保障的前提下,尽快接受请求的连接,而任务的执行可以容许等待的时间。对于请求发出的一方,体现出来的是任务执行的等待,而不应是设备连接建立的等待。针对这一需求,调度模块采用连接接收和任务执行分离的结构,调度者只负责接收连接,立即转交给执行者执行,或者在允许的虚拟设备命令响应时间以内,对请求发出方声明当前资源不足的信息。

4.1.4 适配器任务执行设计

任务执行层的职责是实现任务映射转换,包括命令构造、结果处理、处理业务逻辑、异常生成。任务执行层的设计参考"生产者/消费者"线程间阻塞模型。对于调度者而言,执行者是任务的消费者;对于命令队列和资源访问模块而言,执行者是命令的生产者。两层锁的机制使执行者的工作分为从上向下的命令构造过程和自下而上的结果处理过程。任务执行模块的状态转换如图 4.7 所示。

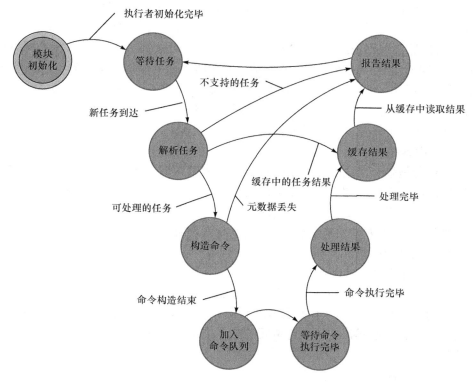

图 4.7 任务执行模块的状态转换

执行者启动时,首先初始化自己的资源,包括缓冲资源的预先分配等。初始化结束后,它进入空闲状态,开始等待一个新任务的递交。调度者发现这一空闲的执行者并分配任务之后,执行者进入工作状态,处理命令构造的流程。首先,执行者解析任务的具体要求,匹配自己能够支持的任务种类。如果是不能支持的任务,执行者直接向请求者返回任务不能支持的信息,并结束当前任务的执行。如果任务能够被处理,执行者首先查看缓存中是否已经存在尚具时效性的执行结果。如果找到该任务结果,可以重复利用以减轻物理连接通信的负担。如果缓存中不存在该任务结果,执行者开始物理设备命令序列的构造过程。这个构造过程根据物理设备命令集的异构程度不同,构造的结果是多条物理设备命令。当命令序列构造完成,绑定物理设备的连接信息,并作为一个整体单元加入命令队列。执行者完成命令构造的过程后,等待命令执行结束。

当资源访问模块执行完命令,通知执行者查看任务所需的命令结果是否已经完备。如果尚需更多结果,执行者将继续等待。如果等待的时间超过该任务的生命周期限制,执行者会放弃任务的正常执行,取消任务队列中等待的命令序列,向请求方提交任务执行超时的信息,并返回空闲状态。

当执行者发现命令已全部完成,开始结果处理过程。结果处理分为三层:首先解析物理设备返回的原始格式数据,将其拆分为具有独立业务含义的数据项,并分别存储;然后对数据项进行业务逻辑处理,得到处理后的数据项;最后对处理后的数据项根据任务需求进行组合,拼接成任务返回的标准结果格式。每一层处理的结果都在缓存中存储,以便后来的请求直接利用。结果处理结束后,执行者取出最后的缓存结果,将内容发给请求者,完成任务执行的过程。执行者返回空闲状态,等待接受下一个任务。其技术要点如下。

(1)内容相关

执行者是整个系统中和业务内容联系最为紧密的一个模块,上层的调度模块和下层的访问模块都被设计成逐个处理任务或命令的简单流程,而执行者的流程根据业务的处理情况变化最大。因此,执行模块中没有设计需要和其他系统交互的耗时长、稳定性差的功能,这样可以使执行者职责单一,减少复杂逻辑带来的执行失败或死锁的风险。

(2)流程简单实现复杂

执行者完成的命令构造和结果处理功能是系统克服异构性的重要功能。对于执行者的整体流程而言,它们仅体现为统一接口调用的过程,把复杂的处理逻辑交给实现来完成。这样保持了执行单元的状态精简,而且接口统一,不需要考虑异构性的问题。

(3)命令构造的映射模型

任务解析的结果是对一个为 A 的数据集合的数据请求,集合 A 包含若干数据项。命令构造的过程是对集合 A 中的每一个数据项寻找能够获得它的物理设备命令,并将这一命令加入物理设备命令序列,成为集合 B。当集合 A 中的每一个数据项都得到映射,并在 B 中存在对应的命令后,对 B 中的命令进行最小化,去除冗余和重复的命令,即可得到发给物理设备的命令序列。

(4)命令队列的优化策略

在命令构造完成后,得到一个绑定连接信息的命令序列。该序列表示发给某一个物理设备的一系列命令,其中连接信息表示该物理设备的连接方法。在命令队列的执行过程中,频繁的更换连接或者打开、断开同一个连接都是对执行时间的浪费。在本模块中,对插入命令队列的命令序列实行优化的插队策略,即从队头开始,寻找队列中与即将插入的命令序列具有相同连接信息的命令序列,把当前序列中的命令取出,直接加到该命令序列的后面。命令队列优化过程如图 4.8 所示。

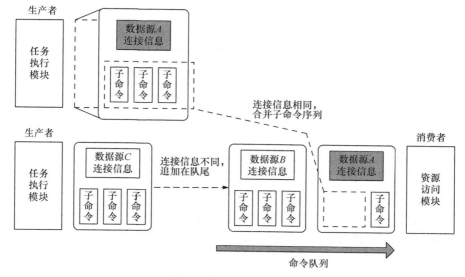

图 4.8　命令队列优化过程

（5）命令构造的按需组装

命令构造的统一接口一旦定义，具体实现就可以从主流程中解放，是责任和实现的分离。调用者使用统一接口，按照对象的责任来使用对象，若干不同实现根据具体需求实现接口，与调用的方式无关。命令构造使用的接口参考了设计模式中的工厂模式和桥接模式，把若干实现的组合方式交由工厂来完成组装，由执行者统一使用。在组装中，对不同的任务类型分别对应一个类型的实现类，使用桥接模式将二者在创建对象时相连。这一设计很好地体现了对象设计中的开闭原则，即对扩展开放，对修改封闭。当有变更的需求到来时，可以增加新的实现，并在工厂中增加新的组装规则，当做需求增加来处理。

（6）结果处理的动态层次

命令结果的处理也是设备异构适配工作的重点。不同设备型号返回的数据可以由不同的实现处理，但是任务所需的数据信息组合不同，如果有 m 种设备结果类型，平均每种设备支持 n 种设备命令，又有 p 种任务类型，则需要的不同实现方法有 $m \times n \times p$ 种。就地震前兆观测设备而言，方法的实现种类会有几百种，出现类爆炸的情况。系统引入一层单元数据的中间层来解决这个问题。结果处理被分为三个层次，即原始结果向单元数据的整理、单元数据的业务处理、单元数据的按需组装。结果处理的层次模型图如图 4.9 所示。

层次的动态性由工厂模式和包装器模式提供。每一层的结果处理都包含输入方式、输出方式和处理过程。输入方式和输出方式由负责每层处理的子工厂根据需求动态指定，组合为包装器中的一层。当各层组装完毕，主工厂将每层子工厂的

图 4.9　结果处理的层次模型图

组合结果相连,完成总的结果处理过程的组装。当任务执行者调用结果处理过程的统一接口时,就嵌套调用了各层的处理接口来完成结果的处理全程。org、ftp 和 epd 文件分别是处理过程中的原始文件、中间结果缓存文件和标准结果文件。每层结果采用文件方式缓存,供遗留系统并行检测使用。这种处理方式包含两层动态性,即每层内部的输入、执行和输出的动态组合,层次之间的动态连接。当有新的结果处理方式、中间结果缓存需求和结果处理层次出现时,可以根据需求的性质编写输入、执行和输出的新实现,在组装时动态替换现有的实现就可以完成新的处理模式。

4.1.5　适配器资源访问设计

资源访问层的职责是与设备资源交换信息、命令队列的管理与维护。资源访问层跨越执行层与连接层,是系统和设备资源之间的信息交换通道。对于每一个连接资源,系统实例化一个资源访问模块独占该连接资源进行通信。资源访问模块的状态转换如图 4.10 所示。

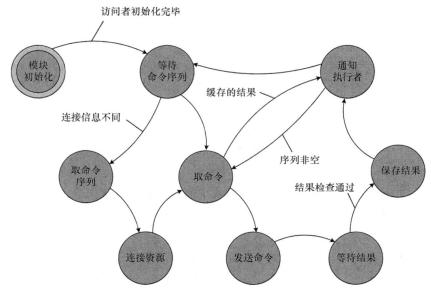

图 4.10　资源访问模块的状态转换图

设备资源的访问过程体现为在连接资源上的消息发送和结果存储。资源访问模块初始化后,开始等待命令队列中的命令。访问者首先定位到队头的命令序列,取出它的连接信息和当前的信息比较。对于刚刚初始化的模块而言,当前信息是空的,需要替换为命令队列中的连接信息。访问者优先关闭现有的连接,替换连接信息,然后使用连接信息中提供的连接统一接口与设备资源建立连接。当连接建立成功,访问者从命令序列中取出命令,发往设备资源,然后等待设备响应。结果接收的过程分为检查和保存两个环节。结果的检查是为了保证结果的有效性和正确性,结果的保存是为了缓存再利用和后期的处理方便。当结果保存完成,访问者通知执行者一个命令已经完成,可以检查结果处理需要的命令结果是否已经齐备。访问者回到获取命令状态,根据当前的命令序列是否为空,从命令序列中获取下一个命令,或者从命令队列中获取下一个命令序列。如果访问者获取的命令结果在缓存中可以找到,它不会再将该命令发往设备,而是直接通知执行者该命令的结果已经保存。其技术要点如下。

（1）连接资源的统一访问

采用策略模式和工厂模式实现统一接口和不同实现的分离,将接口抽象为连接（connect）、发送（send）、接收（receive）和关闭（close）四种操作,由实现去完成抽象的接口操作到实际物理连接操作的映射过程。连接的参数信息和配置信息通过connect 的参数传入,调用的顺序如下:第一步,connect;第二步,receive;第三步,goto or close。

connect 的连接信息可以在使用接口的任何一个操作中使用。发送和接收接口的参数是连接的碰撞检测参数和命令等待时长。在串口总线上没有数据链路层的支持,需要自己实现碰撞检测。系统采用坚持型的 CDMA/CD(collision detected multiple access/collision detected),即检测到碰撞后,等待一个定长的时间,再尝试使用总线。对于调制解调器建立的 PPP 连接加串口总线的情况,这种碰撞检测机制可以收到很好的效果。命令等待时长是命令中的一个参数,指从发送命令到结果接收完毕的最长使用时间。超过该时间,视当前命令结束而放弃继续执行。这种设计在保证当命令队列负载很大的时候不会出现一个命令独占连接资源的情况。在调制解调器连接中,这种策略使误接收连续的非业务数据的可能性降低了,可以避免访问者在接收无限长的无意义信息时锁死,而使系统变得不可用。

（2）内容无关

访问者对业务的内容并不关心,唯一涉及业务的结果缓存机制由执行者在构造命令的时候指定,因此从使用的角度来看,访问者也是一个对业务性质不敏感的模块。

（3）传输正确性检查

由于串口总线等连接本身不是总能提供错误检验,因此设备返回信息的正确性无法得到很好的保证。部分设备支持循环冗余检查,可以以字节为单位进行检验。对不支持循环冗余检查的设备,系统采用预处理的形式,根据期待的结果长度检查返回信息是否合法。如果长度与期待的偏差在允许的范围内,该结果可以被接收,否则应重新执行该命令,并在连续失败之后将执行失败的信息返回执行者。

4.2　设备访问中间件设计

地震前兆观测设备的通信方式、设备命令集和数据格式的异构性,以及设备广域分布性和设备所属区域自治性决定了对设备统一管理和调度的必要性。如何提高设备资源可用性和设备资源利用率,是地震前兆观测业务管理中面临的迫切问题。为了满足地震前兆观测业务高效可靠的访问和对调度设备资源的需求,系统设计中采用中间件技术思想,提出设备资源统一调度和访问的机制,并给出设备访问中间件的设计方法。

4.2.1　设备资源访问特性分析

设备资源访问设计必须充分考虑设备资源自身的特性和业务层的应用特性,在保证设备运行可靠性的前提下尽可能地提高对设备资源访问的效率,并很好地满足业务应用的需求。

1. 设备资源特性

地震前兆观测信息管理系统是为解决地震前兆观测及应用中的设备与数据资源共享、互联互通与协同工作的需求,各种应用中跨区域广泛分布数据的单点采集、多点共享和自治等是设备资源的重要特性。

（1）自治性

各种设备资源属于不同的资源所有者,每个所有者独立自主地管理自己的设备资源,随时可能撤销对自己设备资源的共享。在地震前兆观测台网中,设备资源的管理权限在各个省级地震局和地震台站,但设备资源的应用是全国共享的。

（2）异构性

在广域环境中,不同的设备资源能够同时承受的并发访问量不同,单位时间内向系统提交的数据流量不同,所处网络的状况也不同。此类异构的存在将导致利用设备资源时选择的策略不同。

（3）数据量庞大

设备资源最基本的功能是向系统提供其测量的数据。在地震前兆观测台网中,全国所有地震前兆观测设备每天的测量数据量可达到1TB。

（4）运行环境的不稳定性

在整个地震前兆观测台网中，设备资源处于系统的最底层，是整个系统的基础，所以设备资源的可用性对整个系统而言至关重要。然而，在广域环境下，网络、管理节点软硬件等必然呈现不稳定的特点，增加了保证设备资源可用性的难度。

（5）设备性能的局限性

由于大多数设备资源是嵌入式系统，在响应信息化管理的性能上存在一定的局限性，因此在同一时间内对设备资源进行大规模的并发访问可能会导致设备资源停止响应。协调对设备资源访问的时序对于系统整体的可用性和效率具有重要的意义。

2. 业务层应用特性

整个地震前兆观测台网业务层是根据对地震前兆观测数据的不同处理要求和方法分别设计的。不同业务应用对设备资源的访问模式不同，对设备资源的独占和共享的关系相对复杂，但几乎都需要对设备资源进行直接和间接的访问。总的说来，地震前兆观测台网业务层具有以下特性。

（1）业务拓扑的复杂性

地震前兆观测台网的业务层具有多级树状的拓扑关系。这些关系对应的是地震前兆观测中的业务管理层次。每一级业务层需要汇集该层所管辖的所有设备资源的数据，并且需要获知该级及其以下级别所管辖的设备资源的状况。

（2）设备资源使用的多样性

业务层访问设备资源时，占用设备资源的时间长短不一，同时占用设备资源的数目不定，占用设备资源时要求的吞吐率不同，占用设备资源的信息内容不同，呈现出业务层对设备资源使用的多样性。

（3）优先关系的动态性

业务层会根据行业需求的扩展而扩张，业务与业务之间对于设备访问具有的优先级也需要根据实际应用需求的变化而灵活变化。

4.2.2　设备访问中间件体系结构设计

在研究和设计设备访问中间件前，首先需要了解设备资源访问环境特性，并根据这些特性对设备访问中间件的设计做出必要的权衡，如系统硬件平台的限制、系统资源平台的限制和通信网络限制等。

台网信息管理系统将运行在管理节点的高性能服务器上。这些服务器具有很强的计算处理能力和足够大的内存空间，因此设备访问中间件可以利用该特性采用大量的缓冲策略，并为这些缓冲策略提供相应的接口来提高性能。

设备访问中间件面向的业务层具有多级结构，每一级都需要对设备资源进行访问,这就要求设备访问中间件本身对不同级的业务层提供统一的访问接口。同时,来自业务层对设备资源的访问需求具有阻塞和非阻塞两种完全不同的方式。大量的阻塞访问会占用大量的中间件资源,中间件会启动额外的服务线程为阻塞访问提供服务,因此对于业务层访问的响应方式应该考虑使用非阻塞方式,而业务层的阻塞访问方式应该在业务层进行对非阻塞访问方式的同步封装。

同设备资源交互的方式是与之建立 TCP 连接,并向该连接发送设备资源识别的命令,当设备资源返回对命令的响应后,与设备资源的一次交互结束。设备资源在交互时具有以下特性。

① 在同一 TCP 连接中,设备资源可以按序响应多条命令,直到该 TCP 连接断开。设备资源通常可以接受并发的多个 TCP 连接,并独立地对来自不同连接的命令进行响应。因此,在同设备资源进行交互时,可以利用上述特性提高对设备资源访问的效率。

② 保持同设备资源的 TCP 连接,为将来可能进行的对设备资源的访问节约建立 TCP 连接的时间,加快交互速度,可并发地向设备资源发送命令,以提高交互的吞吐率。然而,不同的设备资源在性能上存在显著的差异,低性能的设备资源在处理并发 TCP 连接的时候会由于嵌入式系统的性能问题而暂停或停止响应,因此注意对不同性能的设备资源采取不同的交互策略是设备访问中间件设计需要着重考虑的问题之一。

分属不同级别的不同类型的业务层会在同一时间对同一设备资源按照各自的业务属性对该设备资源进行并发访问。换言之,系统对某一设备资源进行大量并发访问请求的情况是普遍的。这些请求优先级的关系是一个复杂的偏序集合,且常常动态发生变化,因此为业务层保留对于设备资源访问请求优先级的定义就显得尤其重要。另一方面,对于设备资源访问请求的优先级也不完全由业务层决定,因为设备资源在诸如网络状况和响应性能等方面存在差异。这些差异影响命令的发送率、响应率和响应延迟等,因此设备访问中间件本身需要具备平衡这些因素的模型和算法。同时,设备访问中间件本身还需要支持对命令的抢占和撤销,以便更广泛地应对优先级的关系处理。设备访问中间件工作在系统的中间层,向上为所有的业务层对设备资源的访问提供支持,向下要协调设备资源,因此中间件本身的稳定性和可靠性具有重要的意义。设备访问中间件不但应该能长时间的稳定运行,而且需要对自身工作流程进行完整可靠的日志记录和即时状态报告,同时能够从大多数异常中恢复工作状态。

基于以上基本情况,根据对于设备资源访问的需求,设备访问中间件由业务层、接口层、元数据管理、调度引擎、状态管理器、核心服务和扩展服务构成。设备访问中间件体系结构如图 4.11 所示。

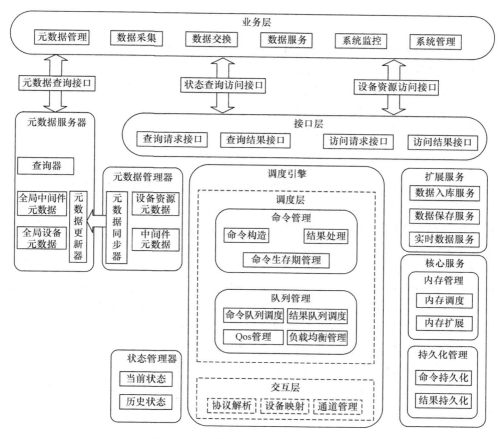

图 4.11　设备访问中间件体系结构图

1. 业务层

业务层主要实现系统的元数据管理、数据采集、数据交换、数据服务、系统监控和系统管理等业务功能。设备访问中间件设计的根本目的就是为上述业务功能对设备资源访问提供统一的、集成化的访问模式。

2. 接口层

接口层的功能主要是为业务层使用设备资源提供统一的接口。统一指的是除了为所有的业务层提供统一的异步调用方式,该接口访问设备资源的语义也是统一的。除此之外,该层还提供对设备访问中间件的工作状态进行查询的接口。例如,可以查看中间件的资源占用情况,或者是正在执行的设备资源访问请求的相关状态。

3. 元数据管理

元数据管理的功能主要是管理设备资源涉及的元数据,包括同设备资源交互时使用的设备资源元数据及表示设备访问中间件自身属性的中间件元数据。设备资源元数据是所有能由该中间件访问到的设备资源的静态信息和动态信息的集合。这些信息的类型视设备资源属性而定。中间件元数据则主要是表征中间件的状态类型和对外提供的扩展服务类型等信息。

4. 调度引擎

调度引擎是整个设备访问中间件的核心,其内部又分为调度层和交互层。

调度层主要负责命令管理和队列管理。命令管理的主要功能包括维护命令和命令执行结果之间的映射关系;维护命令执行过程中的相关状态;将业务层的设备资源访问请求转化为具体设备资源的访问协议,并根据设备访问请求中要求的扩展服务类型,为命令执行结果调用相应的中间件扩展服务。队列管理的主要功能包括对访问设备资源的命令和设备资源返回的访问结果进行优化调度;根据设备资源对并发连接的承受力进行负载均衡优化,结合业务层对设备资源访问的并行性需求控制交互层与设备资源之间的通道数,以便设备访问中间件可以最大限度地利用设备资源提供的访问并行性来提高相应设备资源访问的吞吐率。

交互层按照设备资源访问命令在命令队列中的顺序,使用与设备资源连接的空闲通道向设备资源发出命令,并获取结果;管理和维护与设备资源连接的通道;获取设备资源的相关状态,为状态管理器提供最新的设备资源状态。

5. 状态管理器

状态管理器的功能主要是维护设备访问中间件当前运行状态信息,并对状态信息的历史记录进行统计,同时通过接口层的中间件状态查询接口为业务层提供信息。业务层可以通过了解设备访问中间件的当前状态和历史状态信息,在业务逻辑中对要调用的中间件进行优化选择。状态管理器中的状态由中间件的工作状态和设备资源的状态组成。

6. 核心服务

核心服务是设备访问中间件依赖的基本服务,主要为中间件本身提供基础支持。核心服务主要分为内存管理和持久化管理。

内存管理主要为设备访问中间件需要使用大中型内存空间的模块提供一种安全高效使用预分配内存池的服务。使用该服务可以降低软件平台在进行大型空间的内存回收操作时的负面影响,提高系统的稳定性和可用性,同时不会过于加重系统的内存空间负担。

持久化管理主要为设备访问中间件中需要建立内存数据到持久介质之间双向映射的模块提供一种简单可靠的服务。使用该服务可以降低由中间件意外崩溃导致的状态和数据不可恢复的风险,有助于保持系统的健壮性。

7. 扩展服务

扩展服务是整个设备访问中间件为扩展功能而设计的服务模块,主要是对来自业务层的命令请求提供额外的处理服务。扩展服务的具体内容视对中间件的扩展需求而定。

4.2.3　设备访问接口设计

设备统一访问的基本目标是对设备资源提供的服务进行组织和包装,为业务层提供更为优化的服务。这里根据服务的组成和服务的表现形式将设备访问中间件的服务需求分为三类。

（1）映射服务

映射服务是指设备访问中间件对设备资源本身具有的服务进行功能上不变,但在服务上提供服务质量(quality of service,QoS)保证的映射。在地震前兆观测台网中,这类服务主要是中间件提供的设备资源访问服务。

（2）扩展服务

扩展服务是指设备访问中间件利用设备资源提供的服务完成一系列逻辑流程,并对外提供扩充的设备资源服务内容的服务。在地震前兆观测台网中,这类服务主要包括数据入库服务、数据保存服务和实时数据服务。

（3）自主服务

自主服务是指设备访问中间件自身对外提供的一系列与设备资源无关的服务。这类服务的功能主要是对中间件属性的查询和控制。在地震前兆观测台网中,这类服务主要是中间件提供的状态查询服务。

1. 设备资源访问接口设计

根据对服务需求的分类描述,可以知道映射服务和扩展服务是对设备资源所提供服务的外延。下面首先讨论设备资源访问接口在设计中需要考虑的重点要素,然后给出其可扩展标记语言(extensible markup language,XML)描述的实现。

（1）服务需求对接口要求分析

① 服务需求对接口要求的差异。映射服务是整个服务层提供的服务中最基础也是最重要的服务。扩展服务作为对设备资源服务进行扩展的一种方式,除了保证 QoS,还应该着重保证服务逻辑流程的一致性,即该服务依赖的对设备资源服务的访问要么全部成功,要么全部失败。

② 服务需求对接口要求的共性。设计该接口时着重考虑对服务元数据的描述和对 QoS 需求的描述。同时,两类服务都可能面对大量并发的服务请求,从性能和资源占用上考虑,将该接口设计为异步接口,因此对于调用该服务返回方式的描述的完整性和合理性也成为设计时需要考虑的要素之一。

从服务元数据的角度来看,其服务类型的集合应该是设备资源提供的可接受命令的超集,而其操作对象的集合应该同该中间件的设备资源元数据集合一致。同时,由于是异步调用,且可以预见这种调用基本上是进程之间的调用,因此在描述该服务返回服务结果的方式时,至少应该包含对接受服务返回结果的进程接口的描述。

(2)设备资源访问请求定义

设备资源访问请求包含对服务描述、设备资源描述、服务参数描述、QoS 需求描述和返回进程描述。这里的资源访问请求用 Command 定义这种关系,如表 4.1 所示。

在设备资源访问请求结束时,接口层会为该请求建立全局通用唯一标识符(universally unique identifier,UUID)编号,以便请求方在接受返回结果时能够同访问请求之间建立对应关系。

表 4.1　设备资源访问请求 Command 元素所有子元素定义

子元素名称	子元素含义	是否必须
CommandID	定义业务层对该请求标注的全局标识	是
ServiceList	定义要使用的扩展服务的列表,Service 描述 要使用的扩展服务及对应的服务参数	否
DeviceID	定义要操作的设备资源的全局描述	是
Operation	定义操作符,操作符的闭包由调用服务的元数据决定	是
ParaList	定义操作参数的列表,该列表下的 Para 元素定义了操作参数本身, 该列表中 Para 元素的顺序即操作参数的顺序	是
RetryTimes	定义操作不成功时的重试次数	是
RetrySpan	定义每次操作重试之间的时间间隔	是
TimeOut	定义操作从开始到完成时的最大允许时延	否
ReturnDiscription	定义服务结果返回的进程接口,使用[IP]:[Port]的方式描述	是

(3)设备资源访问返回结果定义

设备资源访问的返回结果视访问请求使用服务类型的不同而不同。映射服务类型是设备资源对服务请求的原始响应结果的真实反映。扩展服务类型是服务结果的报告。设备资源访问的返回结果用 Report 定义这种关系,如表 4.2 所示。

表 4.2　设备资源访问的返回结果 Report 元素所有子元素定义

子元素名称	子元素含义	是否必须
CommandID	定义该返回结果对应请求的业务层的全局标识	是
HasResult	定义该返回结果是否成功,有 true 和 false 两种值	是
Result	定义请求返回结果的内容,当 HasResult 的值为 false 时,该元素不存在	否
Message	定义对返回结果的状态描述	是

在资源访问请求的结果返回后,该次设备资源访问流程结束。

2. 状态查询访问接口设计

自主服务其实与设备资源访问无关,而与设备访问中间件自身属性有关,因此如何全面反映设备访问中间件的属性是其考虑的重点。下面首先讨论设备访问状态查询接口在设计上需要考虑的重点要素,然后给出其 XML 描述的实现。

(1) 状态查询接口设计要素

设备访问中间件的状态可以分为静态状态和动态状态。静态状态可以看做是设备访问中间件本身的固有属性,而动态状态则与其工作模式有关。在设计该接口时,着重考虑当设备访问中间件的实现变更时,其内部的静态状态和动态状态的集合都会发生改变,保证这种改变不会影响接口的内容是设计的关键。在本设计中,状态的集合用"键_值"的方式来表示,这种方式可以有效地应对设备访问中间件在实现时内部状态的变更。同时,由于对设备访问中间件状态的查询不需要访问设备资源,其响应速度会相当得快,因此从节约查询资源的角度考虑,该接口使用同步调用的方式更为合适。

(2) 状态查询请求定义

状态查询请求包含对于要查询的状态名称的键,同时为了在对全体状态查询时节约请求的空间开销,请求包含对于是否查询全体状态的额外辅助手段。这里的状态查询请求用 StatusQuery 定义这种关系,如表 4.3 所示。

表 4.3　状态查询请求 StatusQuery 元素所有子元素定义

子元素名称	子元素含义	是否必须
IsAll	定义该状态查询请求是否查询全部的状态,该元素只有 true 和 false 两种值	是
StatusNameList	定义该状态查询请求状态的名称列表,其子元素<StatusName>定义要查询的状态名称,这些状态的名称是中间件的元数据	否

发送该请求后,请求方会被接口层阻塞,等待查询结果的返回。

(3) 状态查询返回结果定义

状态查询结果包含要查询的状态名称的状态值。考虑状态值本身具有动态性和复杂性,对其描述采用两层迭代的方式。首先,返回的结果是对请求状态名称的回应列表。然后,每个回应包含的值可能是一个列表,因为状态的语义可能是一个集合。最后,根据接口实现的不同,其结果单元的返回顺序可能与请求单元的顺序不一致,因此在结果单元中应该包含对请求状态名称的引用。这里的状态查询返回结果及其结果单元分别用 StatusReply 定义和 ReplyUnit 定义,如表 4.4 和表 4.5 所示。

表 4.4　状态查询返回结果 StatusReply 元素所有子元素定义

子元素名称	子元素含义	是否必须
ReplyUnitList	定义该状态查询结果的结果列表,其子元素 ReplyUnit 定义查询结果单元	否
Message	定义该状态查询完成时的查询状态,若查询失败,则可以从该元素获得失败原因	是

表 4.5　状态查询返回结果单元 ReplyUnit 元素所有子元素定义

子元素名称	子元素含义	是否必须
StatusName	定义该状态查询结果所对应的状态名称的引用	是
StatusList	定义该状态查询结果的状态值的列表,其子元素 Status 定义对应状态下值的集合的每个单位	是

根据上述状态查询结果 XML 的定义,在状态查询的结果返回后,该查询流程结束。

4.2.4　设备访问元数据管理设计

设备访问中间件的元数据是中间件对设备资源属性和中间件自身属性描述方式的体现。在很大程度上,元数据的设计决定了中间件的设计,因此首先需要对设备访问中间件涉及的元数据类型和每类元数据应该包含的要素进行分析和设计。同时,由于在台网信息管理系统中设备访问中间件对于业务层而言是分布式的,而业务层对于设备访问中间件的利用需要使用设备访问中间件的元数据,因此在系统全局进行设备访问中间件的元数据汇聚和管理也是需要解决的问题。

这里,首先对设备访问中间件的元数据进行分类分析与描述,然后分别针对这些分类给出具体的设计,最后提出设备访问中间件的元数据在系统中的汇聚,以及同步机制的设计和实现。

1. 元数据类型分析与描述

在系统中,设备访问中间件向下面对的是数量众多的设备资源,向上面对的是结构复杂的业务层。从中间件访问设备资源的角度来看,引入设备资源的元数据是必然的,而从业务层对中间件的调用角度来讲,引入与中间件自身有关的元数据也是必然的。下面对上述两类元数据进行描述和设计。

（1）设备资源元数据

设备资源元数据是对设备资源的描述,包括设备资源的全局标识,以及设备资源提供的交互接口、自身属性和资源状态等的描述。对设备资源交互接口的描述可以为设备资源访问请求和交互命令之间的相互转化提供依据和参照。对设备资源属性的描述主要是对设备资源一些固有的、不变的特征进行描述,该信息可以作为与设备资源交互的参数。对设备资源状态的描述则是资源调度过程中需要参考的重要因素。

根据地震前兆观测台网设备资源的情况,下面分别给出设备资源元数据中的接口描述、属性描述和状态描述的设计。在系统中,设备资源对外统一以 TCP 连接作为交互通信方式,因此设备资源交互接口描述主要针对设备资源的交互命令集的格式进行描述。这里使用 XML 对其进行描述定义。设备资源命令集描述了设备资源可接受的交互命令的组成元素,以及每个元素取值的集合范围。这里用 CommandSet 元素对设备资源交互命令集的组成进行描述,用 ValueSet 元素对设备资源命令集中每个元素的取值范围进行描述。表 4.6 和表 4.7 展示了这两种关系。

表 4.6　设备资源命令集组成 CommandSet 元素所有子元素定义

子元素名称	子元素含义	是否必须
ElementList	定义该命令集组成中元素的顺序列表,其子元素 Element 描述了组成命令单位的名称	是
Span	定义该命令集中组成命令集单位之间的分隔符	是

表 4.7　设备资源命令集范围 ValueSet 元素所有子元素定义

子元素名称	子元素含义	是否必须
Name	定义该集合对应的命令组成单元的名称	是
IsLimit	定义该集合是否为有限集合	是
ValueList	定义该集合中的枚举值,其子元素 Value 描述了每个枚举值	否

设备资源的属性是设备资源的静态特征。在地震前兆观测台网中，设备资源具有工作参数、网络参数和访问参数三类参数。这里用 DeviceInfo 元素对设备资源属性进行 XML 描述，如表 4.8 所示。

表 4.8　设备资源属性 DeviceInfo 元素所有子元素定义

子元素名称	子元素含义	是否必须
DeviceIP	定义该设备资源在网络中的地址	是
DevicePort	定义该设备资源接受命令的网络端口	是
DeviceUser	定义使用该设备资源时需要认证的用户名	是
DevciePassword	定义使用该设备资源时需要认证的密码	是
PointID	定义该设备资源的测点号	是
StationID	定义该设备资源所在台站的代码	是
SampleRate	定义该设备资源的数据采样率代码	是
ItemList	定义设备资源的数据测量分量列表，其子元素 Item 用于描述设备资源数据测量分量	是

设备资源的状态是设备资源的动态特征。在地震前兆观测台网中，设备资源具有可访问性、工作状态和异常状态三类参数。这里用 DeviceState 元素对设备资源状态进行 XML 描述，如表 4.9 所示。

表 4.9　设备资源状态 DeviceState 元素所有子元素定义

子元素名称	子元素含义	是否必须
IsAvailable	定义该设备资源当前是否可访问	是
DeviceTime	定义该设备资源当前的内部时间	是
DCState	定义该设备资源的直流电源状态	是
ACState	定义该设备资源的交流电源状态	是
CalibrateState	定义该设备资源的自校准状态	是
ClockEx	定义该设备资源的时钟异常	是
DataEx	定义该设备资源的数据异常	是
TimeStamp	定义该设备资源处于该状态的时间点	是

（2）设备访问中间件元数据

设备访问中间件的元数据主要用于描述中间件自身具有的功能和特征。在系统设计时，主要考虑中间件具有状态的描述信息和中间件提供扩展服务的描述信息。

设备访问中间件的状态代表中间件工作的状况。中间件状态的集合根据中间件的实现和扩展发生变化,因此对于状态元数据的设计要能适应这种变化。在该中间件中,对于中间件状态的描述使用 MiddleState 元素进行 XML 描述,如表 4.10 所示。

表 4.10　中间件状态描述 MiddleState 元素所有子元素定义

子元素名称	子元素含义	是否必须
Name	定义该中间件状态的名称,该名称在全局唯一	是
CanWrite	定义该中间件状态是否通过外部指令直接变更	是
CanPersist	定义该中间件状态在中间件重新启动后是否可以持久化保持	是

设备访问中间件允许访问设备资源的请求调用扩展服务对获得的访问结果进行处理。调用扩展服务时,需要根据中间件能够提供的扩展服务类型,以及使用这些扩展服务需要提供的参数来构造调用请求。因此,对扩展服务的描述包含扩展服务的名称及其所需的参数列表。在该中间件中,对于中间件扩展服务的描述使用 ExtendService 元素进行 XML 描述,如表 4.11 所示。

表 4.11　中间件扩展服务描述 ExtendService 元素所有子元素定义

子元素名称	子元素含义	是否必须
Name	定义该中间件提供的扩展服务的名称,该名称在描述中间件扩展服务时应该唯一	是
HasPara	定义该扩展服务是否需要额外的服务参数	是
ParaList	定义该扩展服务的服务参数列表,其子元素 Para 描述了该服务参数的名称	是

2. 元数据同步机制设计

从业务层的角度来说,由于要对整个系统中的设备资源进行访问,因此需要全局设备资源元数据的视图。同时,由于业务层需要利用设备访问中间件的扩展服务,并且及时获知中间件的状态,因此也需要全局的设备访问中间件自身元数据的视图。

设备访问中间件分布在系统不同的物理节点上,每个中间件的元数据是系统全局元数据的子集,这些子集之间互不相交。业务层需要对系统全局内的设备资源和设备访问中间件进行访问,因此需要系统全局元数据的视图,需要一种机制来保证众多的局部元数据在系统中的汇聚和同步。下面对元数据同步机制涉及的要点进行分析,然后给出具体的设计和实现。

（1）元数据同步的要点

在元数据同步的过程中，需要明确以下几点。

① 业务层的元数据视图不需要包含元数据的全部信息。从访问设备资源的角度来讲，由于业务层是间接地访问设备资源，因此业务层只需要对于该设备资源的全局标识，以及该设备资源与设备访问中间件之间的关系。设备资源元数据的细节可以对业务层透明。从使用设备访问中间件的角度来看，由于业务层是直接访问中间件，因此业务层需要该中间件的所有元数据。

② 业务层除了需要设备资源的元数据视图和设备访问中间件的元数据视图，还应该保留设备资源与中间件之间的映射关系。该映射关系并不包含在中间件元数据中，也不包含在设备资源元数据中，但可以在设备访问中间件同步其包含的设备资源元数据过程中自动建立。

③ 保证元数据的完整性是元数据同步过程的重点。一种简便有效的解决方法是当设备访问中间件发现本地元数据发生变更时，向元数据管理服务器报告本地的所有元数据。由于系统中设备资源动态变更的特性，设备资源元数据处于动态变化中。若每次局部的设备资源元数据变更都要作一次完整的同步，则整个同步的效率会很低。因此，在保证完整性的前提下，需要着重考虑同步的效率。元数据的同步是一问一答的过程，发起同步的一方必须确认同步成功。在同步过程中，可能会由通信媒介失败而导致确认同步失败，因此发起同步的一方应该缓存那些未被成功确认的变更，以便将来重试。

（2）元数据同步的接口设计

在元数据服务器和设备访问中间件之间同步元数据时，需要定义统一的接口。

由于要同步的元数据具有不同的类别，因此该接口中应该保留对元数据类别的描述。同时，从效率上考虑，该接口除了要提供完全同步的语义，还应该提供增量同步的语义。下面通过 SynDevice 元素和 SynMiddleWare 元素分别给出设备资源元数据同步接口和中间件元数据同步接口的 XML 描述，如表 4.12 和表 4.13所示。

表 4.12　设备资源元数据同步接口描述 SynDevice 元素所有子元素定义

子元素名称	子元素含义	是否必须
DeviceID	定义要同步的设备资源的全局标识	是
SynType	定义同步设备资源的方式。该元素所包含值的集合为 add（添加）、del（删除）、all（完全同步）	是

表 4. 13　中间件元数据同步接口描述 SynMidleWare 元素所有子元素定义

子元素名称	子元素含义	是否必须
SynServiceList	定义要同步的设备访问中间件的扩展服务列表,其子元素 SynService 包含以下元素用于描述要同步的扩展服务 ServName:扩展服务名称 ServHasPara:扩展服务是否需要参数 ServParaList:扩展服务参数名称列表,其子元素 ServPara 为扩展服务参数单元 SynType:定义同步该扩展服务元数据同步的方式。该元素所包含值的集合为 add(添加)、del(删除)、all(完全同步)	是
SynStatusList	定义要同步的设备访问中间件的状态元数据列表,其子元素 SynStatus 包含以下元素用于描述要同步的中间件状态 StatName:状态的名称 StatCanWrite:该状态是否可以通过外部指令直接变更 StatCanPersist:该状态是否在中间件重新启动后可以保持 SynType:定义同步该中间件状态元数据同步的方式。该元素所包含值的集合为 add(添加)、del(删除)、all(完全同步)	是

（3）元数据同步的实现

元数据同步通过全局元数据管理器类（Locator）、全局元数据查询器类（QueryThread）和全局元数据同步器类（UpdateThread）在元数据服务器端实现对全局元数据的管理、查询和同步,使用元数据变更报告器类（Register）在中间件端实现向元数据服务器进行设备访问中间件元数据变更的报告机制。下面给出系统中元数据同步的流程,然后给出具体类的实现方法。

由设备访问中间件中的元数据变更报告器捕获中间件中元数据的变化情况,然后按照元数据同步的接口以增量方式向元数据服务器端的全局元数据同步器报告变更。全局元数据同步器在接收到来自元数据变更报告器的元数据变更消息后,通告全局元数据管理器进行元数据更新。至此,元数据的自下同步完成。

当业务层发起对全局元数据的查询时,业务层首先向全局元数据服务器端的全局元数据查询器发起查询元数据的请求,然后全局元数据查询器从全局元数据管理器获取最新的全局元数据,按照与业务层协商确定的协议将查询结果返回到业务层。至此,元数据的向上同步完成。

元数据同步时序如图 4.12 所示。

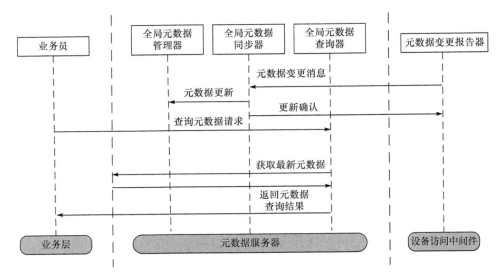

图 4.12　元数据同步时序图

4.2.5　设备访问调度引擎设计

设备访问中间件的调度引擎是整个中间件的核心。调度引擎首先将来自业务层的设备资源访问请求转化为具体的设备资源访问命令,在完成对这些命令的调度后,通过与设备资源的交互获得结果,然后完成对结果的调度,并对结果进行相应的处理。为了实现对设备资源访问请求的 QoS 保证,调度引擎需要对双向调度的结果进行 QoS 管理。此外,调度引擎还要根据设备资源的多寡、业务层对设备资源访问的并行性需求,以及设备资源可以建立的并发通道的限制进行设备资源的负载均衡管理。最后,为了保证调度引擎的调度结果最优,调度引擎还应具有自主学习的功能。下面对调度引擎的工作流程进行详细描述,然后给出调度引擎中各个模块的设计与实现。

1. 工作流程设计

调度引擎工作流程如图 4.13 所示。首先命令构造模块从设备资源访问接口获得对设备资源的访问请求,然后由命令构造模块将访问请求转化成为针对设备资源的访问命令。此时,若转化失败,则该请求不被调度引擎继续响应,而由命令构造模块直接生成关于该访问请求的转换错误报告,并由设备资源访问结果返回接口,将此报告作为该访问请求的结果返回。当命令构造成功后,设备访问命令被存入命令持久化池,以便进行命令生存期的管理。然后,由命令调度模块根据当前的 QoS 调度参数对该设备访问命令进行调度,并将完成调度的命令推入命令队列。命令入队之后,由负载均衡模块负责出队,并根据当前的设备资源负载状态决定将该命令通过交互层的哪一个通道执行。

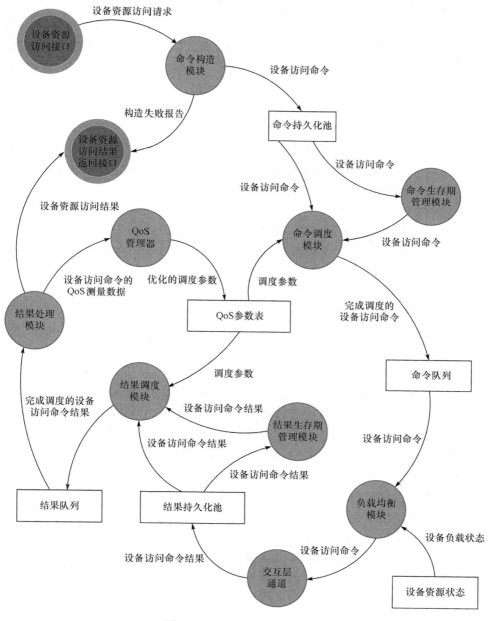

图 4.13　调度引擎工作流程图

当交互层通道获得设备访问命令的结果后,首先将其存入结果持久化池,然后由结果调度模块根据当前的 QoS 调度参数对该设备访问命令结果进行调度,并将完成调度的结果推入结果队列。结果入队之后,由结果处理模块负责出队,并根据与该结果相关的设备访问请求所要求的扩展服务对该结果进行处理。完成对该结果的处理之后,结果处理模块将调度引擎在响应该设备访问请求中测量的 QoS 数据通知 QoS 管理器,使其能根据 QoS 参数的优化模型对 QoS 调度参数进行优化。最后,结果处理模块将处理结果按照设备资源访问返回结果的接口返回接口层。至此,调度引擎对于响应设备访问请求的流程完成。

2. 命令管理器设计

命令管理器主要由命令构造器、结果处理器和生存期管理器组成。命令构造器的功能是将来自接口层的设备资源访问请求转换为具体的设备资源访问命令。结果处理器的功能是根据设备资源访问请求中关于扩展服务的具体请求对设备资源访问命令获得的结果调用相应的扩展服务来完成对访问结果的处理。生存期管理器是负责维护设备资源访问命令和对应结果之间的关系,同时依靠持久化管理对由设备访问中间件意外崩溃而造成的设备资源访问命令和对应结果之间关系的丢失做出修复。

(1) 命令构造器设计

命令构造器的设计比较复杂,主要考虑以下两个因素。

① 设备资源访问请求到具体设备资源访问命令之间的映射关系。从理论上讲,请求的语义应该是命令语义的组合,因此保证其语义的完整性是需要考虑的一个重点。

② 设备资源访问命令集合的事务性。由于设备资源访问请求与设备资源访问命令是一对多的关系,因此命令构造器必须能够为生成的命令添加事务的属性,以保证在响应整个请求时,由其拆分生成的命令能够一同成功执行或者相反。

就实现而言,考虑来自业务层请求的语义同设备资源提供的命令语义一致,因此上述复杂的因素并没有被考量。需要说明的是,由于设备资源访问请求和设备资源访问命令的概念范围一致,因此使用设备资源访问请求/命令表示该概念。

(2) 结果处理器设计

在设计结果处理器时,主要考虑以下两个因素。

① 结果处理器能够反映调用扩展服务的状态情况。若结果处理器调用请求的扩展服务失败,则需要有相应的报告机制。调用扩展服务失败的原因一般包括请求的扩展服务不存在;请求的服务参数与实际的服务参数相悖;请求的扩展服务无法正常处理结果等。

② 结果处理器需维护调用扩展服务的事务性。由于一些设备资源访问请求需要调用的扩展服务是一个列表,这就需要结果处理器保证调用的所有扩展服务

一同成功,或者一同失败。

在实现中,结果处理器按照以下逻辑保证上述设计要求。结果处理器中有一个保存调用成功的服务队列,称为扩展服务提交队列。在调用扩展服务的过程中,每当扩展服务调用成功,就将该扩展服务加入该队列。当所有服务都调用成功后,结果处理器依次对每个在提交队列中的扩展服务进行提交。反之,当调用过程出现调用失败时,结果处理器首先终止对扩展服务的继续调用,然后对已加入提交队列的扩展服务逆向出队,并依次进行回滚操作。在结果处理结束时,结果处理器生成对于处理结果的描述。

(3)生存期管理器设计

生存期管理器的设计相对简单,其主要思路是管理持久化命令和持久化结果之间的关系。

当持久化命令存在,而其对应的持久化结果不存在时,说明该命令在调度过程或者执行过程中设备访问中间件出现了意外崩溃。此时,需要将该命令重新加入命令调度模块进行处理。

当持久化结果和持久化命令都存在时,说明该命令已经被成功执行,但是未能成功返回,可能在结果处理过程或者返回过程中设备访问中间件意外失败。此时只需将该结果重新加入结果调度模块中处理即可。

当持久化结果存在,而对应的持久化命令不存在时,说明设备访问中间件的实现可能存在偏差。这种情况本来是不应该出现的,此时需要生成一个错误的技术日志报告,来告知设备访问中间件的实现者。

由生存期管理器的功能可知,其工作周期只是在设备访问中间件启动的时候才工作。同时,由于其交互的对象都是调度器,因此该功能被包含在调度器类的初始化中。

3. 队列管理器设计

队列管理器由 QoS 管理器、负载均衡管理器、命令队列调度器和结果队列调度器四部分组成。命令队列调度器和结果队列调度器分别负责将最近申请加入命令队列和结果队列的命令、结果分别插入命令队列、结果队列的相应位置,以保证整体的 QoS 水平最高。QoS 管理器主要负责根据命令执行流程中的 QoS 测量数据来优化 QoS 的调度参数。负载均衡管理器主要负责查询设备资源当前的状况和历史状况记录,然后根据负载均衡的模型将命令从命令队列中取出,并通知相应的交互层通道执行。命令队列和结果队列中的内容都是已经完成调度的命令和结果。然而,命令队列和结果队列只在出队的时候是顺序出队,在入队的时候各元素在队列中的位置是由调度器决定的。因此,在设计时,调度器需要考虑入队和出队操作的互斥性。同时,调度器在每次出队操作后也需要动态改变队列中元素的位置,这样做能够保证平均 QoS 水平最高。下面给出系统中 QoS 水平的定义,然后分别对这两类调度器涉及的调度模型进行分析,并给出具体算法。

(1) QoS 水平定义

QoS 通常的判定标准有延迟、抖动、可靠性和带宽等。就本系统而言,为每条命令定义的 QoS 标准可以忽略抖动因素和可靠性因素。设备资源访问结果都是异步返回的,且设备资源请求对于设备访问中间件而言是相互独立的,因此不存在抖动的问题。同样,由于请求一旦被设备访问中间件接受,按照该中间件的设计,就一定能得到结果,因此命令在可靠性方面是一个常量,可以不予考虑。QoS 水平的定义主要集中在延迟和带宽。下面分别予以说明。

① 延时。在台网信息管理系统中,命令的延时是指从设备资源访问请求接受开始到设备资源访问结果返回之间所消耗的时间。根据接口层对设备资源访问请求的定义可以看出,业务层对于访问请求的延时是有要求的,需要期望的上限值,因此保证实际延时小于期望的延时上限成了衡量延时 QoS 的标准。

② 带宽。在台网信息管理系统中,命令的带宽是指单位时间内设备访问中间件完成对设备资源访问请求响应的数量,即命令的吞吐量。带宽越高,业务层实际完成请求的流量就越大,因此保证该带宽处于高水平成为衡量带宽的 QoS 标准。

单个命令的 QoS 水平可以按照以下模型定义,即

$$Q = a_1(T-t)^2 \text{sgn}(T-t) + a_2 W$$

其中,Q 为 QoS 水平描述;t 为实际延时;T 为期望延时上限;W 为当前中间件带宽;a_1 和 a_2 分别为对应的参数。

(2) 命令队列调度器设计

命令队列调度器的任务主要有两个:当命令调度器接收到新的命令时,保证新命令添加到命令队列的位置能使总体的 QoS 水平最高;命令队列中有命令出队时,要保证总体的 QoS 水平最高。根据排队理论,在等候时间有序的情况下,队列平均等待时间最短,因此一般情况下命令调度器只需要估计每个命令的执行时间。命令的执行时间可以看作命令队列中影响其他命令的等待时间,将队列按估算的执行时间插入、排序即可,这样也有助于提高命令的带宽。然而,这样的模型可能导致那些估计执行时间较长的命令一直处于饥饿状态,当饥饿到达一定程度后,QoS 水平会显著降低。因此,在设计命令调度模型时,引入忍耐度的概念,即

$$D(t) = b e^{t-T}$$

其中,D 为忍耐度,是 t 的函数;t 为命令已经延期的时间;T 为命令延时期望上限;b 为参数。

忍耐度越高说明该命令越需要尽快执行。命令调度模型要保证每次队列元素发生改变后,队列命令元素中的顺序应该能保证当所有命令都出队后,每个命令的忍耐度之和最小。从实现的角度而言,由于上述模型是一个全排列问题,算法复

杂,因此需要对调度模型的算法进行折中。实现时,使用的是贪婪算法,并限制搜索的深度。命令调度算法应保证在下条出队命令的执行期间,整个队列的忍耐度上升幅度最小。命令调度过程如下。

① 新元素添加。从命令队列队首开始遍历,尝试将新元素放入队列中的每一个位置,然后计算下条命令出队后整个队列忍耐度的变化幅值。等待的时间按照估计的命令执行时间计算。遍历完成后,选出变化幅值最小的那个位置将新元素插入。

② 命令出队后队列重排。选取当前命令队列中等候时间最长的那个命令,先从队列中取出后,再按照新元素添加算法添加到命令队列中。

需要说明的是,命令数量具体值的选择非常重要。该值太小容易导致某些期望延时上限大的命令一直处于饥饿状态,太大则容易降低整个系统的带宽,因此该值应该由系统动态学习获得。

(3) 结果队列调度器设计

结果队列调度器的任务主要是修正命令调度器模型的不足,因为估计的命令执行时间同实际的命令执行时间有差异。这种差异可能对整个命令响应的 QoS 水平产生很大的影响,因此需要根据命令实际执行的时间重新按照忍耐度的模型进行修正。模型和算法都与命令调度的模型和算法相同,只是在命令调度中的估计命令执行时间换成了估计结果处理时间。此处不再赘述。

(4) QoS 管理器设计

QoS 管理器的主要作用是根据设备访问中间件在实际使用中获得的对命令执行情况的测量,对在调度算法中使用的参数进行修正和调整,以使整体获得更好的 QoS 水平。QoS 主要修正每类命令执行时间的估计值、每类扩展服务执行时间的估计值和调度算法的搜索深度值。对每类命令执行时间的估计值和每类扩展服务执行时间估计值的修正相对简单,在结果处理器获得关于命令的实际测量数据后,QoS 管理器将这些数据按照命令类型和服务类型分别做统计平均。但是,对于调度算法中搜索深度值的修正要相对复杂一些。从直觉上来讲,搜索深度值应该是队列深度的函数,然而具体是什么类型的函数却无法估计。因此,实际对搜索深度值的修正使用的是一个收敛参数的模型。搜索深度值 m 定义为 $m(n) = n\lambda(n)$,其中 n 为队列深度,$\lambda(n)$ 是一个和 n 有关的比例函数,其值域为 $[0,1]$。由前述可知,m 太小容易导致某些期望延时上限大的命令一直处于饥饿状态,m 太大则容易降低整个系统的带宽。下面讨论 $\lambda(n)$ 的概率收敛模型。设 $\lambda(n)$ 的概率 $\Omega(n)$ 为

$$\Omega(n) = a(n)(\lambda(n) - c(n))^2 + b(n), \quad \lambda(n) \in [0,1]$$

由于 $\Omega(n) = 1$,因此 $a(n)$ 和 $b(n)$ 须满足下式,即

$$a(n)=\frac{3-2b(n)}{3(c(n))^2-3c(n)+1}$$

$c(n)$ 的初始值设为 0.5,因为可以假设 $\lambda(n)$ 居中最佳。此时,只需根据每次 QoS 的测量结果修正 $a(n)$、$b(n)$ 和 $c(n)$ 即可。当系统命令带宽下降时,说明 $m(n)$ 过大,此时将 $c(n)$ 按照步长值减小,$a(n)$ 按照步长值减小;当系统命令饥饿状态加深时,说明 $m(n)$ 过小,此时将 $c(n)$ 按照步长值增大,$a(n)$ 按照步长值减小;当命令带宽下降和饥饿状态加深同时发生时,将 $c(n)$ 按照步长值向 0.5 靠近,$a(n)$ 按照步长值减小;当命令带宽上升和饥饿状态减弱同时发生时,将 $a(n)$ 按照步长值增大。若 $\Omega(n)$ 调整后有 $\Omega(n)>1$,则令 $\Omega(n)=1/\Omega(n)$,同时将 $a(n)$、$b(n)$ 和 $c(n)$ 分别缩小 $\Omega(n)$ 倍、$\Omega(n)$ 倍和 $(\Omega(n))^2$ 倍。

(5) 负载均衡器设计

负载均衡器的作用是不断地将完成调度的命令出队,并按照命令指向的设备资源分配到各个设备资源对应的交互通道中,保证每个设备资源的交互通道都尽量是满负荷工作。由于统一设备资源的交互通道彼此之间无差别,因此负载均衡器的设计和实现相对简单,只需要监视每个设备资源的交互通道是否空闲,然后从命令队列中取出对应该设备资源的命令,并通知该交互通道执行即可。

4.2.6　设备访问其他组件设计

在设备访问中间件中,除了上述接口层、元数据管理和调度引擎,还有一些辅助中间件工作的组件。这些组件包括核心服务、扩展服务和状态管理器。其中,核心服务主要为设备访问中间件本身提供内存管理和持久化管理的功能。扩展服务主要为结果处理器提供对设备资源访问结果的扩展操作。状态管理器主要搜集中间件当前的运行状态,统计中间件的历史状态,获取设备资源的当前状态,并为状态查询接口提供服务。

1. 核心服务设计

核心服务主要是为设备访问中间件提供一些基本支持功能的封装。在系统中,由于需要对很多内存数据结构进行持久化保存,以免中间件意外崩溃导致中间件工作状态的丢失,因此使这项工作简单高效就成为中间件自身的需要。同时,中间件在工作时会频繁申请大容量的内存空间,因为需要缓存从设备资源返回大数据量的结果。这些内存空间占用的时间不长,但是申请过于频繁,不但会导致系统性能下降,而且会严重降低软件平台垃圾回收器的效率。考虑内存空间的增长在设备资源空间一定是收敛的,因此为中间件采用预分配空间重用的方法避免上述不利情况也成为中间件自身的需要。核心服务在设计时主要考虑对命令和结果内存数据结构的持久化服务,以及对内存空间预分配重用的服务。下面分别予以阐述。

（1）持久化服务

持久化服务的设计思想是，为内存数据结构在持久化容器上保留一个全局的备份。该备份拥有一个全局的标识，以便在任何时候可以通过该标识取回该数据结构，并重新装入内存对象。同时，持久化的过程应该尽可能得短，这样不至于影响系统的整体性能。在实现中，持久化服务是通过持久化管理器类（PersistManager）实现的。PersistManager 类将命令和结果按照数据结构将其映射到具有相同数据结构的数据库表中。选择数据库作为持久化容器的原因是数据库较文件系统的并发度高、操作接口简单，并且效率在当前系统流量下相当。

（2）内存服务

内存服务的设计思想是为系统预分配一定的内存空间，并尽可能重复使用该内存空间。预分配的内存空间会随系统的运行而动态增长，但也会达到一个收敛的状态，因为设备资源空间是一个闭包。在为申请服务的成员提供预分配空间时，内存服务要考虑预分配空间浪费最小。在预分配空间需要扩展时，应保证扩展的次数与扩展空间之比最小。内存服务是通过缓冲池单体类（BufferPool）、缓冲抽象类（Buffer）和缓冲工厂类（BufferFactory）来完成对内存的管理和优化使用的。

2. 扩展服务设计

扩展服务主要为结果处理器提供对设备资源访问结果进行处理的服务。由于设备访问中间件存在很多扩展服务，因此定义好扩展服务同结果处理器之间的接口就显得十分重要。在实现中，扩展服务通过扩展服务抽象类（ExtendService）完成与结果处理器之间的接口定义，每类具体的扩展服务是对 ExtendService 的实现。

（1）数据入库服务

数据入库服务的功能是将设备资源返回的测量数据存放到数据库的相应数据表中。数据入库服务通过数据入库服务类（DataIntoDBService）实现，主要有如下方法。

① doService：用于将设备资源返回的测量数据存放到数据库的相应数据表中。首先，该方法解析测量数据的数据头，并根据数据头确定入库的数据表名称和主键。若解析失败，则返回解析数据头失败的报告。当解析数据头成功后，开始对数据执行入库操作。在数据入库时，对入库操作进行数据库事务管理。当入库成功后，不提交该事务。若入库失败，则返回数据入库失败报告。

② Commit：提交数据入库操作的数据库事务。

③ Rollback：回滚数据入库操作的数据库事务。

④ Register：向设备访问中间件元数据中的扩展服务部分加入如表 4.14 所示的数据入库服务元数据。

表 4.14　数据入库服务元数据

子元素名称	子元素值	是否必须
Name	DataIntoDBService	是
HasPara	true	是
ParaList	\<para\>DatabaseIP\</para\> \<para\>DatabaseName\</para\>	否

（2）数据保存服务

数据保存服务的功能是将设备资源返回的数据存放到设备访问中间件所在的本地磁盘上。数据保存服务通过数据文件保存类（DataIntoFileService）实现，主要有如下方法。

① doService：用于将设备资源返回的测量数据存放到中间件所在的本地磁盘上。文件的路径是中间件工作区的目录。文件名是根据测量数据头的信息解析生成的，包含设备资源的全局标识、数据时间等。首先，该方法解析测量数据的数据头，并根据数据头确定文件名。若解析失败，则返回解析数据头失败的报告。当解析数据头成功后，开始将数据保存在对应的文件名中。若保存成功，记录该文件名。若保存失败，返回文件保存失败报告。

② Commit：不做任何操作。

③ Rollback：根据记录的文件名，删除对应文件。

④ Register：向中间件元数据中的扩展服务部分加入如表 4.15 所示的数据保存服务元数据。

表 4.15　数据保存服务元数据

子元素名称	子元素值	是否必须
Name	DataIntoFileService	是
HasPara	false	是

（3）实时数据服务

实时数据服务的功能是将设备资源的最新测量数据按照指定的发送周期发送到指定的 IP 地址及其端口上。实时数据服务通过实时数据服务类（RealtimeService）实现，主要有如下方法。

① doService：用于将设备资源的最新测量数据按照指定的发送周期发送到指定的 IP 地址及其端口上。首先，该方法创建并启动一个工作线程 RealtimeWorker，然后给该 RealtimeWorker 指定设备资源实时数据的缓冲，同时指定线程轮询

该缓冲的时间。

② Commit：不做任何操作。

③ Rollback：不做任何操作。

④ Register：向中间件元数据中的扩展服务部分加入如表 4.16 所示的实时数据服务元数据。

表 4.16　实时数据服务元数据

子元素名称	子元素值	是否必须
Name	RealtimeService	是
HasPara	True	是
ParaList	<para>DstIP</para> <para>DstPort</para> <para>CycleTime</para>	否

3. 状态管理器设计

状态管理器的主要功能是搜集设备访问中间件当前的运行状态、统计中间件的历史状态和设备资源的当前状态，并为状态查询接口提供服务。状态管理器的设计和实现都很简单，主要思路是维护全局的状态数据结构，并对外提供更改状态和读取状态的接口。下面对实现状态管理器的 StatusManager 类进行详细描述。同时，由于 StatusManager 类包含对状态信息 StatusInfo 类的引用，因此也需要对 StatusInfo 类进行详细描述。

（1）StatusManager 类

① Initial：初始化 StatusManager，并向元数据的中间件状态部分加入能够对外提供查询和控制的状态描述元数据。设备访问中间件状态列表如表 4.17 所示。

表 4.17　设备访问中间件状态列表

状态名称	CanWrite	CanPersist	状态说明
ThreadNum	N	N	中间件当前所有工作线程的数量
CurrentCommand	N	N	中间件当前正在执行的命令列表
Memory	N	Y	中间件当前占用的内存空间计数
CommandQueue	N	Y	中间件当前命令队列的深度
ResultQueue	N	Y	中间件当前结果队列的深度

状态名称	CanWrite	CanPersist	状态说明
BadDevice	N	Y	中间件当前无法访问的设备资源列表
LifeTime	N	Y	中间件已经工作的时间(秒)
CommandCount	Y	Y	中间件已经处理完毕的设备访问请求计数
ExceptionCount	Y	Y	中间件已经遇到的异常计数,可被清零

② getAllStatus:返回该状态管理器中所有的状态信息 StatusInfo 列表。

③ getStatus:根据给定的状态名称返回状态信息 StatusInfo 对象。

④ saveHistory:统计历史状态数据并保存在中间件工作目录的 historySta-tus. dat 文件中。

⑤ refreshStatus:刷新给定状态名的状态信息。

⑥ refreshAllStatus:刷新状态管理器中所有的状态信息。

（2）StatusInfo 类

① getStatus:抽象方法,获取该状态信息对应的具体状态。

② toString:抽象方法,获取该状态信息的状态字符串描述。该方法主要用于构造状态查询结果时构造 XML 文本。

③ Fresh:抽象方法,刷新该状态对应的具体状态。

④ getName:获取该状态信息对应的状态的名称。

4.3　元数据管理子系统设计

台网信息管理系统是一个全国部署的四层拓扑结构的系统,具有复杂的元数据和关系。如何有效地组织并管理这些元数据,对于地震前兆观测台网的稳定运行有重要的意义。元数据管理是整个信息管理系统的主要子系统之一,其功能体现为管理与维护系统的元数据,并为管理系统的其他功能子系统提供元数据支持。元数据管理主要实现整个系统中设备和节点元数据的采集与共享功能。其功能子模块包括元数据配置、元数据分级管理、约束条件管理、冲突处置、出错处理和数据库管理等模块。

4.3.1　元数据管理特性分析

1. 元数据特性

（1）元数据内容

元数据是结构化的描述数据的数据。用于描述数据的内容、覆盖范围、质量、管理方式、数据的所有者、数据的提供方式等属性信息,是数据与数据用户之间的桥梁。元数据可以为各种形态的信息资源提供规范、普遍的描述方法和检索工具，为分布式的、由多种资源组成的信息体系提供整合的工具与纽带。离开元数据的信息系统是不完善的，也无法提供有效服务。元数据可以出现在数据内部、独立于数据、伴随着数据、与数据包裹在一起。

考虑地震前兆观测台网中各种设备资源、数据资源的规模及需求，并结合实际部署环境的要求，信息管理系统提取如下元数据。

① 设备元数据：主要包括设备代码、设备名称、设备型号、生产厂家名称、生产厂家地址、联系方式、设备记录方式及性能指标描述等。

② 台站元数据：主要包括台站代码、建设改造日期，以及台站的名称、纬度、经度、值班电话、通信地址等。

③ 区域中心元数据：主要包括节点应用服务器 IP、节点数据库服务器 IP、注册到区域中心的台站信息、是否注册到国家中心、是否有备份数据库等。

④ 国家中心元数据：主要包括节点应用服务器 IP、节点数据库服务器 IP、注册到国家中心的区域中心和学科中心信息、是否有备份数据库等。

⑤ 学科中心元数据：主要包括节点应用服务器 IP、节点数据库服务器 IP、是否注册到国家中心、是否有备份数据库等。

⑥ 备份数据库元数据：主要包括是否注册到主库、主库 IP、本机 IP 等。

⑦ 地震前兆基础元数据：主要包括测项分量信息表、采样率信息表等。

（2）元数据分类

上述抽取的元数据是零散的。为了方便元数据的管理，更好地为台网信息管理系统提供元数据服务，根据这些元数据的类型、相互之间的相关程度及系统各功能模块的实际需求，可以将这些元数据分为节点管理元数据、系统配置元数据和地震前兆基础元数据，具体分类如下。

① 节点管理元数据：包括前兆台站元数据、区域中心元数据、国家中心元数据和学科中心元数据。

② 系统配置元数据：包括设备配置元数据、台站配置元数据、备份库元数据等。

③ 地震前兆基础元数据：包括测项分量代码、采样率代码等。

（3）元数据的特点

通过对系统元数据的抽取与分类，元数据具有如下特点。

① 多样性。地震前兆观测台网有 5 个学科中心、1 个国家中心、31 个区域中心和数百个节点台站。观测设备包括 IP 设备、非 IP 设备和人工观测设备等。每个节点由应用服务器、数据库服务器、备份数据库等组成。由此可知，系统的元数据种类繁多。

② 分布性。台网信息管理系统是一个全国部署的应用系统,区域中心部署在各省级地震局,前兆台站部署在各个区域台网的各个节点站点。这一特点决定了系统元数据是分散在全国各地的,具有地域分布性。

③ 自治性。系统中每一个管理节点都可以在实际环境中根据自身需求自主决定台站配置、设备配置、节点注册、备份库注册等,每个管理节点都拥有对自身元数据的自主管理权,节点内部操作不会影响其他节点,因此元数据又具有节点自治性。

④ 约束性。元数据的约束性具体包括有效性约束、一致性约束和唯一性约束。有效性约束主要是在元数据进入系统时发挥作用,保证进入系统的元数据满足特定的格式或其他特定的要求。一致性约束是指同一份元数据在分布式系统的不同节点都会有一备份,当其中一处改变后,其他节点也要同步修改,保证各处元数据是一致的。唯一性约束是指系统中的元数据具有全局唯一性,不允许两份不同的元数据拥有相同的标识。

2. 管理逻辑拓扑

元数据管理为地震前兆观测台网提供节点、仪器、资源等的状态描述和关联描述信息,保证台网信息管理系统的稳定运行。基于台网信息管理系统的多层次树型结构,地震前兆元数据管理同样在逻辑上分为学科中心、国家中心、区域中心和台站四级结构,其中学科中心、国家中心、区域中心又实行应用服务器、数据库服务器和备份库服务器的分离管理。元数据管理逻辑拓扑结构如图 4.14 所示。

（1）前兆台站

前兆台站位于地震前兆元数据管理逻辑拓扑结构的最底层,这里的台站是指拥有独立服务器、可以自治管理内部资源的一个节点。台站节点的应用服务器、数据库服务器位于一台服务器,不设立备份数据库,也不需要汇聚下层的元数据,因此台站的元数据管理是四层中最简单的一层。

（2）区域中心

区域中心位于台站与国家中心之间,对下汇聚来自隶属台站节点的元数据信息,对上向国家中心传送区域中心自身及隶属台站节点的元数据信息。区域中心实行应用服务器、数据库服务器、备份库服务器分离管理。因此,区域中心是元数据管理中的一个典型节点,几乎涉及地震前兆元数据管理的所有内容。

（3）国家中心

国家中心是四层结构中最关键的一层,对下汇聚来自全国所有台站节点和区域中心节点的全部元数据,拥有整个信息管理系统中完整的元数据结构,对上向不同的学科中心提供相应的元数据。国家中心实行应用服务器、数据库服务器、备份库服务器分离管理。国家中心汇聚整个台网信息管理系统中所有的节点、仪器等

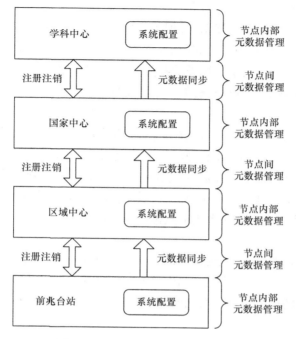

图 4.14　元数据管理逻辑拓扑结构

信息,拥有整个系统的完整物理拓扑结构,同时与学科中心产生关联,是元数据内容和数量最多的一个节点。

(4) 学科中心

学科中心是地震前兆观测开展专业化研究和技术管理与服务的节点,目前设重力、地磁、地壳形变、地电和地下流体五个学科中心。每个学科中心只从国家中心获取与其学科相关联的元数据,承担相应学科领域的应用与服务工作。学科中心实行应用服务器、数据库服务器、备份库服务器分离管理。为保证学科的独立性,每个学科中心不能拥有不属于本学科领域的元数据。

仔细分析这四层节点的特点及相互关系,可以将其分为两类。一类是国家中心、区域中心和前兆台站,这三级节点构成一个完整的三层树型结构,其中上级节点通过同步得到下属节点的元数据信息。在这一类节点中,下属节点的数目是不确定的。另一类是学科中心节点,学科中心只与国家中心发生联系,这一类节点的数目是确定的,即五个学科中心。

3. 管理机制特性

台网信息管理系统是为地震前兆观测提供一个实现设备访问、数据采集、数据汇聚、节点管理及应用服务的管理平台。通过该系统,屏蔽观测台网中各类设备资源的异构性、分布性与多类型性,充分实现行业内的资源整合,使业务人员通过信息管理系统方便地访问各类资源、管理各类资源。基于系统的复杂性与实际环境的不确定性,台网信息管理系统的稳定运行需要有一个高效稳定、逻辑合理的元数据管理机制来做支撑。为适应地震前兆元数据类型繁多、分布性、自治性、约束性等特点,地震前兆元数据管理具有如下机制特性。

(1)自治性

元数据管理应能满足每个节点对自身内部的元数据拥有全部支配权,可以自主决定元数据的插入、更改、删除,并保证不同节点的操作不会相互干扰,同时不允许节点对其他节点内部的元数据进行越权操作,具体包括同级节点完全独立;上级节点可以通过同步机制查看下属节点的元数据信息,但不能对其进行插入、更改、删除等操作;下级节点不能对上级节点做任何操作。

(2)有效性

为方便管理,对系统中元数据的格式具有有效性要求。例如,设备 ID 必须为12 位字母或数字,每个指定的设备 ID 只能分配在某指定区域等。元数据管理必须为这些元数据的格式给出有效性约束,避免非法元数据进入系统,造成元数据紊乱。

(3)唯一性

每一个资源在系统的同一个节点内部都必须拥有唯一标识,能够根据标识唯一定位系统中的一个资源。例如,一个区域中心下面的两个台站分别配置同一属性设备,在台站的层面这是允许的,但是当这一设备元数据向区域中心同步时,后同步的那个台站的关于这台设备的信息会产生冲突,要求系统具备冲突处理能力,保证元数据的唯一性约束。

(4)一致性

元数据通过台站、区域中心、国家中心、学科中心向上逐级同步,同一条元数据信息可能在台站、区域中心、国家中心、学科中心都存在。这就要求在分布式数据库系统的不同节点内部的相同元数据具有一致性。当系统某处修改了元数据信息,系统内部其他节点的相应元数据也必须全部更新,保证元数据的一致性约束。

(5)健壮性

地震前兆观测台网由于其行业的特殊性,对系统持续稳定运行的要求非常严苛,因此设计的元数据管理系统也必须能够满足持续稳定运行的要求。此外,元数据管理是以数据库系统为依托,因此设计实现的元数据管理系统必须充分考虑数据库系统的性能,保证数据库系统的稳定运行。

(6)容灾性

地震前兆观测台网的实际运行环境具有很多不确定因素,也存在系统崩溃、掉电、断网等不可预测因素,导致系统在运行过程中不可避免地出现操作失败情况。这就要求元数据管理具有良好的错误处理能力,当某个操作失败后能够进行相应的补救、恢复等处理。

4.3.2 元数据同步设计

结合元数据特性及管理机制要求,这里提出一个元数据管理模型——DAR (dynamic automatic restriction)模型。DAR 模型用于动态管理各级节点之间的关系,提供自动同步机制,保证下级节点元数据及时同步到上级,并且在同步过程中保证元数据的各项约束性。

DAR 模型具有如下特点。

(1)动态性。

模型允许下级节点动态注册到上级节点,以及从上级节点动态注销,并且下级节点可以选择注册到不同的上级节点,但不能同时注册到两个节点。

(2)自动性。

当两个节点建立上下级关系后,将在上下级节点间建立元数据自动同步机制。该机制将保证下级节点的元数据自动同步到上级节点,不需要人工干预。

(3)约束性。

系统中的元数据要保证约束关系。元数据进入 DAR 模型时要进行约束检测,元数据同步过程也要进行约束关系检测,保证系统中元数据的有效性、唯一性和一致性约束。

下面结合如图 4.15 所示的元数据管理结构模型图详细介绍这个模型。图中节点 A、C、D、E 都是单一节点,即没有子节点。节点 B 是一个复合节点,即 B 有子节点。节点 A 可以选择注册到节点 C,也可以选择不注册到节点 C。当节点 A 注册到节点 C 后,则节点 C 与节点 A 建立上下级关系,将建立由节点 A 到节点 C 的元数据自动同步机制。此后,节点 A 中的元数据将通过该机制自动同步到节点 C,不需要人工干预。另外,无论是单一节点 A,还是复合节点 B 都可以同等注册

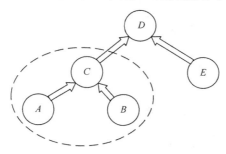

图 4.15 元数据管理结构模型图

到节点 C。对于注册到 C 的所有节点组成的节点集又可以视为一个复合节点。这个复合节点可以与另外的单一节点同等地注册到其他节点。由此可见,DAR 模型具有递归性。这种递归性保证了该模型能够适用多级节点的情况。对 DAR 模型建立如下三条规则。

规则一:上下级关系是通过节点注册注销建立起来的,不是节点本身的属性。这一规则是为了扩大模型灵活性,即任意两个节点都可按需形成上下级关系。

规则二:注册后是一个树型结构,不允许出现环。这一规则是为了限制模型的应用范围,让模型更有针对性。DAR 模型是为了解决树型结构分布式系统的元数据管理问题,不能用于网状结构。

规则三:同一节点不能同时注册到两个节点。这一规则可以保证一棵注册树中的所有元数据最终汇聚到根节点。

4.3.3　元数据管理体系结构设计

应用 DAR 模型,设计台网元数据管理子系统,其体系结构如图 4.16 所示。

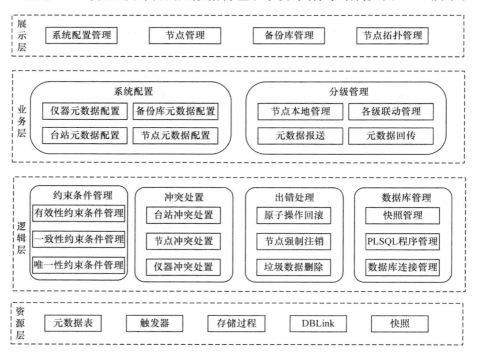

图 4.16　元数据管理子系统体系结构图

元数据管理系统体系结构由四层组成,由下到上依次是资源层、逻辑层、业务层和展示层。

1. 资源层

资源层位于系统体系结构的最底层,为上层逻辑操作提供支持。资源层主要包括元数据表、触发器、存储过程、数据库连接(DBLink)和快照等。

① 元数据表:主要用于系统元数据操作的表。例如,用于节点注册注销的 IP 信息配置表(IPCONFIG)、上级节点信息配置表(UPCONFIG)等。

② 触发器:主要用于数据库中的级联操作及约束管理。例如,IPCONFIG、UPCONFIG 等表上触发器是为了完成在节点注册注销过程中的级联操作;快照上的触发器是为了在元数据表同步时进行冲突管理,避免冲突数据同步到上级。

③ 存储过程:数据库中已编译过的可直接执行的程序。本系统使用大量的存储过程。例如,动态创建快照、创建触发器都是调用存储过程实现的。

④ DBLink:上下级节点数据库之间的连接是通过 DBLink 实现的。

⑤ 快照:用于实现元数据表同步。

2. 逻辑层

逻辑层主要是使用下层资源为业务层完成相应功能提供元数据约束条件管理、冲突处理、出错处理和数据库管理等逻辑处理支持。

(1) 约束条件管理

① 有效性约束条件管理。有效性约束条件管理主要是对系统中配置的元数据的格式给出有效性约束,避免非法元数据进入系统。系统对元数据的格式具有有效性要求,例如设备的 ID、IP 等系统中很多配置信息都有特定的格式要求,而且每个设备 ID 都拥有特定的属性,即一个特定的设备 ID 只能在特定的区域使用,不能跨区域配置设备。

② 一致性约束条件管理。地震前兆观测台网的元数据是通过台站、区域中心、国家中心和学科中心逐层向上级同步,这就要求同一资源在分布式系统中不同节点的属性描述应是一致的。当系统某处修改了元数据信息,系统内部其他节点的相应元数据也必须全部更新,保证元数据的一致性约束。例如,一台设备在台站、区域中心、国家中心和学科中心的数据库中的信息应该是相同的,在一处修改就能反映到系统的其他地方。

③ 唯一性约束条件管理。唯一性约束条件管理是指每一个资源实体在系统中都拥有唯一标识,反映到数据库中就是主键唯一,以此保证系统中的元数据具备唯一性。例如,一个区域中心下面的两个台站分别配置相同属性的设备,从台站的角度这是允许的,但是当这一设备元数据向区域中心同步时,不能将后配置的那个台站的这台设备的信息同步到区域中心。

（2）冲突处置

元数据冲突主要是指在节点注册过程中产生的冲突。当冲突产生后要进行相应的处置，以避免冲突元数据对系统造成不良影响。具体处置包括以下几个方面。

① 台站冲突处置。节点台站的 ID 是全局分配的，不存在冲突性。这里所指的台站冲突是指区域中心的下属子台，以及节点台站的下属子台，在同步到区域中心时产生的元数据冲突。当不同的台站配置相同的子台或是节点台站配置的下属子台与区域中心配置的下属子台相同时，这些元数据同步到区域中心时就会产生台站冲突。台站冲突处置就是要防止这样的冲突台站信息同步到区域中心，保证系统台站元数据的唯一性约束关系。

② 仪器冲突处置。如果在系统的不同节点配置了拥有相同标识的设备，设备元数据同步到上级节点就会产生冲突。虽然在设备配置时通过设备 IP 进行了一定程度的限制，但无法完全限制某个设备只能配置在某个区域，因此设备冲突在区域中心与国家中心均有可能发生。仪器冲突处置就是防止这样的冲突设备信息同步到上级节点，保证系统中设备元数据的唯一性约束关系。

③ 节点冲突处置。在节点注册审批时，如果该节点曾经注册过，则会产生节点冲突。产生节点冲突时，上下级节点均已存在该节点的元数据信息，处置方式是让用户在上级节点与下级节点做一个选择，用其中一个节点的信息覆盖另一个节点的信息。

（3）出错处理

出错处理是指当系统正在进行某个操作时，出现不可预期的错误，导致操作失败。出错处理就是使系统能够对失败进行恢复，以重新完成该操作，主要包括如下内容。

① 原子操作回滚。将每一个操作分为几个原子操作，一旦操作失败，将原子操作回滚，重新该操作时可以从上次失败的原子操作的起点重新执行。

② 节点强制注销。当由于网络等原因，下级节点不能正常执行注销操作流程时，上级节点可调用此功能强制删除无效的下级节点元数据。

③ 垃圾数据删除。因元数据冲突进行处置和操作失败进行的出错处理不可避免地会产生一些滞留在系统中的垃圾数据，并随着系统长时间连续不断地运行而积累，影响系统运行稳定性和性能，需要对垃圾数据及时删除。

（4）数据库管理。

数据库管理是指管理数据库中的各种资源，以及对数据表进行的查询、修改、删除等操作。

① 快照管理，主要是管理快照的刷新方式、刷新周期等，以及当刷新快照的 JOB 停止后，重启刷新 JOB。

② PLSQL（procedural language SQL，过程化 SQL 语言）程序管理，是指管理

触发器、存储过程等数据库资源,包括触发器和存储过程的创建、修改、删除等。

　　③ 数据库连接管理,是指管理应用程序与数据库的连接,以及数据库与数据库之间的连接。

3. 业务层

　　业务层是根据不同操作的特点,将操作类型相似或操作对象接近的一类操作集成为一个模块,将用户操作与系统的实现联系起来。根据元数据的操作范围,可以分为节点间元数据关系操作和节点内元数据关系操作。我们将节点间元数据操作称为分级管理,将节点内部元数据操作称为系统配置。

4. 展示层

　　展示层又称为界面层,是直接面对用户,供用户操作的接口。展示层主要为用户提供一个使用系统的页面,用来完成相关元数据操作。元数据操作界面具体内容将在系统界面设计章节中介绍。

4.3.4　元数据配置管理设计

　　系统元数据包括描述各级节点本身属性的节点元数据、描述地震前兆观测属性的系统配置元数据和地震前兆观测基础元数据。其配置主要有三个方面的来源:节点元数据通过节点信息配置取得;系统配置元数据通过基础信息采集和台站、仪器配置取得;地震前兆观测基础元数据根据相关规范自动生成。因此,元数据配置管理在管理系统中主要体现在节点及其所属台站、仪器的配置过程管理和节点注册注销过程管理。

4.4　数据采集子系统设计

4.4.1　数据采集业务分析

1. 业务特性分析

　　数据采集子系统负责对各类设备(包括 IP 仪器、非 IP 仪器、人工观测仪器和其他仪器)的原始观测数据和仪器运行日志等进行采集,对地震前兆元数据和基础信息进行采集,对台站工作日志进行采集,并对采集的数据进行合法性检验和入库,通过设备访问中间件和设备适配器控制管理各种异构设备。数据采集业务主要有以下特性。

（1）自动性

台网信息管理系统追求的目标是实现观测业务的自动化,改变传统的人工作业模式,因此数据采集必然要求系统自动完成,即通过设定的采集策略,包括采集内容、采集时间和采集方式等,系统自动完成采集功能,即使因仪器响应、网络不稳等原因采集失败,也应尽可能重复尝试,只有在多次重复自动采集未果才采用手动采集的办法补救。

（2）时效性

由于地震前兆观测数据大多反映的是地球物理、地质特性、地球化学等缓慢变化,因此对观测数据收集和分析应用时效性不高。目前地震前兆观测是每天一次采集全网观测数据,这就使系统有足够的时间进行重复采集尝试和人工采集补救。

（3）可靠性

在系统总体设计中已经提到,数据连续性是地震前兆观测的生命,因此对数据采集的完整性、可靠性提出非常高的要求。采集数据时必须对采集的数据进行合法性检验。同时,还需要采取多种措施保证数据采集的成功。首先,采用自动采集和手动采集互补策略,尽可能完成数据的及时采集。其次,设备和管理系统均应提供多天的数据采集功能(地震前兆观测台网规定的是 15 天),使得即使因仪器、网络等发生故障 15 天,也能够保证数据采集成功完成。再次,因网络等故障超过 15天系统仍然无法与仪器连接进行数据采集的特殊情况发生,在实际作业时,采用现场与仪器直联获取观测数据,然后借用文件导入的方式将观测数据采集到系统。

（4）扩展性。

随着地震前兆观测技术和地震预测预报研究的发展,一些采样率高、产出数据量大的观测仪器逐渐进入地震前兆观测台网,大大增加了数据采集的负担。同时,由于各个省级地震前兆台网业务管理机制不同,逐渐出现由区域中心对整个区域台网集中管理和数据采集的业务模式,造成区域中心的数据采集压力不断增大。因此,需要采取一定的技术措施解决数据采集负担过重的情势。

2. 业务功能分析

根据地震前兆观测的数据采集业务功能需求及其特性,数据采集需要实现的功能包括观测数据采集、基础信息采集和日志信息采集。数据采集子系统功能模块结构如图 4.17 所示。因为仅有台站(采集本台站及其所属子台仪器的观测数据、基础信息和日志信息)和区域中心(采集本区域中心直属子台仪器的观测数据、基础信息和日志信息)拥有数据采集的需求,所以系统仅在台站版和区域中心版设计了数据采集的功能,国家中心版和学科中心版不提供数据采集的功能。

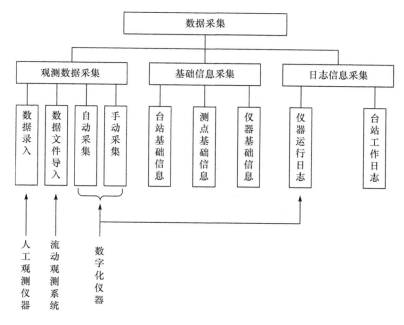

图 4.17 数据采集子系统功能模块结构图

自动采集对象为 IP 仪器和非 IP 仪器的自动化观测仪器。数据录入采集对象为人工观测仪器,数据文件导入采集对象为流动观测系统等非在线仪器。需要说明的是,仪器运行日志采集是通过自动采集和手动采集实现的。

4.4.2 数据采集体系结构设计

遵循本系统分层结构总体设计思路和基于设备适配器、设备访问中间件的设计方案,数据采集子系统设计为三层结构。第一层是资源层,由各式各样的设备资源构成,接受来自逻辑层的指令,是采集系统命令的具体执行层。第二层是逻辑层,负责管理资源层的资源,在资源层初步封装可供上层应用调用的服务。第三层是业务层,完成系统的具体业务功能,它从逻辑层获得支持。数据采集子系统的体系结构如图 4.18 所示。

(1) 资源层

资源层由系统的各种设备资源构成,包括 IP 仪器、非 IP 仪器、人工观测仪器和流动观测系统等各种设备,通过设备适配器封装,接受来自逻辑层的调用。

(2) 逻辑层

逻辑层包括状态管理、采集处理和数据处理三个逻辑功能模块及设备统一访问中间件。

① 状态管理。状态管理主要负责及时获取、维护资源层及采集子系统的运

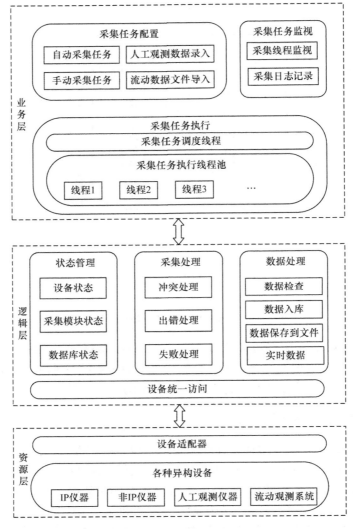

图 4.18 数据采集子系统体系结构图

行、执行状况和状态信息的历史记录统计,一方面向业务层报告状态情况,为业务层在作业指令的下达、调度,以及执行结果的查询与判定提供基础情报依据,另一方面为数据采集指令的逻辑处理过程提供依据。

② 采集处理。采集处理主要负责执行指令与执行结果的冲突处理、采集结果出错的处理和采集作业执行失败的处理,以免在指令传送、执行过程中发生意外而导致系统稳定性降低。

③ 数据处理。数据处理主要负责对采集获取的数据结果的逻辑处理,包括对

数据的合法性检验、数据格式规范性检查和转换、数据入库或保存到文件，以及将数据按照实时发送的方式提交业务层等。数据检查功能是对来自设备的数据按照地震前兆设备通信规范进行检查，并对不符合规范的数据进行保存和日志记录。数据入库功能是将来自设备的测量数据按照其日期、台站代码、测点代码和测项代码入库。数据保存到文件功能是将来自设备的测量数据按照其日期、设备 ID 和测项保存到对应的数据文件中。实时数据功能是将来自设备实时测量的数据按照其测量的周期返回业务层，供业务层数据波形展示。

④ 设备统一访问。设备统一访问中间件主要是为上面的功能业务层访问设备资源提供统一、规范化的接口。统一指的是为所有业务层提供统一的异步调用方式。规范化指的是访问信息交互标准化。除此之外，该接口还提供对数据采集工作状态进行查询的接口。

（3）业务层

业务层是数据采集子系统业务功能的具体实现，包括采集任务配置、采集任务执行和采集任务监视。

① 采集任务配置。采集任务配置包括自动采集任务配置、手动采集任务配置。自动采集任务配置负责设定采集任务执行时间点、采集仪器、采集数据内容（观测数据或仪器日志等）和采集重复执行次数等。当系统时间达到设定的时间时，自动执行采集任务。手动采集任务是配置并手动触发后立即执行设定的采集任务。

② 采集任务执行。采集任务执行模块包括采集任务调度线程和采集任务执行线程。采集调度模块负责轮询采集任务配置文件、匹配系统时间、按时启动采集任务，把针对每个设备的采集任务分配给一个空闲的采集执行线程，执行完成一次数据采集。

③ 采集任务监视。采集任务监视包括监视采集调度线程、执行线程状态及执行情况等。采集任务运行状态监视负责监视采集任务执行线程的运行状态是空闲、正在执行或者死锁，并动态记录采集任务执行的日志。

4.4.3 数据采集任务执行设计

1. 观测数据采集

（1）自动采集

自动采集是实现对 IP 仪器和非 IP 仪器等自动化仪器的数据采集。自动采集是以天为单位对观测仪器的原始观测数据进行采集。自动采集通过配置的采集任务自动执行。配置自动采集任务时需要设定仪器、采集起始时间、重试次数和任务名称。采集任务在指定采集起始时间自动执行，采集昨天的数据。如果采集失败则按照设定的重试次数进行重试。

（2）手动采集

手动采集主要用于因故自动采集任务执行失败时，对观测仪器距当日之前 15 天内的原始观测数据进行手工补充采集。手动采集可以是多套仪器、多天日期的自动采集的任务的集合，通过手动触发执行自动采集功能。

（3）数据录入

数据录入实现对人工观测仪器测量得到的观测数据通过人工录入的方式进行采集，对录入的数据进行数据格式、数据有效性等检查，对于非规范的数据转换为地震前兆数据规范要求的格式后入库。

（4）数据文件导入

数据文件导入实现对流动观测系统等非在线观测仪器测量得到的观测数据通过人工导入文件的方式进行采集，对导入的数据进行数据格式、数据有效性等检查，将非规范的数据转换为地震前兆数据规范要求的格式后入库。

观测数据采集流程如图 4.19 所示。

2. 基础信息采集

基础信息采集通过人工录入台站、仪器、测点的元数据和基础信息数据（包括单个数据录入和数据文件的导入），并转换为规范的数据格式，方便相关人员的查询与使用。该模块主要包括台站基础信息采集、仪器基础信息采集和测点基础信息采集。

（1）台站基础信息采集

台站基础信息数据包括台站代码、改造日期、占地面积、值守方式、值班电话、岩性结构、台址堪选情况、地质条件、周围地震活动性、通信地址、自然地理、气候特征、历史沿革、工作生活条件、台站基本情况描述、台站平面分布图、测点分布图和台站建设报告等。

（2）仪器基础信息采集

仪器基础信息数据包括子网掩码、网关、观测墩号、出厂日期、启用日期、停测日期、备注和仪器布设图等。

（3）测点基础信息采集

测点基础信息数据包括测点名称、测点改造日期、纬度、经度、高程、测点离主台距离、行政区划、主要干扰源、地形地质构造图、测点图片信息和测点建设报告等。

基础信息采集流程如图 4.20 所示。

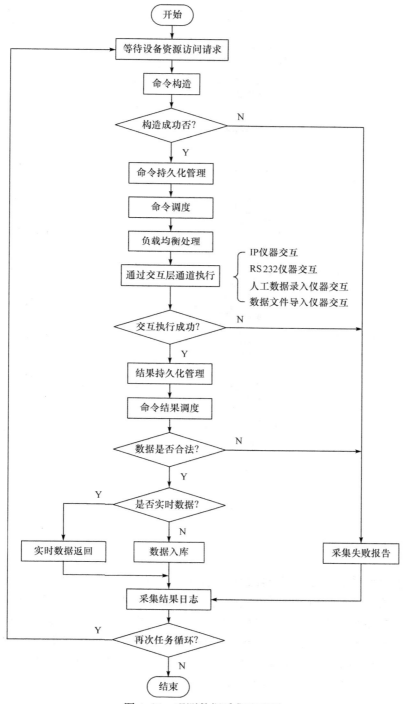

图 4.19　观测数据采集流程图

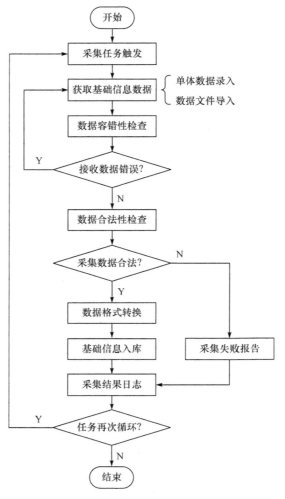

图 4.20　基础信息采集流程图

3. 日志信息采集

日志信息采集主要实现仪器运行日志和台站工作日志的采集。仪器运行日志是通过自动采集和手动采集功能实现的,其流程与观测数据采集一致,只是采集内容为仪器内部产生的运行日志,这里不再赘述。工作日志采集主要是录入台站工作日志。台站工作日志信息包括台站代码、值班员、天气、气温、气压、降水量、人为干扰、数据报送情况、重大情况记载和日志说明文档等。台站工作日志采集是采用人工录入的方式实现的,其流程与基础信息采集相似。

4.4.4　数据采集扩展设计

随着地震前兆观测技术和地震预测预报研究的发展,一些采样率高、产出数据量大的观测仪器逐渐加入地震前兆观测台网,大大增加了数据采集的负担。例如,一台采样率为每秒 30 次的观测仪器,每天采集的数据量约为 30～40Mbit。同时,随着通信网络技术的不断发展,地震前兆观测的运行管理模式也逐渐发生变化,一些区域地震前兆台网将所有的台站和仪器都直接配置到区域中心,统一由区域中心负责访问仪器,承担数据采集、仪器监控管理等业务功能。因此,区域中心采集子系统负责采集的设备量和数据量剧增,而单个设备的数据吞吐量受网络等条件制约,仅靠单节点应用服务器的框架完成日常的数据采集业务负载过重。

在单节点采集管理模式中,台站或区域中心节点观测设备配置到应用服务器。应用服务器负责与各种设备之间的交互,并将设备的观测数据,台站、仪器和测点的基础信息,以及工作日志信息存放在数据库。用户通过访问应用服务器,对设备进行监控管理,完成日常的采集业务。单节点数据采集模式的系统物理部署视图如图 4.21 所示。

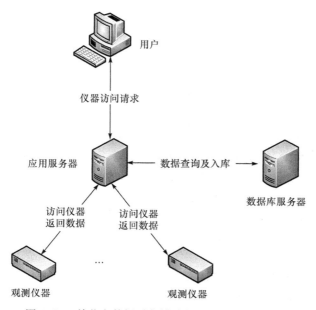

图 4.21　单节点数据采集模式的系统物理部署视图

面对大批量数据采集任务的压力,单节点应用服务器采集模式对节点资源的满负荷利用会造成节点性能下降、请求响应缓慢等不可控局面,严重时有可能造成节点崩溃、数据丢失。数据采集平台应提供从单节点运行向多节点协作的扩展能

力。多节点间通过调度实现负载均衡,保持系统稳定运行在正常负荷下,维持数据
采集程序的生存环境良性循环。

　　master-worker 模型可以有效地解决以上问题。master-worker 技术是一种常
见的集群工作模型。它将系统的节点分为两类。一类称为 master 节点。每个任
务或进程只存在一个 master 节点,负责任务初始化,子任务的分割与分发,作业负
载的调度,与 worker 节点的通信、结果收集和汇总。另一类称为 worker 节点。一
个 master 节点拥有多个 worker 节点,分别执行不同的子任务完成实际的作业工
作,并将结果返回给 master 节点。worker 节点由 master 节点控制,只与 master
节点进行通信,worker 节点之间没有直接的通信。master-worker 模型如图 4.22
所示。

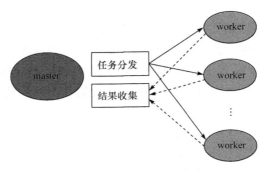

图 4.22　master-worker 模型

　　在 master-worker 模型中,master 节点只进行少量的作业,而主要的作业执行
工作由 worker 节点承担。master-worker 模型适用于子任务之间没有或只有弱约
束关系的作业应用,该模型广泛地应用于分布式并行程序的开发。

　　在数据采集子系统扩展设计中,master 节点服务器接收用户发来的采集命
令。根据各个 worker 节点的状态,把采集任务分发给不同的 worker 节点。
worker 节点负责与各种设备之间交互,并将采集得到的设备原始数据,台站、仪器
和测点的基础信息,以及工作日志信息存放在数据库。通过 worker 节点的并行采
集可以充分利用服务器资源,提高任务执行效率。master-worker 模型将大量的采
集任务由原来的单节点应用服务器完成改为由多个 worker 节点服务器分担采集
压力,从而避免了负载过重情况下单节点应用服务器失效而导致破坏系统正常运
行情况的发生,实现多服务器的负载均衡和公平调度。

　　采用 master-worker 模型,使高任务量情况下系统压力瓶颈分散,提高大规模
设备观测数据采集效率,为系统稳定运行提供保障。针对不同地区观测设备密度
不一致的情况,可以通过合理地配置 worker 节点的数目来满足实际需求。
master-worker 模型的松耦合结构使得系统具有良好的可扩展性。

扩展后多节点数据采集模式的系统物理部署视图如图 4.23 所示。

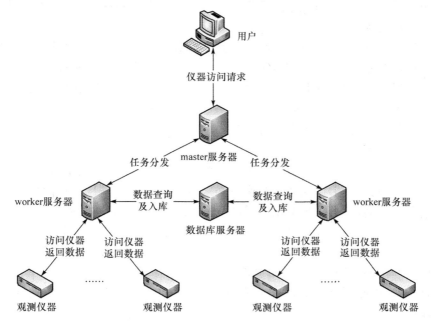

图 4.23　多节点数据采集模式的系统物理部署视图

4.5　数据交换子系统设计

4.5.1　数据交换业务分析

1. 业务特性分析

数据交换是台网信息管理系统需要实现的重要业务功能。根据地震前兆观测业务需求，将设备观测数据及相关信息由台站向国家中心逐级汇聚，从而实现地震前兆观测数据的统一管理与共享。数据交换管理主要完成台站、区域中心、国家中心和学科中心的所有数据及相关信息的传送，在数据传送过程中进行一致性检查和数据冲突检测处理、错误警示、重传，对交换策略实现参数化管理，并在区域中心、国家中心和学科中心采用数据交换的方式实现数据备份功能。数据交换业务具有以下特性。

（1）自动性

台网信息管理系统追求的目标是实现观测业务自动化，改变传统的人工作业模式，因此数据传送必然要求系统自动完成，即通过设定的交换策略，包括交换内容、交换时间等，系统自动完成数据交换功能，即使因网络不稳等原因交换失败，也应尽可能重复尝试，只有在多次重复自动交换未果才采用手动交换的办法补救。

（2）时效性

数据交换的时效性体现在两个不同的方面。一方面，由于对观测数据的收集和分析应用时效性不高，目前地震前兆观测是每天一次汇集全网观测数据。这就使系统可以设定多个时间点进行数据交换，也具有足够的时间进行重复交换尝试和人工交换补救。另一方面，出于对台网业务运行及时、高效的管理需要，各级节点信息一旦发生变更，必须在尽可能短的时间内报告给上级节点。

（3）一致性

根据地震前兆观测业务要求，全网各级节点的数据必须保证一致，否则影响观测数据的应用分析，因此在数据交换时必须对交换的数据进行一致性检验。根据地震前兆行业规定，若采集数据有误，应当重新对设备数据进行采集，更新台站数据，并自动更新其副本，即区域中心、国家中心数据和学科中心的对应数据。

（4）多层级

设备产出的观测数据入库后，需要完成由台站到区域中心，由区域中心到国家中心，由国家中心到学科中心的数据交换。这就决定了各级节点均应具备数据交换功能。

（5）可订制

上级管理节点可以订制哪些数据需要交换，哪些数据不需交换，从而提高数据交换系统的可扩展性，也节约系统的资源开销。

（6）单向性

为了简化台网业务数据流程，特别是为了避免数据循环传送造成数据管理的混乱，规定业务数据只从下级节点向上级节点传送，而不能反向传送，也不能同级别节点之间进行业务数据传送，即台站与台站之间、区域中心与区域中心之间不能进行业务数据的传送。

2. 业务功能分析

（1）数据交换内容

根据地震前兆观测的数据交换业务功能需求及其特性，数据交换内容包括观测数据（原始观测数据和预处理数据）、产品数据、基础信息数据、日志信息数据和其他数据。

（2）数据交换业务功能

数据交换需要实现的功能包括数据订阅、交换任务配置、交换任务执行和数据备份。其功能模块结构如图 4.24 所示。

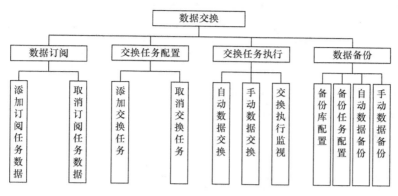

图 4.24　数据交换功能模块结构图

① 数据订阅。为了能够根据需要交换相应的信息,系统提供数据订阅功能。上一级节点可以对下一级节点的数据表进行选择。数据交换只交换选定的数据表,而未选定的数据表则不参与交换。在台网业务运行过程中,也可以根据实际情况取消已经订阅的数据表。

② 交换任务配置。交换任务配置给用户提供根据业务需求和实际运行环境情况设定数据交换策略功能,包括可以设定的交换时间、每天定时交换的次数等。用户可以根据实际业务情况添加交换任务,也可以删除已经设定的交换任务。

③ 交换任务执行。交换任务执行是具体实现交换操作,包括自动交换和手动交换。自动交换是根据事先配置的交换任务策略自动执行,手动交换是人工触发后立刻进行交换。交换执行功能模块还对数据交换执行过程进行状态监视,记录交换日志。

④ 数据备份。数据备份是采用数据交换模式,将主运行数据库的数据和相关信息传送到备份数据库,实现数据备份功能。与数据交换相同,数据备份需要进行数据备份任务配置,数据备份也具有自动备份和手动备份两种功能。

(3) 数据交换业务策略

根据业务功能需要,台网信息管理系统的数据交换不需要关心数据表中各字段的具体内容。下面以原始观测数据的交换为例,说明系统交换策略设计思想。

原始观测数据指的是由地震前兆观测仪器采集的原始数据。在数据库中,原始观测数据按测项分量(观测种类,如相对地磁)、采样率(设备采集数据的频率,如1 次/分钟)的组合分别存放于不同的数据表中。采样率为 1 次/分钟的原始观测数据的数据表结构如表 4.18 所示。

表 4.18　原始观测数据的数据表结构

编号	字段描述	字段英文名	英文名缩写	字段类型及长度	主键	NULL
1	起始时间	start date	startDate	date	√	
2	台站代码	station ID	stationID	char(5)	√	
3	测点编码	observation point ID	pointID	char(1)	√	
4	测项分量代码	item ID	itemID	char(4)	√	
5	采样率代码	sampling rate	sampleRate	char(2)		√
6	观测值序列	observed value	obsValue	clob		
7	预处理标志	pre-processing flag	processingFlag	number(1)		√

台站代码与测点编码唯一标识一个地震前兆测点,每个测点对应一台仪器,每台仪器有多个测项分量;采集日期表示本条数据的采集日期。可见,在全国范围内,每台仪器以天为单位向数据库存储各测项分量的观测数据,即全国数据更新是以天为单位进行的。系统需要将这些存储于不同数据表、数据量较大、以天为单位更新的观测数据逐层汇聚到国家中心。

4.5.2　数据交换体系结构设计

遵循系统分层结构总体设计思路,数据交换子系统设计为三层结构。第一层是资源层,由各式各样的数据资源构成,接受来自逻辑层的指令,是交换系统命令的具体执行层。第二层是逻辑层,负责管理资源层的资源,把资源层初步封装可供上层应用调用的服务。第三层是业务层,具体完成系统的具体业务功能,它从逻辑层获得支持。数据交换子系统的体系结构如图 4.25 所示。

1. 资源层

资源层由系统的各种数据资源构成,包括数据表、DBLink、触发器、快照和配置文件等。数据表是指用于数据交换操作的表。DBLink 对远程数据库中的数据表建立连接,以实现远程数据提取。配置文件用于记录交换任务执行状态等信息。资源层主要提供系统的各种数据资源,是逻辑层操作的对象,接受来自逻辑层的调用,是系统命令的具体执行层。

2. 逻辑层

逻辑层负责管理资源层的资源,把资源层初步封装可供上层应用调用的服务,主要包括冲突处理、增量管理、配置管理和数据管理四个部分。

（1）冲突处理

冲突处理主要负责数据交换中出现数据冲突问题的处理,包括冲突定位和冲

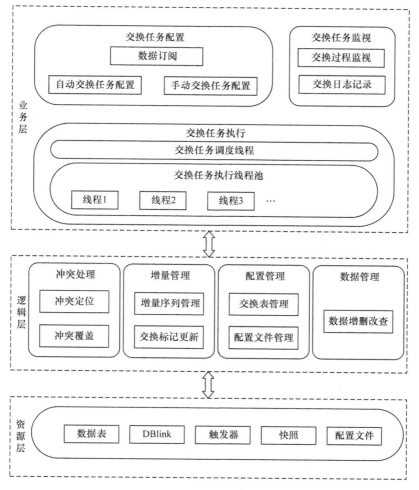

图 4.25　数据交换子系统的体系结构

突覆盖两个子模块。冲突定位是根据冲突主键定位到数据记录所在的表和索引值。冲突数据覆盖作为冲突处理策略,当交换因为各种原因使得下属节点数据插入本地数据库时产生主键冲突异常,捕获异常,确定异常信息为冲突异常后删除本地冲突数据,然后将下属节点数据插入本地数据库。在正常情况下,数据交换中不应存在冲突数据。针对特殊情况的应急处理,过多的冲突处理会严重影响交换任务的执行效率,业务模块的实现不应过分依赖此功能。

（2）增量管理

增量管理主要负责向业务层提供数据交换时需要的交换标记和索引服务,可以屏蔽资源层的变化,解除资源层和业务层的耦合关系,以便提高系统的可维护性,具体包括增量序列管理和交换标记更新两个子模块。增量序列管理用于生成递增的索引值。交换标记更新用于每次成功交换后记录所交换数据的最大索引值。

（3）配置管理

配置管理主要负责交换任务配置情况和需要交换的数据表情况,为业务层提供数据交换时需要的数据表和交换任务参数,具体包括交换表管理和配置文件管理两个子模块。交换表管理记录需要交换的表名,向交换程序提供需要交换的数据表列表,使交换业务对表进行交换的管理变得灵活易查。配置文件管理负责管理资源层的配置文件,主要查询、修改交换任务时间点和交换任务执行情况等内容,向业务层提供操作配置文件的各种服务。

（4）数据管理

数据管理主要负责数据增加、数据删除、数据修改和数据查询等功能,向业务层提供具体数据操作服务。

3. 业务层

业务层是数据交换子系统业务功能的实现,处于子系统的最高层,从逻辑层得到必要的服务,具体包括交换任务配置、交换任务监视和交换任务执行等业务功能。这些功能互相配合,共同完成交换业务。

（1）交换任务配置

交换任务配置包括自动交换任务配置、手动交换任务配置和所需交换数据表的订阅等功能。自动交换任务配置负责设定交换任务执行时间点,当系统时间到达设定的时间点时,自动执行交换任务。如到达交换时间,已有交换任务正在执行,则不执行新的交换任务。手动交换任务配置负责用户手动触发交换任务。交换数据表订阅负责订制每次交换任务从下级节点数据库中进行交换的具体数据表。

（2）交换任务监视

交换任务监视主要监视交换调度线程和执行线程状态,以及执行结果情况等。交换任务过程监视主要监视交换任务执行模块的运行状态,包括空闲、正在执行或者死锁等状态,并将交换过程和结果记录到交换日志中。

（3）交换任务执行

交换任务执行主要包括交换调度线程和交换任务执行线程。交换调度线程负责轮询配置文件、匹配系统时间、按时启动交换任务,把针对每一个下级节点的交换任务分配给一个空闲的交换线程执行。交换任务执行线程完成与一个远程数据库的数据交换。

4.5.3　数据订阅设计

用户可以选择需要进行交换的数据,已订阅的数据将在交换任务执行时进行交换,未订阅的数据则不参加交换。数据订阅主要有如下功能。

① 添加数据订阅,即在下一级节点的数据表列表中选择需要进行交换的数据表。

② 取消数据订阅,即在已经订阅的数据表列表中进行取消操作。

数据订阅功能实现机制相对简单。在表信息表中,增加标识字段(flag),取值为 0 或 1。0 表示不需要交换此表,1 表示需要交换此表。数据交换任务执行线程查询此表,针对 flag 为 1 的数据表进行交换,0 则跳过。

台网信息系统的观测数据表有数百个,而各单位实际使用到的数据表不过数十个,因此每次交换如果轮询所有数据表,则大部分时间将被浪费于查询无用表中是否有需要交换的数据。在实际应用过程中,如果用户配置恰当,可以有效提升系统数据交换的工作效率。

4.5.4　数据交换任务执行设计

1. 交换任务配置设计

交换任务分为自动交换和手动交换两种交换策略,两者之间的内部设计有一定的相似性。

(1) 自动交换任务配置

系统根据配置的自动交换时间点启动数据交换任务执行。在交换任务配置中,将新的交换时间点添加到自动交换时间表中。自动交换时间表的表结构如表 4.19 所示。同时,后台的交换任务配置守护线程将该表中的所有交换时间点更新到系统配置文件中(OperTime)。系统配置文件为如表 4.20 所示的清单,使交换时间表与系统配置文件交换时间一致,从而实现交换任务的配置。配置的时间精确到分钟值,如 0600 表示 6:00。

表 4.19　自动交换时间表的表结构

字段名称	数据类型	注释
Time	varchar2(20)	自动交换时间点

表 4.20　自动交换配置文件清单

```
<? xml version="1.0" encoding="GB2312"? >
<Configurations>
...
<DatabaseIP></DatabaseIP>
<DatabasePort></DatabasePort>
<URL> </URL>
<SysUserPassword> </SysUserPassword>
<SystemUserPassword> </SystemUserPassword>
<QzdataUserPassword> </QzdataUserPassword>
<DeployNodeID> </DeployNodeID>
<DeployNodeName> </DeployNodeName>
<UnitCode> </UnitCode>
<ApplicationServerIP></ApplicationServerIP>
<ApplicationServerPort></ApplicationServerPort>
<OperTime>0000,0200,0600</OperTime>//配置时间
...
</Configurations>
```

　　采用系统配置文件与时间表同时存储交换时间的方式,是为手动交换设计提供接口。通过系统配置文件与时间表之间的互拆,实现手动交换功能。

　　自动交换任务配置流程如图 4.26 所示,其步骤如下。

　　① Socket 服务端等待前端发送的配置命令。

　　② 若接收到前端发送的命令,向前端返回消息 ok。

　　③ 获取数据库系统信息并连接数据库。

　　④ 从数据库交换时间表(StartTime)提取所有时间点(Time 字段)信息。

　　⑤ 将时间点更新到系统配置文件中。

　　⑥ 本次交换任务配置结束,继续等待前端命令。

　　(2) 手动交换任务配置

　　手动交换任务配置同样采用更新配置文件的交换时间点信息来实现。为保证时间点信息更新后交换任务能够在下一次轮询配置文件时立即执行交换操作,采用下述策略。由于系统数据交换时间精确到分钟,且数据交换调度模块轮询配置文件的时间间隔设计为一分钟,要保证其读到的时间点与系统时间匹配,每一次需执行手动交换操作时,应把交换调度模块读取配置文件的所有可能时间值均写入。交换调度模块读取时间范围示意图如图 4.27 所示。

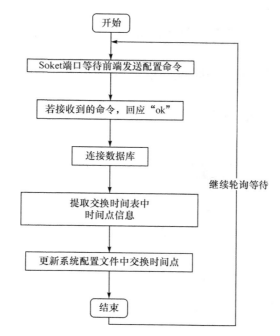

图 4.26　自动交换任务配置流程图

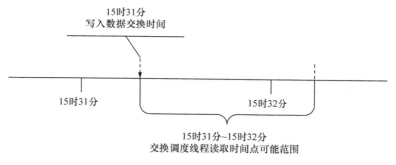

图 4.27　交换调度模块读取时间范围示意图

在上述前提下,交换进程访问配置文件的时间只可能是写入时刻的时间值或其下一分钟。在图 4.27 中,写入时刻为 15 时 31 分,则在配置文件中,交换时间点部分应更新为<OperTime>1531,1532</OperTime>。以上方法可以在手动交换触发后的一分钟内执行,然而其破坏了自动交换策略,因此每次交换调度模块开始执行交换任务后,都应向自动交换策略更新进程发送消息,将自动交换时间点重新写入配置文件。

手动交换任务配置工作流程如图 4.28 所示。

① 侦听 Socket 端口。

　　② 接收到触发消息后判断当前交换进程是否在进行数据交换。如果是,则返回失败消息 failed,表示当前执行数据交换中,禁止手动更新,返回①;否则,返回确认消息,进入下一步。

　　③ 将配置文件中数据交换时间点信息更新为当前时间与下一分钟时间。

　　④ 等待 5 分钟。

　　⑤ 执行自动交换配置策略。

　　⑥ 本次处理结束,返回①。

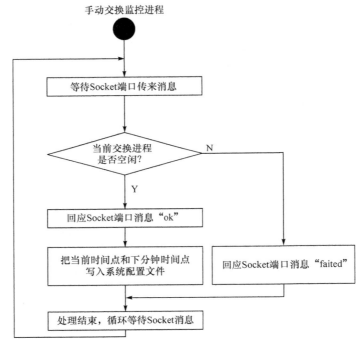

图 4.28　手动交换任务配置工作流程图

2. 交换算法模型设计

(1) 数据交换序列设计

　　数据交换可以分为完全交换和增量交换,其中完全交换适合数据量较小的应用。由于地震前兆观测是大数据量的观测业务,因此系统采用增量数据交换。为此,需要设计一个观测数据交换序列,实现地震前兆观测数据的增量交换。

　　在观测数据记录表结构中,台站代码、测点、测项分量和观测时间作为主键定位观测数据记录。在应用过程中,交换的数据可能是历史数据,所以以上主键并不适合作为交换标识。为此,在每个观测数据记录表中增加一个记录标识字段数据索引(DataIndex)。采用 Oracle 数据库系统的序列号(sequence)自增长的序列值标识数据表中的每一条记录。sequence 可以是单向增长序列,以 1 为步长进行增长。这样,系统中每增加一条记录就对应唯一的 DataIndex 值,而出现数据更新时,该 DataIndex 值也做相应的修改。这样可以保证系统新产生的数据对应的 DataIndex 值相对总是最大。同时,为了提高查询性能,建立相关索引。

(2)交换参照表结构设计

在提出交换算法模型前,为了更好地说明交换算法,设计结构如表 4.21 所示的交换参照表,用于记录各数据表交换和备份信息。该表位于台站、区域中心和国家中心,以及学科中心。

表 4.21 交换参照表结构

字段名	数据类型	主键	注释
TBName	varchar2(50)	√	被交换数据表
UpperIndex	number(38)		已交换数据序列
BFKIndex	number(38)		已备份数据序列

① TBName:被交换对象的数据表名称。

② UpperIndex:该表数据已经交换到上级节点的最大 DateIndex 值。

③ BFKIndex:该表数据已经备份到备份数据库的最大 DateIndex 值。

(3)交换算法模型设计

设变量 A 为数据表在交换参照表中已经交换的 UpperIndex,变量 B 为该表在数据表中目前最大的 DataIndex,如果变量 $C=B-A>0$,则 $A+1-B$ 为需要交换的数据集,否则该表数据已经完成交换。

数据交换算法模型如图 4.29 所示。首先,从下级节点交换参照表中获得需要交换表的 UpperIndex,然后从下级节点获取需要交换目标数据表的最大 DataIndex,两者比较得出需要交换的数据集,每交换一次就及时更新下级节点交换参照

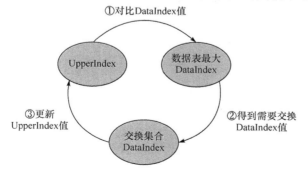

图 4.29 数据交换算法模型

表对应表的 UpperIndex 值。这样可以保证每次数据交换均为增量数据交换,提高了数据交换的效率。

3. 交换策略设计

(1) 分段交换策略设计

对一个数据表进行数据交换时,可以采取单条交换、完全交换和分段交换。

① 单条交换指一次只提取一条记录进行交换。单条交换具有高交换成功率的优点,因为一次只交换一条记录,所以系统等待时间较短。但单条交换明显的缺点是需要对数据库表进行大量、频繁地扫描和提交,影响数据库系统性能,同时也降低了交换系统的性能。

② 完全交换指一次性将需要交换的数据全部提取,一次性完成数据交换。完全交换的优点是逻辑实现较为简单,但缺点也非常明显。

第一,成功率低。对于大数据量的数据表,完全交换过程占用的时间将会很长,由于网络故障等,数据提交之前会发生全部回滚,因此完全交换的成功率也会随着时间的增长而降低。

第二,网络负载与系统负载重。由于一次性提取需要交换的数据,大数据量的一次性数据传输对于网络的负载将会加大。由于提取的数据暂时存储在内存中,只有所有数据完成提取才进行提交,因此数据库系统负载也将大大加重,从而影响其他系统应用。

③ 分段交换指采用一定的步长分段进行数据交换。这种分段交换策略具有以下优点。

第一,成功率高。每次只提取一定量的数据进行交换,缩短了单次交换时间,从而提高了交换成功率。

第二,性能高。采用分段交换策略,可以降低网络负载和数据库系统负载,从而提高系统的整体运行性能。

综合以上交换策略分析,采用分段交换策略进行数据交换。分段交换的策略示意图如图 4.30 所示。

① 按照上节交换算法,得出交换数据集。假设名为"QZ_312_DYS_02"的数据表中最大 DataIndex 值为 101,而该表在交换参照表中的 UpperIndex 值为 1,即该数据表只向上级节点交换了 DataIndex≤1 的数据集,而 DataIndex 值从 2~101 是需要向上级节点交换的数据集。

② 按照观测数据表分段步长为 20 设计,则第一次分段交换之后更新到参照表的 UpperIndex 值为 21,第二次更新为 41,经过 5 次分段交换,最终完成数据交换。同时,参照表中关于此表的 UpperIndex 值更新为 101。每一段交换为一个原子操作,如果在交换过程中发生网络或其他异常,则回滚到前一段交换位置,即如

果在交换之前交换参照表中 UpperIndex 值为 A,步长为 B,则每次交换区域为 $[A+1,A+B]$。

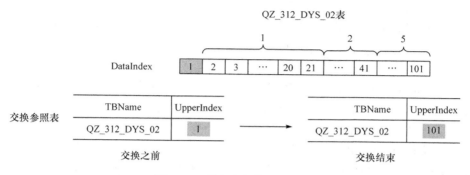

图 4.30　分段交换策略示意图

（2）交换流程设计

数据交换任务流程如图 4.31 所示。

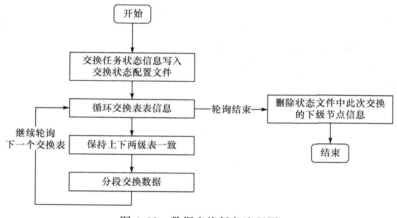

图 4.31　数据交换任务流程图

① 根据交换任务信息将此次交换任务的基本参数写入状态配置文件,如交换的下级节点代码、本次交换任务启动时间等,即初始化状态配置文件。

② 获取需要交换的交换信息表信息。为了防止下级节点的交换参照表信息不全,对下级参照表中没有要交换表的信息进行补充,维护上下级节点之间数据交换参照表信息的完整性。

③ 根据交换算法,找出需要交换的数据集,采用分段交换策略实现数据交换。为了提高交换成功率及系统性能,对于不同类型的数据表,采用不同的分段交换步长,如观测数据表一般设置步长为 20 进行分段提交,而其他表（如仪器日志表）则设置步长为 200 进行分段提交。每完成一次提交就更新一次交换状态文件。在数

据交换过程中,数据的提交与更新下一级节点交换参照表数据交换序列值为原子操作,如果操作过程中出现异常且是冲突异常,则首先调用冲突数据处理模块,否则直接回滚到初始状态。

④ 从状态文件中删除此次交换的下级节点信息,完成本次交换任务。

4. 一致性保证策略设计

在分布式系统中,为了使各级节点之间,以及备份数据库中的数据保持一致性,根据不同的作业情景设计不同的一致性保证策略。

(1)数据插入操作

① 交换序列管理。在每次新数据插入过程,利用 Oracle 数据库系统的 sequence 自增长序列标识每一条记录,记录到各表对应的 DataIndex 字段。在系统设计中,每张数据表对应一个 sequence 序列,如数据表 QZ_312_DYS_02,则其对应的序列名称为 QZ_312_DYS_02_sequence。这样可以保证不同表大数据量并发插入时,避免抢占序列资源,提高系统性能。

在数据插入过程中,如果发生主键冲突,则调用冲突处理模块。

② 数据冲突处理。当下一级节点的某条数据记录同步到上一级节点,但下一级节点对该记录又进行了数据更新的时候,那么这条数据记录在数据同步过程中就会发生主键冲突。为了维护两级节点之间的数据一致性,采取如图 4.32 所示的数据冲突处理流程。

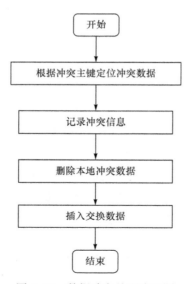

图 4.32　数据冲突处理流程图

首先,根据冲突主键定位本地冲突数据,并把冲突信息写入日志文件,以便系统的日后维护和错误查询。然后,删除本地的冲突数据,将本次交换数据插入本地数据库。

数据冲突处理主要是为了解决特殊情况下的数据冲突而设计的,在常规业务中,则按照相应约定进行数据插入,避免频繁调用冲突处理模块,影响系统效率。

(2) 数据删除操作

在系统中,对已经进入数据库的数据进行删除,则认为该记录在本地为无效记录,同时在其他节点(包括备份数据库)关于这条记录也应视为无效并删除。按照地震前兆观测的业务要求,约定只允许对该原始记录入库的节点进行删除操作。

由于在分布式的环境中,网络环境具有不可预知性,采用分布式的同步级联操作容易导致删除操作失败,影响系统操作的成功率,因此为了保证分布式系统中删除操作能够传播到其他节点,可以根据不同的节点类型,设计相应的处理策略。数据删除策略示意图如图 4.33 所示。

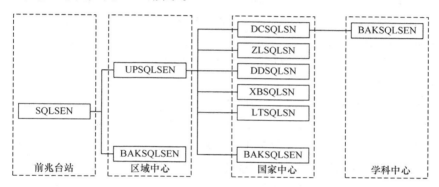

图 4.33　数据删除策略示意图

SQLSEN 用于记录台站节点删除操作的记录表,随交换操作同步到区域中心数据库。

UPSQLSEN 用于记录区域中心节点删除操作的记录表,随交换操作同步到国家中心数据库。

BAKSQLSEN 用于本节点删除操作的记录表,随备份操作同步到备份数据库。

DCSQLSEN、ZLSQLSEN、DDSQLSEN、XBSQLSEN、LTSQLSEN 表分别是地磁、重力、地电、地壳形变和地下流体五个学科中心删除操作的记录表,本书统称为学科中心删除操作的记录表(XKSQLSEN)。

① 前兆台站。在台站节点删除数据记录时,首先删除本地数据库中的相应记录;然后形成删除语句插入 SQLSEN 表中。由于台站到区域中心的网络连通具有不可预知性,因此当区域中心数据交换到某个数据表时,先将 SQLSEN 中对应表的记录执行删除动作之后,才启动对该表的交换,否则不执行对该表的交换,保证

数据表上下级节点的一致性。在台站节点,删除记录和插入 SQLSEN 表为一个事务操作。

② 区域中心。在数据交换时,首先查找台站节点 SQLSEN 中对应的删除记录,然后将对应的数据记录在本地并执行删除操作,同时将该 SQLSEN 中的记录插入 BAKSQLSEN 和 UPSQLSEN。其中,BAKSQLSEN 备份时使用,UPSQLSEN 与国家中心交换时使用。在本地完成删除记录后直接删除下级台站节点 SQLSEN 表中对应已执行的操作记录,其中任何一个过程失败则回滚。上述操作为一个完整的事务操作。

在数据备份时,首先查找主库 BAKSQLSEN 表中对应的删除记录,然后在备份库中执行对应的删除操作,执行成功后删除主库 BAKSQLSEN 对应的记录,其中任何一个过程失败则回滚。上述操作为一个完整的事务操作。

③ 国家中心。在数据交换时,根据查找得到的区域中心数据库 UPSQLSEN 表中的删除记录在国家中心数据库中执行相应的删除操作,并将执行完成的删除记录插入对应的 XKSQLSEN 中,同时删除区域中心数据库 UPSQLSEN 中的删除记录,其中任何一个过程失败则回滚,并退出对该表的交换任务。上述操作为一个完整的事务操作。

在数据备份时,操作过程与区域中心数据备份的删除操作相同。

④ 学科中心。在数据交换时,根据国家中心数据库 XKSQLSEN 表中的删除记录在学科中心执行相应的删除操作,将执行完成的删除记录插入对应的 BAKSQLSEN 中,同时删除国家中心数据库 XKSQLSEN 中已执行完成的删除记录,其中任何一个过程失败则回滚,并退出对该表的交换任务。上述操作为一个完整的事务操作。

在数据备份时,操作过程与区域中心数据备份的删除操作相同。

5. 交换任务执行模块设计

(1) 执行线程池设计

由于区域中心和国家中心需要进行多个下级节点的数据交换,因此为了提高系统的数据交换的并发性能,同时提高交换任务的可控性,采取线程池的思路执行交换任务。线程池是一种预先创建线程的技术。线程池在没有任务到来之前,创建一定数量的线程,并放入空闲队列中。这些线程都处于睡眠状态,即均未启动,不消耗处理器,只是占用较小的内存空间。当请求到来之后,线程池给这次请求分配一个空闲线程,把请求转入此线程中运行,进行处理。随着请求并发数量的增多,不断分配空闲线程,实现多线程并行处理。线程池管理的目的是忙碌线程与空闲线程的均衡。线程池管理示意图如图 4.34 所示。

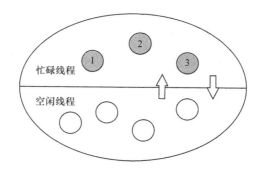

图 4.34　线程池管理示意图

① 管理线程。线程管理流程如图 4.35 所示。当管理线程刚刚启动时,系统初始默认启动 10 个工作线程,最大启动 15 个工作线程(国家中心例外,启动 18 个工作线程)。如果 10 个默认线程都为忙碌时,即 10 个默认线程正在执行数据交换请求的时候,需要有新的工作线程加入,管理线程就继续开启新的工作线程,直到达到最大线程数。这时如果还有其他交换请求,则只能等待有空闲的工作线程出现。当所有工作线程都为空闲且无交换请求时,表明本次交换任务结束。

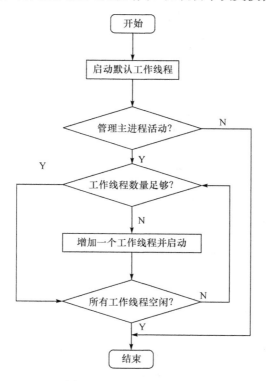

图 4.35　线程管理流程图

② 工作线程。工作线程的主要功能是调用交换方法执行一个数据交换任务。工作线程流程如图4.36所示。首先,判断工作线程是否开启,接着获取交换任务,并且将工作线程的工作状态设置为忙碌。然后,调用交换任务的交换方法执行数据交换。当任务执行完成后将工作状态设置为空闲,等待下次新的交换任务或者销毁此线程。

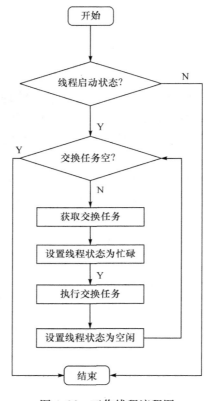

图4.36　工作线程流程图

（2）交换任务调度线程设计

交换任务调度线程主要是根据自动交换时间点触发执行交换任务。交换任务调度流程如图4.37所示。

① 从系统配置文件中获取交换时间点。

② 判断系统当前时间是否到达交换时间点。

③ 如果系统当前时间到达交换时间点,则连接数据库并将交换时间表中的信息更新到系统配置文件中(在手动交换中,系统配置文件中以前配置的交换时间点被更新,通过此步操作,完成恢复被手动交换破坏的系统配置文件中的交换时间点);否则,结束本次调度,系统等待一分钟,返回①。

④ 获取注册到本级节点的下级节点信息,主要包括节点代码、数据库连接名等。

⑤ 启动交换管理线程池。

⑥ 轮询节点信息,如果轮询结束,则直接进入⑨。

⑦ 测试节点数据库连接是否连通,如果连接失败,则记录日志,接着轮询下一节点。

⑧ 将测试连通节点加入线程池中,并执行下一级节点的数据交换任务。

⑨ 当所有节点都轮询结束,则系统等待一分钟,返回①。

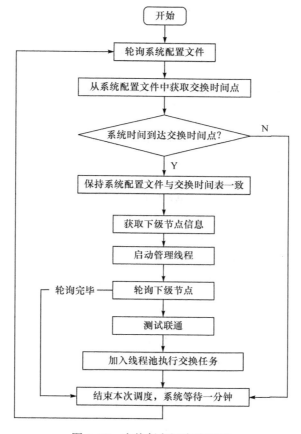

图 4.37　交换任务调度流程图

4.5.5　数据备份设计

数据备份是数据交换子系统的重要功能。对系统的数据信息进行备份,可以当系统发生灾难时候能够及时恢复数据,保证系统的安全性。备份库配置功能主要包括备份库添加、备份库更改、备份库删除。此外,有定时备份和手动备份两种备份策略可以选择。数据备份流程与交换基本一致,区别在于数据备份是一对一操作,另外无须对备份库中 DataIndex 值进行操作,即将主数据库中的数据信息原样复制到备份数据库中。

1. 备份数据库配置

(1) 备份数据库添加

备份数据库添加主要用于在区域中心、国家中心和学科中心的添加备份数据库。备份数据库添加流程如图 4.38 所示。

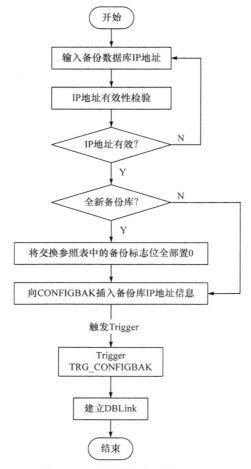

图 4.38 备份数据库添加流程图

首先由用户输入预分配的备份数据库 IP 地址,然后进行 IP 有效性检查。IP地址检查有效后将提示用户新添加的备份数据库是否为全新备份库,如果是,则将主数据库中交换参照表中的备份标志位全部置为 0,向备份库配置表(CONFIG-

BAK)中插入备份库 IP 地址信息,同时建立主库到备份库的 DBLink。这样,下次备份时对主库进行全新的数据备份。如果不是,则直接向 CONFIGBAK 表中插入备份库 IP 地址信息,该表的 Trigger(触发器)捕获到插入操作后根据插入的 IP 字段建立主数据库到备份数据库的 DBLink,备份库添加完成。下次备份时将在原来已有备份标志位的基础上继续增量备份,原有的已经完成备份的数据不再重新备份。对于无效的 IP 地址,提示输入无效,重新输入。以上操作为一个事务操作,在任何过程失败,将进行回滚操作。

(2) 备份数据库更改

备份数据库更改主要用于更换备份数据库,输入新的备份数据库 IP,将原备份数据库删除,并添加新备份数据库。其流程与备份数据库添加基本一致,只是在修改 CONFIGBAK 表中的 IP 字段时 Trigger 将删除与原备份数据库的 DBLink,然后根据修改后的 IP 建立与新备份数据库的 DBLink。

(3) 备份数据库删除

备份数据库删除主要是指删除已经注册到主库的备份数据库。备份数据库删除流程较简单,只需删除 CONFIGBAK 中的记录,并将 DBLink 删掉,备份数据库即可完成删除。但是,在系统安全性方面,却需要引起足够的重视。在实际工作中,常常由误删除备份数据库引起生产事故,因为此删除操作风险较大,故应谨慎操作,当确定提交删除请求时,系统给出二次提示。

2. 备份策略设计

数据备份提供定时备份和手动备份两种策略功能。定时备份任务在指定的备份时间执行,每天的定时备份可以有效减轻系统业务人员的工作负担,同时提高系统的安全性和可靠性。手动数据备份在人工触发后立刻执行,这种工作方式给了工作人员较好的灵活性。当系统处于重要时间点的时候,及时做出备份,可以防止诸多意外发生。灵活的备份策略可以为系统管理人员提供方便的工作手段,很好地提高系统的功能和效率。数据备份策略的功能主要有添加备份任务、取消备份任务和手动数据备份。数据备份策略的设计与数据交换策略相同,这里不再赘述。

4.6　数据服务子系统设计

4.6.1　数据服务业务分析

1. 业务特性分析

(1) 自治性

根据地震前兆观测业务管理机制,各个节点的数据资产归本节点所有,不能随意提供给各类用户使用。这就决定了只有本节点的用户有权共享节点的数据资产。

（2）完整性

地震前兆观测的主要任务是为地震预测预报研究与实践提供观测数据，需要不同层级的数据，包括最初级的原始观测数据、经过预处理的数据和经过一定算法加工处理后的产品数据。同时，为了保证观测数据的可用性，用户还需要掌握描述数据属性的元数据、反映观测系统和观测场地特征的基础信息，以及记录监测运行过程状态的日志信息等。因此，数据服务必须体现完整性。

（3）长效性

地震前兆观测数据一方面描述短时间内地学动态的变化，另一方面需要多年数据积累才能反映长期变化趋势和背景变化情况，因此数据服务不但需要提供短期内观测数据和相关信息，而且需要具备提供数十年观测数据和相关信息的服务能力。因此，数据服务必须具备很长时间数据服务能力。

2. 业务功能分析

根据地震前兆观测的数据服务业务功能需求和业务特性，设计的数据服务功能如下。

① 数据服务内容，包括原始观测数据服务、预处理数据服务、产品数据服务、基础信息服务和日志信息服务。

② 数据服务方式，包括数据统计、数据浏览、数据下载、数据波形绘制等。

③ 数据服务对象，包括普通用户、专业用户和管理用户。不同用户角色拥有的数据服务权限不同。

数据服务子系统功能模块结构如图 4.39 所示。

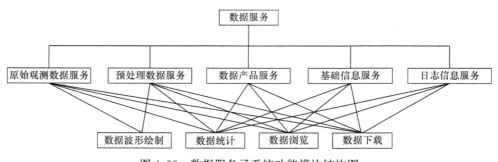

图 4.39 数据服务子系统功能模块结构图

4.6.2 数据服务体系结构设计

遵循系统分层结构总体设计思路，基于统一数据库管理平台，数据服务子系统设计成三层结构。第一层是资源层,由各种数据资源构成,接受来自逻辑层的指令,是数据服务命令的具体执行对象。第二层是逻辑层,负责管理资源层的资源,把资源层初步封装成可供上层应用调用的服务。第三层是业务层,具体完成数据服务子系统的业务功能,从逻辑层获得支持。数据服务子系统体系结构如图 4.40 所示。

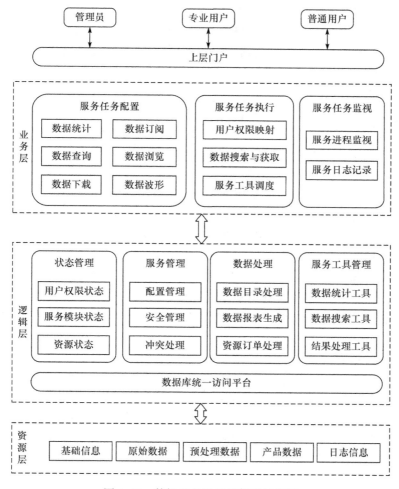

图 4.40　数据服务子系统体系结构图

1. 资源层

资源层由系统的各种数据资源构成,通过数据库统一访问平台接受来自逻辑层的访问。

2. 逻辑层

逻辑层包括状态管理、服务管理、数据处理、服务工具管理和数据库统一访问平台等逻辑功能模块。

（1）状态管理

状态管理主要负责及时获取和维护资源状态、访问用户的权限状态，以及服务模块状态。一方面，向业务层报告状态情况，以便为业务层在作业指令的下达、调度，以及执行结果的查询与判定提供基础情报依据。另一方面，为数据服务指令的逻辑处理过程提供依据。

（2）服务管理

服务管理主要负责服务任务配置合法性管理、服务指令与执行结果的冲突处理和访问数据资源的安全管理，以免在指令传送、执行过程中发生意外或造成安全隐患而导致系统稳定性和安全性的降低。

（3）数据处理

数据处理主要负责对获取数据结果的逻辑处理，包括数据目录的处理、各种数据报表按照访问任务配置要求的生成、访问数据资源订单的处理等，并对数据的合法性和数据格式规范性进行检查并转换为访问要求的格式。

（4）服务工具管理

数据服务需要调用各种专用工具，包括数据搜索工具、数据统计工具，以及 txt 生成、Excel 数据表生成和数据可视化处理等结果处理工具。服务工具管理就是获取与维护这些工具的状态，为业务层适时、高效调度这些工具并执行相应的功能提供保证。

（5）数据库统一访问平台

数据库统一访问平台主要是为上面的业务层访问数据资源提供统一、规范化的接口，并动态维护数据库系统。统一指的是为所有的业务层提供统一的异步调用方式。规范化指的是访问信息交互标准化。数据库统一管理体现一系列对数据库资源访问的逻辑处理和整体管理过程，并应该能最大限度地利用数据库的并发访问特性。

3. 业务层

业务层是数据服务子系统业务功能的实现，包括服务任务配置、服务任务执行和服务任务监视。

（1）服务任务配置

数据服务的内涵不但包括通过上层页面人工提交订单的数据服务，还包括通过邮件提交、数据库直接连接等自动化数据服务功能，需要通过数据服务配置提交数据服务任务。数据服务任务配置负责设定数据服务任务的服务对象(各种角色用户及地震前兆数据处理系统、地震分析预报系统等应用系统)、执行时间点、服务内容(数据对象及范围等)、服务方式(浏览、下载、可视化展示、报表等)、服务地址(本地、数据发送客户端地址等)等。

(2) 服务任务执行

服务任务执行主要负责用户权限映射、数据搜索与获取,以及服务工具调度等。用户权限映射是将服务任务提交的用户与配置的服务任务进行权限管理与映射,实现用户权限与任务的匹配。数据搜索与获取是调度数据搜索工具,将服务任务进程指向对应的数据资源并获取数据资源。服务工具调用是依据服务任务的方式,调用 txt 生成工具、Excel 数据表生成工具、数据可视化处理工具等,实现具体的服务业务功能。

(3) 服务任务监视

服务任务监视是监视各个服务进程的执行状态、执行结果等,并动态记录服务任务执行的日志。

4.6.3 数据库统一访问平台设计

数据库统一访问平台的基本目标是对数据库中的数据资源提供的服务进行组织和包装,为业务层提供更为优化的服务。通过统一的数据资源访问接口,可有效降低代码模块之间,以及代码和数据库结构之间的耦合度,屏蔽数据库资源的异构性,为日后数据库结构的变更和迁移提供方便。为提供统一数据库访问,数据库访问平台分为上下两层映射,并保持统一数据视图不变。当下层数据库发生变化时,可以通过修改下层映射配置建立新的映射关系;当上层业务应用需求发生变化时,可以通过修改或增加上层应用主题视图的映射关系,为多种数据应用提供可扩展的灵活数据访问方式。数据库统一访问平台的模块结构如图 4.41 所示。

1. 分布式统一访问接口

分布式统一访问接口根据数据采集、数据交换、系统监控和数据服务等业务应用需求,分别将这些业务应用接口进行封装,为业务应用访问数据库提供统一的接口,使上层业务系统无须关心数据库结构及其访问方式与过程,实现业务系统与数据库资源之间很好地解耦。

2. 数据统一视图

数据统一视图根据数据库统一访问接口指定的数据对象,通过不同的映射文件,将访问的数据对象映射到数据库具体的数据表,使访问的数据对象与数据库结构无关,实现数据对象与数据库资源之间很好地解耦。

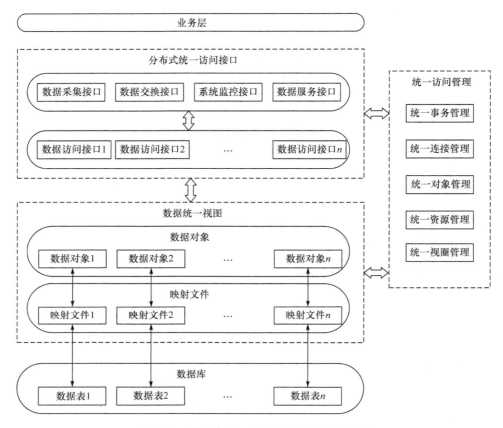

图 4.41 　数据库统一访问平台的模块结构图

3. 统一访问管理

统一访问管理负责对访问事务、访问连接、数据对象、数据视图、数据库资源的动态统一管理,包括业务访问调度、访问接口分配、数据资源分类、映射文件配置、数据库结构等管理功能。

4.6.4　数据服务任务执行设计

客户端浏览器中呈现的是系统的视图部分,而模型和控制器则是透明的。当Web 服务器接收到客户端提交的 HTTP 请求后,交给服务器中的控制器来处理。控制器按照请求的事务信息,从系统配置中提取此事务的映射表,并把此请求映射到相应的处理模型。处理模型进行业务逻辑处理,处理完后返回状态更新的请求并将数据结果提交控制器。控制器根据结果选择相应视图模板后合成视图返回给客户端,并负责对底层数据库和文件进行封装,为各应用提供数据访问服务。数据服务业务流程如图 4.42 所示。

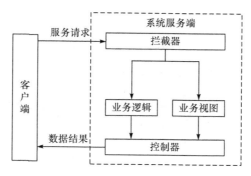

图 4.42　数据服务业务流程图

数据服务业务功能包括基础信息服务、原始观测数据服务、预处理数据服务、产品数据服务和日志信息服务。服务方式包括数据统计、数据浏览、数据下载、数据波形绘制、实时数据波形等。各类数据服务逻辑流程基本相似,这里以原始观测数据服务逻辑流程为例予以说明,如图 4.43 所示。

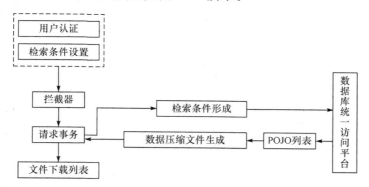

图 4.43　原始观测数据服务逻辑流程图

4.6.5　数据服务扩展设计

数据服务扩展设计目的是为地震前兆观测其他业务应用系统提供服务接口,对外提供统一的数据访问接口和视图,屏蔽底层数据库,通过使用 JNDI(Java naming and directory interface)和 RMI(remote method invoke)组件,使其他业务模块实现调用远程 DAO(data access object)接口通信过程透明化,降低访问成本;通过 EJB3.0(企业级 JavaBean)和 JPA(Java persistence API)的使用降低 O/R (object relational mapping)模型的复杂性;通过使用 JTA(Java transaction API)、JMS(Java message service)和 PersistenceContext 实现事务的灵活配置,统一事务管理机制。数据服务扩展接口结构如图 4.44 所示。

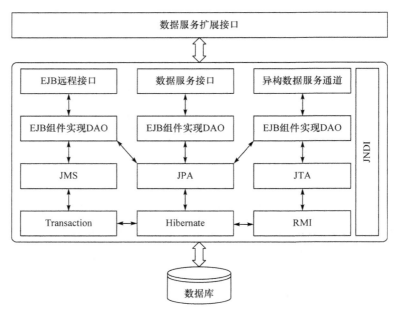

图 4.44　数据服务扩展接口结构

4.7　系统监控子系统设计

4.7.1　系统监控业务分析

1. 业务特性分析

（1）自治性

根据地震前兆观测业务职责机制,各级管理节点只能监控所管辖观测系统、通信链路和节点自身的运行状态,即台站节点只能监控本台站和所属子台,区域中心节点只能监控本区域地震前兆台网,国家中心节点可以监控全国地震前兆观测台网,学科中心只能监控本学科台网。

（2）多层级

根据地震前兆观测台网业务管理机制,下一级节点的监控信息要求及时传送到上一级管理节点,以便上一级节点能够及时掌握所辖台网的运行状态。为保障台网可靠、及时地为运维提供支撑,要求各级节点的监控系统具有高效的信息传递机制。

（3）时效性

保证台网运行连续性是地震前兆观测的第一要务，在最短的时间内发现观测仪器、通信网络和管理节点等的异常情况是台网信息管理系统必须实现的重要目标，这就对观测系统监控的时效性提出非常高的要求。但是，过于频繁访问仪器运行状态和各项软件进程，以及监控信息在各级管理节点的不断传送，不但受观测仪器本身性能的制约，而且会影响观测系统和管理系统的性能。因此，监控系统设计需要在监控管理的时效性和系统运行性能之间做出必要的权衡。

2．业务功能分析

根据地震前兆观测业务的实际需求，台网信息管理系统设计的系统监控子系统业务功能主要包括观测仪器监控、节点资源监视和软件进程监视，如图 4.45 所示。

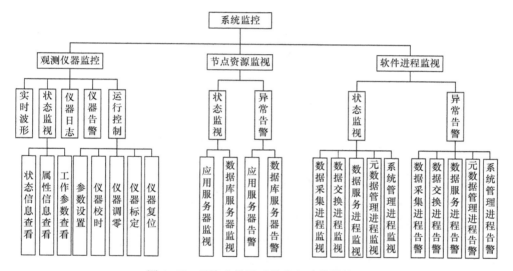

图 4.45　系统监控子系统业务功能结构图

4.7.2　系统监控体系结构设计

系统监控子系统负责系统关键环节的运行状态监视与控制工作，以保证系统正常和稳定运行，是各类信息管理系统中必不可少的重要环节。系统监控主要完成对观测仪器的运行监控、各级节点管理平台软硬件资源运行状态的监视、管理系统中各个业务应用软件执行状况的监视，并对出现的异常情况予以及时告警。系统监控子系统体系结构如图 4.46 所示。

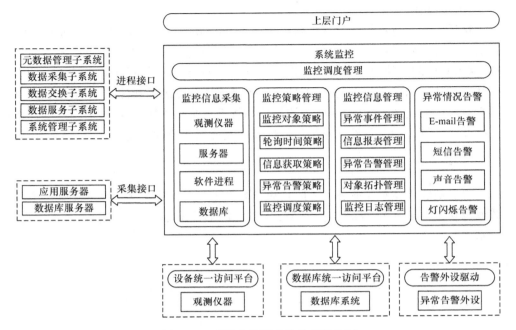

图 4.46　系统监控子系统体系结构图

　　系统监控子系统包括监控信息采集、监控策略管理、监控信息管理和异常情况告警等执行模块,由监控调度管理模块实现统一的执行调度,将执行结果提交给上层门户予以展示。监控信息采集主要完成对观测仪器、节点管理平台资源(服务器和数据库)、软件进程等状态信息的采集。监控策略管理主要完成系统监控业务功能的对各类监控对象、轮询时间、信息获取方式、异常情况告警方式及各类监控调度等策略参数的配置与实现。监控信息管理主要完成对各种监控信息的处理,为监控信息的展示、异常信息的告警及监控日志的生成等提供基础。异常情况告警主要对各种异常情况采用合适的方式予以告警。

　　系统监控子系统监控信息的获取主要包括通过设备统一访问平台获取观测仪器状态信息,并对仪器进行参数设置、零点调节、标定等的控制;通过数据库统一访问平台获取数据库中各类状态信息及数据库本身状态信息;通过基于网管协议的数据采集接口采集应用服务器、数据库服务器等设备的资源状态信息;通过与各业务子系统软件接口获取各个应用软件进程的执行状态和执行结果信息。

4.7.3　观测仪器监控设计

（1）观测仪器状态监视

　　仪器状态监视是在设定的轮询时间间隔定时触发或人工触发,根据配置的系统监控策略获取仪器状态信息和日志信息,对状态信息进行处理和判断,并在页面进行展示。若出现异常信息,不但在仪器状态信息展示页面采用不同的颜色形式进行告警,同时通过 E-mail、声音、指示灯闪烁等方式予以警报。如果是监视观测仪器实时数据波形状态,则实时采集仪器观测数据,并进行波形绘制与展示。仪器状态监视结束后记录系统监控日志。仪器状态监视逻辑流程如图 4.47 所示。

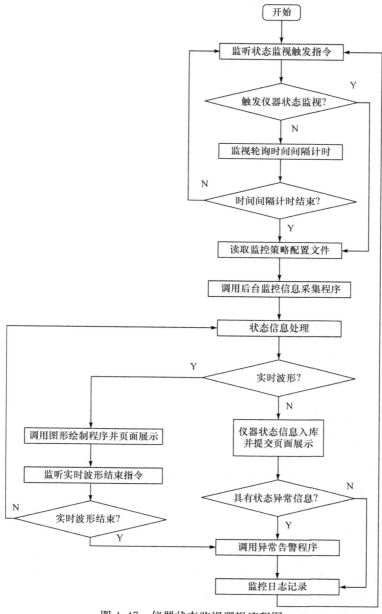

图 4.47　仪器状态监视逻辑流程图

（2）仪器控制

仪器控制是通过设备统一访问中间件发送控制指令,包括仪器工作参数设置、仪器时间校准、仪器零点调节、仪器格值标定和仪器复位重启等指令,使仪器执行相应的操作并返回操作结果,对仪器返回的结果进行处理与保存,并在页面予以展示,记录监控日志。仪器控制逻辑流程如图 4.48 所示。

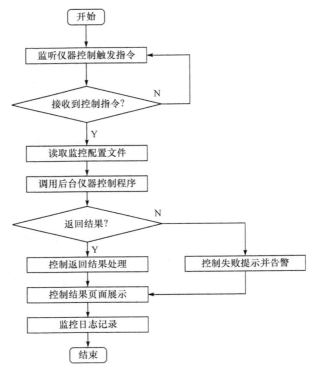

图 4.48　仪器控制逻辑流程图

4.7.4　进程监视设计

进程监视是通过与数据采集、数据交换、数据服务、系统管理等子系统的接口,获取各个软件进程的执行状态信息,对进程状态信息进行处理后保存并在页面展示。同时,监控系统随时监听进程执行过程中发生的异常信息并予以告警。进程监视逻辑流程如图 4.49 所示。

4.7.5　资源监视设计

资源监视是通过通用网管协议接口获取应用服务器、数据库服务器等 CPU、内存、存储资源等状态信息,对资源状态信息进行处理后保存并在页面展示。同时,监控系统随时监听应用服务器、数据库服务器等运行过程中发生的异常信息并予以告警。资源监视逻辑流程如图 4.50 所示。

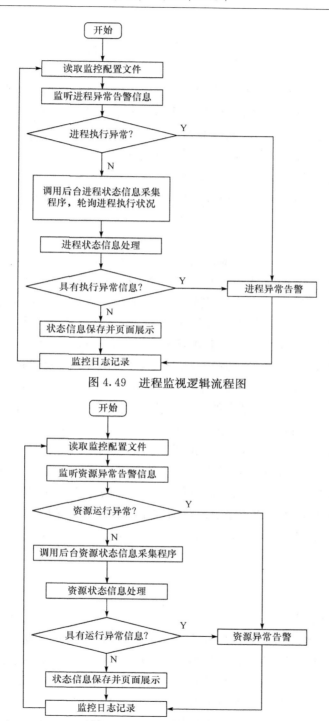

图 4.49　进程监视逻辑流程图

图 4.50　资源监视逻辑流程图

4.8　系统管理子系统设计

　　系统管理子系统是对管理系统本身的管理,包括观测台网各级节点接入管理、各个业务子系统运行日志管理,以及访问本管理系统的用户管理。它主要是为保障系统运行的稳定性、安全性和可维护性,是各类信息管理系统必须具备的管理功能。一个完整、全面、合理的系统管理是一个系统成功的必要条件。

　　按照地震前兆台网观测业务需求和信息管理系统本身管理的需要,系统管理子系统分为节点管理、日志管理和用户管理三个相对独立的功能模块。

4.8.1　节点管理设计

　　节点是指拥有独立的服务器及信息管理系统软件的节点台站、区域中心、国家中心和学科中心等管理节点。这些节点是分布式系统中具有独立管理域的单位,对内部事物具有完全自治性。节点管理是用于管理节点之间的自治域及层次关系,这种关系是通过节点的注册、注销建立的。节点管理采用以下两种方式实现。

　　一种方式是,台站、区域中心和国家中心三级节点管理机制。三级节点管理机制采用由下级节点向上级节点提出注册申请,然后由上级节点审批;上级节点在审批时如果同意,则两个节点建立上下级关系,否则不建立上下级关系。注册后,上级节点可以更改、删除下级节点的注册信息,同时建立下级向上级的元数据同步机制。三级节点管理主要用于管理台站、区域中心和国家中心三级节点之间的层次关系,实现三级节点间的连接和数据同步,并在节点服务器更新的情况下重新建立三级节点间的连接和数据同步关系。另一种方式是,学科中心节点采用在国家中心直接配置的方式建立两级关系。具体而言,在台站提供台站配置和仪器配置的功能,在台站和区域中心提供节点注册的功能,在区域中心和国家中心提供节点审批的功能和节点注销的功能,在台站、区域中心、国家中心和学科中心均提供节点拓扑的功能。

1. 节点注册

（1）三级节点注册

　　三级节点注册是在台站、区域中心和国家中心三级节点之间建立连接。用户当前节点向上级管理节点发送注册申请,发送申请后等待上级节点的审批。注册操作由下级节点管理员输入上级节点的应用服务器 IP 地址,本地注册模块检查该 IP 地址是否合法,如果合法则向该 IP 地址指定的上级节点发送注册信息。发送的注册申请信息主要包括本节点的应用服务器 IP 地址、数据库服务器 IP 地址、节点名称、节点代码等。节点间注册信息交互通过服务器的服务连接器(servlet)实现。节点注册流程如图 4.51 所示。

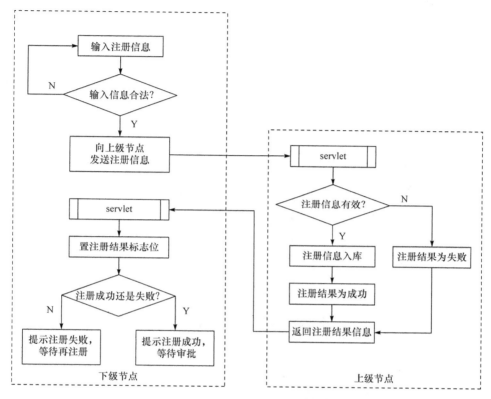

图 4.51　节点注册流程图

(2) 学科中心配置

学科中心配置是将学科中心注册到国家中心,建立国家中心与该学科中心之间的连接。在国家中心的节点配置页面输入对应学科中心的 IP 地址即可将相应的学科中心配置到国家中心。学科中心的配置过程是先检测学科中心的 IP 地址是否有效,若有效,则注册;否则,不予注册。注册后,国家中心可以更改或删除学科中心的注册信息。

配置时需要提供的学科中心信息包括应用服务器 IP 地址、数据库服务器 IP 地址、节点名称、节点代码。配置过程与台站、区域中心和国家中心三级节点注册不同,学科中心配置在国家中心进行,不需要进行审批。学科中心配置流程如图 4.52 所示。

配置过程需要使用上级配置表(UPCONFIG)和下级配置表(DOWNCON-FIG)。在国家中心数据库,UPCONFIG 表中插入有效的学科中心数据库 IP 地址

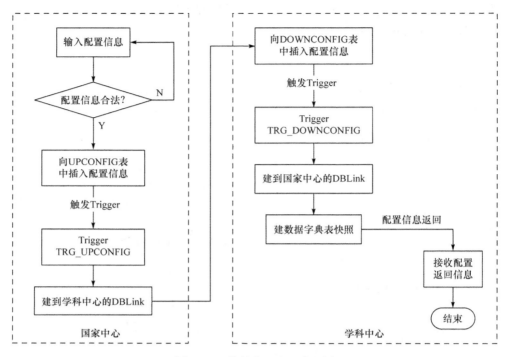

图 4.52　学科中心配置流程图

后,利用该表设置的触发器,建立同该学科中心数据库的 DBLink 连接。同理,
DOWNCONFIG 建立同国家中心数据的 DBLink 连接。根据配置操作过程所在
的节点位置,可将配置过程分为两部分。

①国家中心。首先,判断输入的准备配置的学科中心数据库服务器 IP 地址
是否有效。如果有效,则向 UPCONFIG 表中插入一条记录;否则,返回。UP-
CONFIG 表上的 Trigger (TRG_UPCONFIG)捕获到操作后,根据插入的 IP 地址
建立到学科中心数据库的 DBLink。然后,通过该新建立的连接向学科中心数据
库的 DBLink 表中插入一条注册记录,包括国家中心的数据库服务器 IP 地址。

②学科中心。学科中心 DOWNCONFIG 表上的 Trigger(TRG_ DOWN-
CONFIG)根据插入的国家中心 IP 地址建立到国家中心的 DBLink,建立指向国家
中心数据字典表的快照。已经同步到国家中心的元数据都是没有冲突的元数据,
学科中心只是从国家中心同步元数据,因此元数据由国家中心向学科中心同步时
不会产生冲突,不需要进行冲突检测。这里只建快照,学科中心查看系统元数据时
可以直接从快照中查看。

2. 节点审批

节点审批主要实现上级管理节点对下级节点发送的注册申请进行审核批准。审批操作有拒绝或同意两种。当提交申请的节点已经注册过了,本次申请是重复申请,或者上级管理人员认为该节点未达到注册条件,则拒绝该节点。拒绝下级节点的注册则删除下级节点的注册申请,将注册信息表中该记录的注册标志位设为被拒绝状态。同意下级节点的注册,则对注册信息进行冲突检测,发现冲突则审批不通过;若没有冲突,完成下级节点的注册。同意过程涉及复杂的冲突检测,并且要建立一系列的连接与同步关系。节点审批流程如图 4.53 所示。审批过程是在上级节点进行的,由上级节点管理员选择同意节点申请,然后执行审批的三个原子操作。

（1）建立上下级节点数据库之间的 DBLink 连接

向本地配置表（IPCONFIG）插入注册信息,包括下级的应用服务器 IP 地址、数据库服务器 IP 地址及节点名称。IPCONFIG 表的插入 Trigger 会捕捉到插入操作,并根据插入的记录中的下级节点的数据库 IP 地址信息,建立本地数据库到下级节点数据库的 DBLink,并通过这个建立起来的 DBLink 向下级节点的 IPCONFIG 表中插入一条记录,该条记录主要包括上级节点的名称和数据库服务器 IP 地址。下级节点 IPCONFIG 表的插入 Trigger 捕捉到插入操作后根据插入的上级节点的数据库服务器 IP 信息建立到上级数据库的 DBLink。以上操作是一个原子操作,这个原子操作的任务是建立上下级数据库之间的 DBLink 连接。

（2）冲突检测

首先,检测是否存在节点冲突（即该节点以前注册过或注册信息冲突）,如果存在节点冲突,则让用户选择数据保留的方式（元数据上传和元数据下载）。如果用户选择元数据下载,则直接用上级节点存在的下级节点的信息覆盖下级节点的信息,因为这部分信息是从上向下覆盖,所以不会出现冲突,不需要进行冲突检测。如果用户选择元数据上传或者是在这之前节点冲突检测时没有发现节点冲突则进行设备与台站冲突检测。如果没有发现冲突,则进行元数据上传,即用下级节点的相关元数据信息覆盖上级节点的元数据信息。这一步是原子操作,中间如果出现错误,则回滚到初始状态。

（3）建立上下级元数据同步机制

该同步机制是采用 Oracle 数据库对分布式数据库系统的支持技术 DBLink 和快照来实现的。同步机制建立的流程如下。向上级节点数据库 IPCONFIG 表中

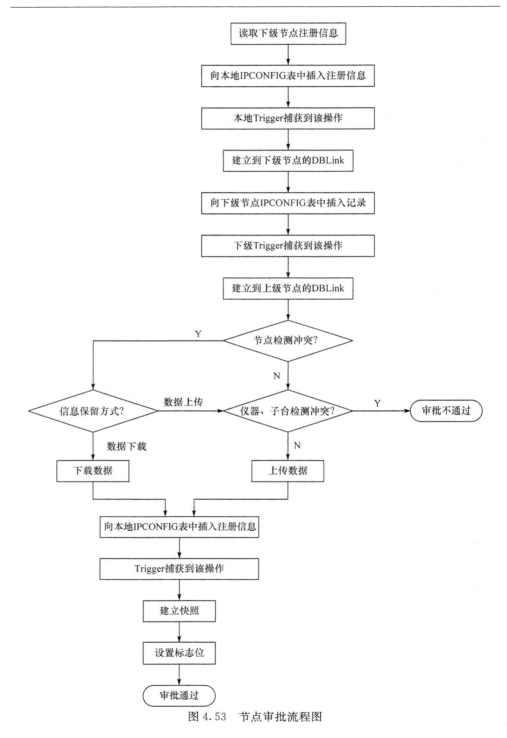

图 4.53　节点审批流程图

插入一条记录,该表的插入 Trigger 捕获到插入操作后根据插入的记录找到相应的 DBLink,然后通过这个 DBLink 建立下级节点元数据表的快照,并在这些快照上建立 Trigger。这些 Trigger 用来在同步过程中检测下级的元数据表数据是否与上级节点存在冲突。最后,修改节点相关信息表、注册信息表、IP 地址表等表中的注册标志位,将其置为已注册状态。节点信息表保存数据库中所有节点的基本信息,每个节点的信息为一条记录。这一步的操作也是原子操作。

当上述三个步骤都顺利完成后,节点审批成功,上下级节点的所有关系均已建立。在节点拓扑中就可看到新注册节点的相关信息。以上三个原子操作,如果在第一个原子操作中失败,则回滚到审批前的状态,这时只需重新审批同意即可;如果在第二个或第三个原子操作中失败,数据库中已经建立了一些实体,下次进入审批页面,程序会自动检测到已存在的注册信息,提示审批继续或拒绝。审批继续则继续完成剩下的几个审批原子操作。

3. 节点注销

（1）三级节点注销

节点注销用于强制删除下级管理节点。当上级管理节点不需要来自下级某个节点的数据时,则可自上而下地强制删除其下属节点。注销操作是在上级节点进行的,流程如图 4.54 所示。节点注销过程与节点建立过程正好相反,要将节点注册过程中建立的连接关系及注册信息全部删掉,避免垃圾数据,但需要保留台站和设备的配置信息。根据注销操作所在的节点位置可以将注销过程分为两个部分。

① 上级节点注销操作。上级节点执行注销操作后,首先删除本地 IPCONFIG 表中的记录,该表上的删除 Trigger(Delete Trigger)会捕获该操作,并根据删除的记录找到对应下级节点的 DBLink,删除该 DBLink,以及为元数据同步建立起来的快照与 Trigger。然后,向下级节点的 servlet 发送注销请求,等待回应。接到下级节点回复的注销响应后将台站信息表、仪器信息表、注册信息表和 IP 信息表等的注册标志位修改为未注册状态。

② 下级节点注销操作。下级节点 servlet 接收到上级节点的注销信息后,将本地 IPCONFIG 表中的对应记录删除。IPCONFIG 表中的 Trigger 将到上级的 DBLink 删掉,然后返回删除信息给上级节点。

以上操作没有分原子操作,如果中间出错则注销不成功,只能依靠强制删除功能删除注册关系,但会保留一部分快照和触发器。

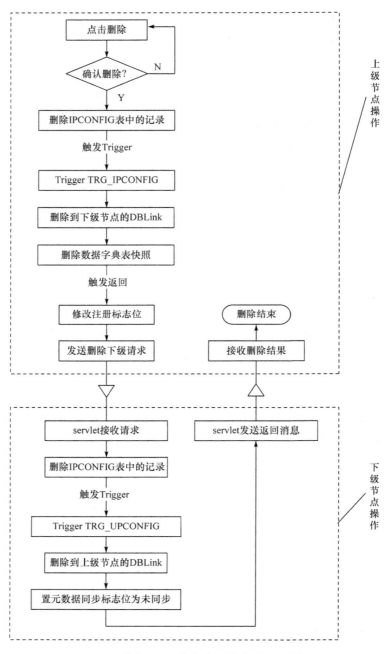

图 4.54　节点注销流程图

（2）学科中心注销

将学科中心从国家中心注销，删除国家中心与该学科中心之间的连接，并删除注册过程中建立的资源。学科中心注销流程如图 4.55 所示。在注销过程中,同样用到 UPCONFIG 表和 DOWNCONFIG 表。注销过程分两个部分操作,首先在删除学科中心 DOWNCONFIG 表中的记录,触发其删除到国家中心的 DBLink 及用于元数据同步的快照。然后,删除国家中心 UPCONFIG 表中该学科中心的记录,Trigger 会根据删除记录找到相应的 DBLink,并将其删除,学科中心注销完成。

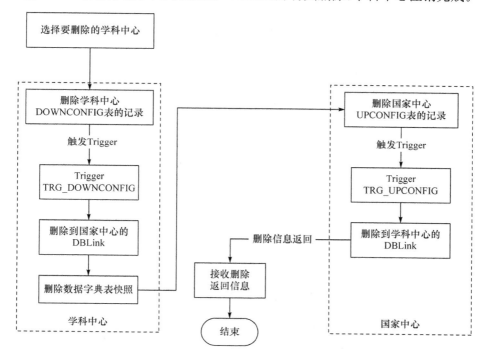

图 4.55　学科中心注销流程图

4. 台站配置

台站配置是将所属台站通过配置接入台站节点或区域中心节点,或对已经接入的台站进行修改,或将已经接入但不再需要的台站予以删除,因此台站配置模块提供节点所属台站的添加、修改、删除功能。

（1）台站添加

台站添加是将新台站添加到台站节点或区域中心节点。其基本流程是在台站节点配置功能页面点击"添加台站"按钮后输入台站配置信息,对配置信息进行合法性检验,然后对提交的台站配置信息进行冲突检测。若存在配置信息冲突,则修改配置信息后重新提交。台站配置信息包括台站名称、台站代码、所属区域、经度、纬度和高程等。

（2）台站修改

台站修改是对已经配置到管理节点的台站进行配置信息的修改，基本流程与台站添加基本相同，只是输入的台站配置信息从数据库中读取原有的配置信息。

台站添加和修改流程如图 4.56 所示。

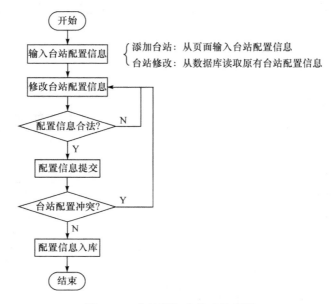

图 4.56　台站添加和修改流程图

（3）台站删除

台站删除是将已经配置到管理节点的台站因故（台站停测、台站数据不再需要等）不再需要后予以删除。台站删除后将删除该台站及其所属仪器，在台站列表中不再显示该台站的信息，在仪器列表中也不再显示属于该台站的所有仪器信息。台站删除流程如图 4.57 所示。

5. 仪器配置

仪器配置是将观测仪器通过配置接入所属台站，或将已经配置到台站的仪器进行修改，或将已经配置到台站的仪器因故不再需要时予以删除，因此仪器配置模块提供仪器添加、修改和删除的功能。仪器类型分为自动化观测仪器和非自动化观测仪器。自动化观测仪器包括 IP 仪器和非 IP 仪器。非自动化观测仪器包括人工（模拟）仪器和非在线仪器。根据地震前兆观测实际业务需求，仅在台站节点和区域中心节点具有仪器配置功能。

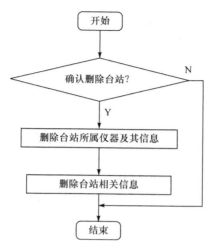

图 4.57 台站删除流程图

（1）仪器添加

仪器添加基本流程如图 4.58 所示。

① "十五"仪器添加。选择添加仪器类型为"十五仪器"，然后输入仪器配置信息。仪器配置信息主要包括仪器名称、所属台站、仪器 ID、测点编码、IP 地址、端口号、用户名和密码等。仪器的测项代码和采样率则在测试连通时直接从仪器取回，不需用户人工输入。完成适当的仪器信息配置并通过合法性检查和冲突检测后，进行测试连通校验，校验通过后才会添加成功，并将配置信息入库，否则不添加。

② "九五"仪器添加。选择添加仪器类型为"九五仪器"，然后输入仪器配置信息。仪器配置信息主要包括仪器名称、所属台站、测点编码、仪器 ID、"九五"仪器类型（智能仪器、公用数采）、采样率、仪器地址（"九五"仪器的仪器号）、仪器密码（"九五"仪器的序列号，如果没有可为空）等。完成适当的仪器信息配置，并通过合法性检查和冲突检测后，进行测试连通校验，校验通过后才会添加成功并将配置信息入库，否则不添加。需要注意的是，由于"九五"仪器的连接方式不同，测试连通过程可能需要较长的等待时间。

③ 人工（模拟）仪器添加。选择添加仪器类型为"人工仪器"，然后输入仪器配置信息。仪器配置信息主要包括仪器名称、所属台站、测点编码、仪器 ID、采样率、测项分量代码等。完成适当的仪器信息配置并通过合法性检查和冲突检测后，进行匹配性检测（即检测配置信息与该仪器类型固有的属性是否一致），检测通过后才会添加成功并将配置信息入库，否则不添加。

④ 非在线仪器配置。添加仪器前将符合"十五"文件入库规范的文件传送到服务器的指定目录下，选择添加仪器类型为"非在线仪器"，然后输入仪器配置信

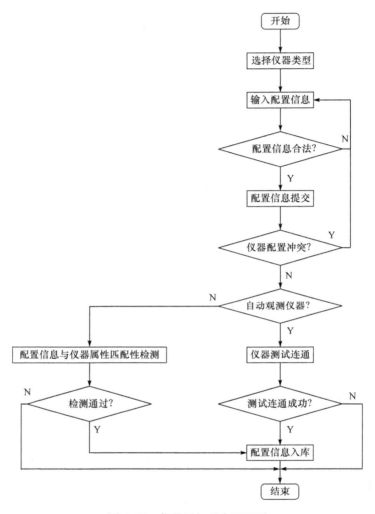

图 4.58　仪器添加基本流程图

息。仪器配置信息主要包括仪器名称、所属台站、测点编码、仪器 ID 等,仪器的测项分量代码和采样率会在匹配性检测时直接从仪器的数据文件中读取,不需用户手工输入。检测通过后才会添加成功,并将配置信息入库,否则不添加。

（2）仪器修改

仪器修改是对已经配置到台站的仪器进行配置信息的修改,其逻辑流程与仪器添加基本一致,只是配置信息从数据库中读取而不是重新输入。

（3）仪器删除

仪器删除是将已经配置到台站的仪器因故不再需要后予以删除。仪器删除时将删除该仪器的所有信息,在仪器列表中不再显示该仪器的信息,但保留原有的观测数据。

6. 节点拓扑

节点拓扑的功能是显示当前节点、注册到本节点的下属节点及其所包含的台站和仪器,针对每个台站和设备均可查看其详细信息。节点拓扑的生成使用的是网络脚本语言 JavaScript 拓扑生成包,只需将节点的上下级关系全部获取输入,节点拓扑就会自动生成。

以节点和设备信息最全的国家中心的节点拓扑为例,通过查看台站字典表判断节点上下级关系的过程如下。

(1) 判断机构代码字段的值

该字段是区域中心的标识,这样拓扑中的第一级就清楚了,即明确具体的区域地震前兆台网。

(2) 对具有相同机构代码的属性记录进行判断

如果属性记录等于区域中心机构代码,则该台站是该区域中心的直属台站,否则是该区域的节点台站。

(3) 对台站代码进行判断

如果台站代码等于所选台站属性记录值,则该台站是节点台站,否则是台站的下属台站。

区域中心及前兆台站的节点拓扑生成与此类似,只是判断步骤更少。

节点拓扑显示时同时显示节点统计信息,统计信息的内容在不同的节点分别如下。

① 国家中心。节点总数、区域中心总数、台站节点总数、仪器总数、“十五”仪器总数、“九五”仪器总数、人工观测仪器总数和非在线仪器总数。

② 区域中心。节点总数、节点台站总数、非节点台站总数、直属台站总数、仪器总数、“十五”仪器总数、“九五”仪器总数、人工观测仪器总数和非在线仪器总数。

③ 台站。台站总数、子台总数、仪器总数、“十五”仪器总数、“九五”仪器总数、人工观测仪器总数和非在线仪器总数。

4.8.2　日志管理设计

日志管理模块实现对系统中的数据采集、数据交换、数据服务、系统监控和系统管理等业务子系统的操作过程及结果进行记录,并提供日志的统计、查看和服务功能,为系统日常运行和维护提供依据。

1. 日志管理整体设计

日志管理主要包括日志记录、日志统计、日志查看和日志服务四个部分。日志记录是由各业务子系统执行过程中自动记录并入库的。日志统计是对系统产生的日志定期进行归类与统计。日志查看是用户对各种日志点击查阅。日志服务是依托数据服务子系统提供日志的查询、日志浏览和日志下载功能。日志查看仅对管理员和专业用户提供,而普通用户不享有日志服务权限。日志管理功能模块结构如图 4.59 所示

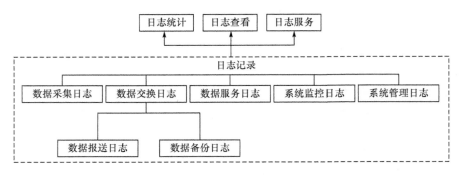

图 4.59　日志管理功能模块结构图

日志管理通过数据库统一访问平台访问数据库中的日志信息资源,通过上层门户提供管理界面。日志管理框架结构如图 4.60 所示。

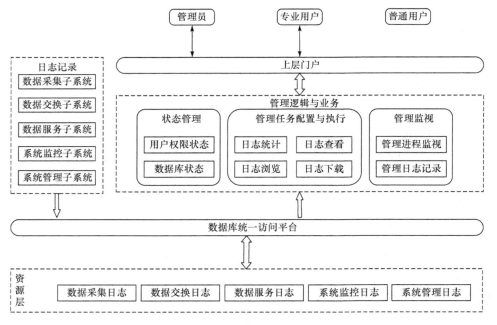

图 4.60　日志管理框架结构图

2. 日志记录设计

日志包括数据采集日志、数据交换日志、数据服务日志、系统监控日志和系统管理日志,分别由相应的业务功能子系统自动记录,记录各个业务子系统执行的起始时间、结束时间及执行结果等信息,并保存到数据库中。日志记录逻辑流程如图4.61所示。

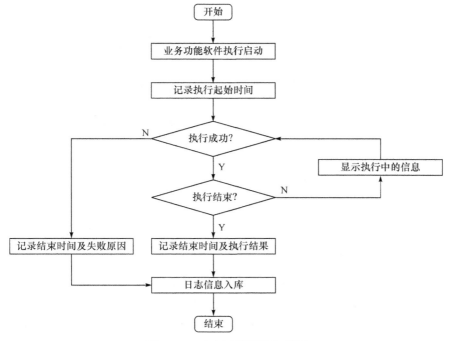

图 4.61　日志记录逻辑流程图

3. 日志统计设计

日志统计负责对系统中各个业务子系统记录的日志定期进行归类统计,包括日志名称、日志数量、日志时间等,方便用户查看。日志统计逻辑流程如图4.62所示。

4. 日志查看设计

日志查看是给用户不通过数据服务系统而直接在管理系统页面随时查看日志的功能,以方便用户及时掌握各个业务系统的执行情况及结果,一旦发现系统执行结果失败等情况,予以及时维护。日志查看逻辑流程如图4.63所示。

5. 日志服务设计

日志服务是通过数据服务子系统向用户提供日志信息的查询、浏览和下载功能,是数据服务子系统的一项重要功能,具体实现与观测数据服务等相同。

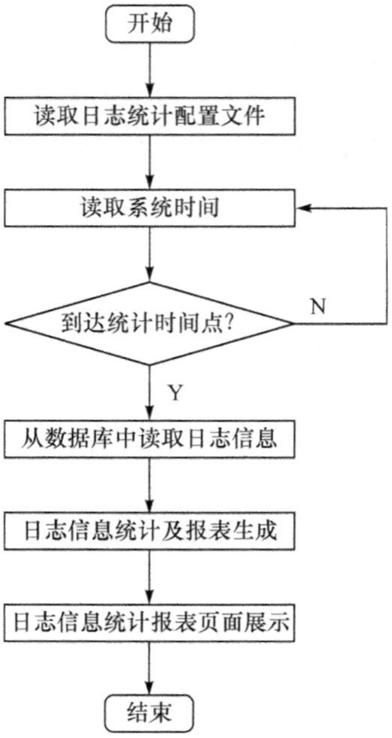

图 4.62 日志统计逻辑流程图

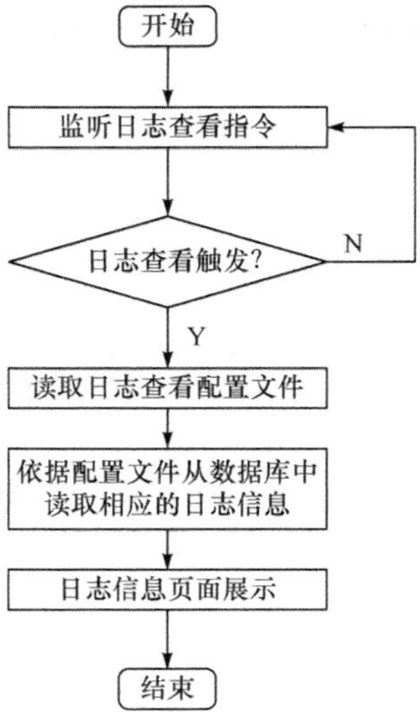

图 4.63 日志查看逻辑流程图

4.8.3 用户管理设计

用户管理模块是系统管理的一个重要内容,提供用户及其权限管理的功能,并提供一套完整的用户权限检测机制,用来检测用户是否拥有某个操作的权限,防止未经授权的用户使用系统的相应功能,从而为系统提供一种更加安全的工作模式。用户是最基本的概念,包括该用户所有的相关信息。

1. 用户访问权限管理设计

用户访问权限管理是在访问安全认证的基础上,设计角色与权限的映射关系,对用户的业务功能操作进行权限管理。

台网信息管理系统设计了三种不同类型的用户角色,每一类用户角色都配置事先定义好的使用权限,只有对某种操作具有使用权限的用户才可以执行该操作,否则视为未授权的操作。根据地震前兆观测的实际应用管理需求,系统设计的三类主要用户角色及其拥有的权限为:管理员用户拥有管理系统所有功能的操作权限;专业用户具有除对元数据、仪器、节点和用户的控制与管理性功能外,所有的观测业务功能的操作权限;普通用户仅具有对管理信息、运行状态信息和数据信息的查看权限。具体用户角色与权限的映射关系如图 4.64 所示。用户作业权限管

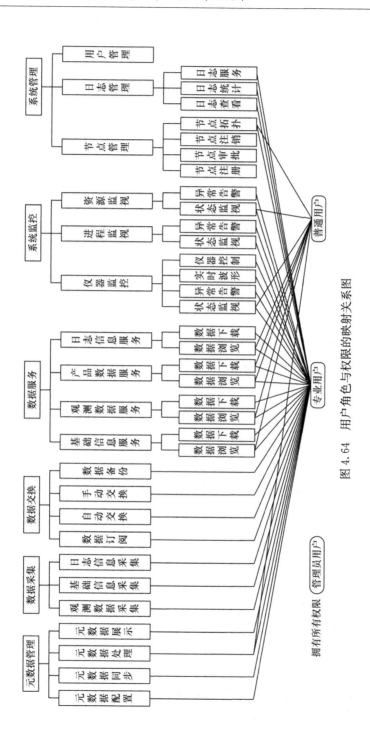

图 4.64 用户角色与权限的映射关系图

理逻辑流程如图 4.65 所示。

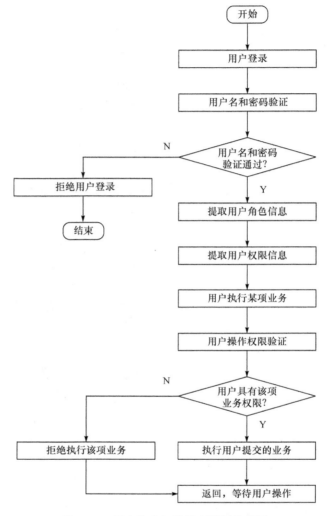

图 4.65　用户作业权限管理逻辑流程图

2. 用户配置管理设计

用户配置管理包括用户注册、用户审批、用户修改和用户注销四个功能,实现对用户的动态管理。

（1）用户注册

用户注册是各类用户向信息管理系统提出注册申请。

用户在注册页面填写申请的用户角色及其基本信息,确认后提交,信息管理系统暂存用户提交的申请及用户信息,等待管理员对其进行审批。用户注册逻辑流程如图 4.66 所示。

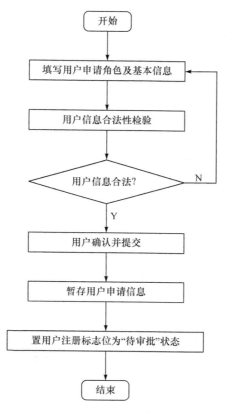

图 4.66　用户注册逻辑流程图

（2）用户审批

用户审批是管理员对用户提出的注册申请进行审核并批准,通过审批的用户才能登录并进行相应权限的操作。用户审批逻辑流程逻辑如图 4.67 所示。

（3）用户修改

用户修改是用户对已经注册的信息进行修改,包括用户注册信息和登录密码,但不能修改用户角色。用户修改逻辑流程如图 4.68 所示。

（4）用户注销

用户注销是管理员删除已经注册并通过审批的用户。用户注销逻辑流程如图 4.69 所示。

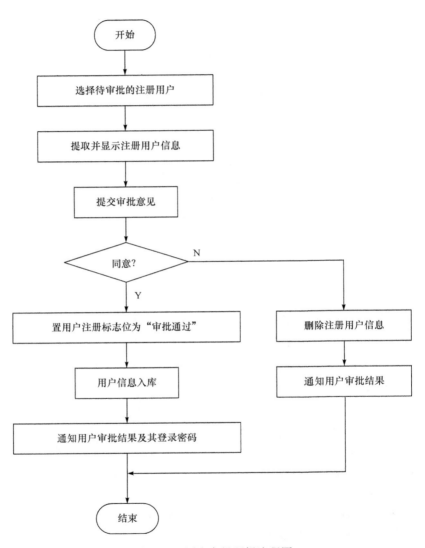

图 4.67　用户审批逻辑流程图

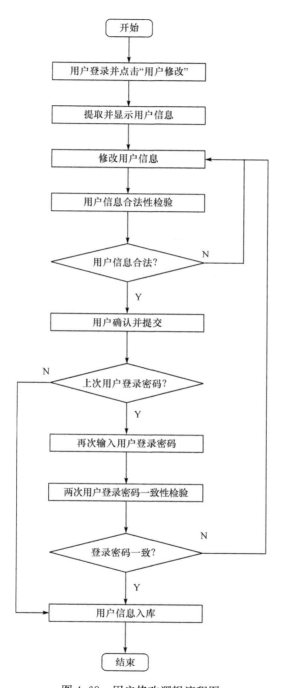

图 4.68　用户修改逻辑流程图

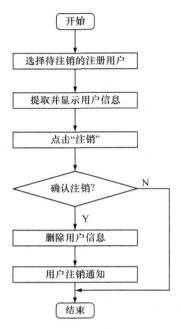

图 4.69　用户注销逻辑流程图

第5章 系统软件接口设计

设计规范化的软件接口,详细定义系统各层级之间、各业务子系统及各功能模块之间的信息交互约定,包括交互方式、信息流程、交互信息内容及格式等,是保证软件系统模块高效、无缝连接的必要技术手段,是软件系统开发的基本技术思路。根据系统框架设计和各业务子系统及其功能模块的详细设计,涉及的软件接口包括设备适配器接口、元数据管理接口、数据采集接口、数据交换接口、数据服务接口、系统监控接口和系统管理接口。各部分接口又包括外部接口和内部接口。

5.1 设备适配器接口

5.1.1 设备适配器外部接口

设备适配器的主要功能是对非 IP 仪器进行适配,通过适配器模块外部接口接受外部监视、控制。设备适配器外部接口包括采集仪器数据、配置仪器和获取仪器运行状态的接口。

(1) 采集仪器数据接口

功能描述:采集非 IP 仪器缓存的测量数据。

输入:IP 仪器数据采集命令。

输出:符合 IP 仪器数据格式的非 IP 仪器数据。

具体命令及输出数据格式参阅《中国地震前兆台网技术规程》。

(2) 配置仪器接口

功能描述:测试非 IP 仪器是否连通,获取信息并检查与用户的输入是否一致。

输入:用户输入的仪器配置信息。

输出:从仪器采集的仪器信息。

用户输入仪器配置信息元素定义如表 5.1 所示。仪器返回信息元素定义如表 5.2 所示。

表 5.1　用户输入仪器配置信息元素定义

子元素名称	子元素含义	是否必须
ip	仪器适配器的 IP 地址	是
port	仪器适配器工作的端口	是
deviceType	仪器类型	是
deviceNo	仪器的串口总线编号	是
deviceSerial	仪器的序列号	是

表 5.2　仪器返回信息元素定义

子元素名称	子元素含义	是否必须
item	仪器的测项分量列表	是
sampleRate	仪器采样率	否
stationID	仪器所属的台站 ID	否
deviceTime	仪器时间	否

（3）获取仪器运行状态接口

功能描述：构造仪器监控命令，将命令发往对应的仪器，并将仪器状态结果返回。

输入：监控仪器运行状态信息的命令，符合《中国地震前兆台网技术规程》。

输出：监控仪器运行状态信息的命令序列，功能与输入相符，格式符合《地震前兆观测仪器第 2 部分：通信与控制》。

获取仪器运行状态信息的命令格式元素定义如表 5.3 所示。

表 5.3　获取仪器运行状态信息的命令格式元素定义

子元素名称	子元素含义	是否必须
CmdID	任务的全局通用唯一识别码	是
returnIP	返回结果信息的获取者 IP 地址	是
CmdType	命令的类型	是
deviceID	仪器 ID	是
CmdParam	符合该命令类型的参数表	是

5.1.2　设备适配器内部接口

（1）CommandCatcher 类

CommandCatcher 类如表 5.4 所示。

表 5.4　CommandCatcher 类

类名称：CommandCatcher

描　　述：该类是设备适配器的调度单元,主要用于监听设备访问命令的到来并为新到来的命令分配执行单元,完成对命令的执行和结果的返回

接口名称：run

描述	主要工作流程： ①监听设备访问命令的到来。当有命令到来时,查看当前是否有空闲的执行单元可用于该命令的执行。若没有空闲的执行单元,则将适配器负载过重的信息通过相同的 TCP 连接报告采集模块 ②当可以为新的命令分配执行单元时,从执行单元池选出空闲的执行单元,然后将命令分配给该执行单元执行,并置其状态为非空闲
输入	无
输出	平台释放类型(重启或终止)

（2）CommandExecuter 类

CommandExecuter 类如表 5.5 所示。

表 5.5　CommandExecuter 类

类名称：CommandExecuter

描　　述：该类是设备适配器中的执行单元,它接受 Socket IO 的服务线程,用于完成对来自采集模块设备访问请求的响应

接口名称：run

描述	主要工作流程： ①被调度单元唤醒开始执行流程,在唤醒前已被调度单元分配好要执行的命令 ②将该 IP 仪器命令转化成非 IP 仪器命令(集) ③按照非 IP 仪器结果存放的文件命名规则检查需要执行的非 IP 仪器命令是否已经完成。若未完成,则将该非 IP 仪器命令加入执行单元的执行队列中 ④等待所转化的非 IP 仪器命令(集)执行完成 ⑤从所转化的非 IP 仪器命令(集)对应的结果(集)存放的文件中读取结果,并转换为 IP 仪器格式的结果,然后将该结果返回采集模块
输入	无
输出	平台释放类型(重启或终止)

（3）ExecuteWorker 类

ExecuteWorker 类如表 5.6 所示。

表 5.6　ExecuteWorker 类

类名称:ExecuteWorker	
描　述:该类映射每一个需要串行访问的连接资源,并负责管理使用该连接资源的命令执行	

接口名称:run	
描述	主要工作流程: ①轮询非 IP 仪器命令执行队列,若队列非空,则依次将命令出队 ②根据命令指定的非 IP 仪器的连接方式,确认访问单元是否可重用当前与非 IP 仪器的连接。若不可重用,则释放当前与非 IP 仪器的连接,并建立新的符合当前命令要求的设备连接 ③检查该命令对应的结果是否已存在于结果缓冲中。结果缓冲是按照一定的命名规则保存命令执行结果的文件,这些文件唯一标识相互独立的非 IP 仪器命令对应的结果。若该结果已被缓冲,则直接通知执行单元该结果已经获得;否则,首先向设备发送命令并等待结果返回,然后通知执行单元
输入	无
输出	平台释放类型(重启或终止)

5.2　元数据管理接口

5.2.1　元数据管理外部接口

1. 台站配置外部接口

(1)台站添加外部接口

功能描述:台站添加是为区域中心节点添加直属子台或为台站节点添加下属子台。

输入:台站代码、台站名称、台站代码缩写和台站的经度、纬度和高程等。

输出:台站添加结果信息,即添加成功、添加失败。

台站添加输入信息元素定义如表 5.7 所示。

表 5.7　台站添加输入信息元素定义

变量名称	变量含义	是否必须
stationCode	台站代码	是
stationName	台站名称	是
stationShortCode	台站代码缩写	是
unitCode	所属单位代码	是

续表

变量名称	变量含义	是否必须
longitude	台站经度	是
latitude	台站纬度	是
altitude	台站高程	是

（2）台站修改外部接口

功能描述：修改台站的信息。

输入：新的台站代码、台站名称、台站代码缩写和台站的经度、纬度和高程等。

输出：台站修改结果信息，即修改成功、修改失败。

台站修改输入信息元素定义如表 5.8 所示。

表 5.8　台站修改输入信息元素定义

变量名称	变量含义	是否必须
stationCode	台站代码	是
stationName	台站名称	是
stationShortCode	台站代码缩写	是
unitCode	所属单位代码	是
longitude	台站经度	是
latitude	台站纬度	是
altitude	台站高程	是

（3）台站删除外部接口

功能描述：删除区域中心的直属子台或台站节点的下属子台，删除台站的信息包括台站代码、台站名称、台站代码缩写和台站的经度、纬度和高程等，并删除该台站的所有下属仪器信息。

输入：台站代码。

输出：台站删除结果信息，即删除成功、删除失败。

台站删除输入信息元素定义如表 5.9 所示。

表 5.9　台站删除输入信息元素定义

变量名称	变量含义	是否必须
stationCode	台站代码	是

2. 仪器配置外部接口

（1）仪器添加外部接口

功能描述：为系统添加地震前兆观测仪器。

输入：仪器 ID、测点编码、仪器名称、所属台站、IP 地址、端口号、用户名和密码等。

输出：仪器添加结果信息，即添加成功、添加失败。

仪器添加输入信息元素定义如表 5.10 所示。

表 5.10　仪器添加输入信息元素定义

变量名称	变量含义	是否必须
deviceID	仪器 ID	是
testpointCode	测点编码	是
deviceName	仪器名称	是
stationName	所属台站名称	是
IP	IP 地址	是
port	端口号	是
userName	用户名	是
password	密码	是

（2）仪器修改外部接口

功能描述：修改仪器的信息。

输入：新的仪器 ID、测点编码、仪器名称、所属台站、IP 地址、端口号、用户名和密码等。

输出：仪器修改结果信息，即修改成功、修改失败。

仪器修改输入信息元素定义如表 5.11 所示。

表 5.11　仪器修改输入信息元素定义

变量名称	变量含义	是否必须
deviceID	仪器 ID	是
testpointCode	测点编码	是
deviceName	仪器名称	是
stationName	所属台站名称	是
IP	IP 地址	是
port	端口号	是
userName	用户名	是
password	密码	是

（3）仪器删除外部接口

功能描述：删除系统中的仪器，同时删掉该仪器上的自动采集任务、仪器告警信息及该仪器的测点。

输入：仪器 ID。

输出：仪器删除结果信息，即删除成功、删除失败。

仪器删除输入信息元素定义如表 5.12 所示。

表 5.12　仪器删除输入信息元素定义

变量名称	变量含义	是否必须
deviceID	仪器 ID	是

5.2.2　元数据管理内部接口

1.台站配置内部接口

（1）台站添加内部接口

台站添加内部接口如表 5.13 所示。

表 5.13　台站添加内部接口

类名称：ConflictionCheckInterface	
描　述：检测台站是否冲突	
接口名称：conflictionCheckInterface	
描述	检测台站是否冲突
输入	台站代码
输出	冲突检测结果信息：冲突、不冲突

（2）台站修改内部接口

台站修改内部接口如表 5.14 所示。

表 5.14　台站修改内部接口

类名称：ConflictionCheckInterface	
描　述：检测台站是否冲突	
接口名称：conflictionCheckInterface	
描述	检测台站是否冲突
输入	台站代码
输出	冲突检测结果信息：冲突、不冲突

（3）台站删除内部接口

台站删除内部接口如表 5.15 所示。

表 5.15　台站删除内部接口

类名称：DeleteStationSubInfoInterface

描　述：删除台站的关联信息

接口名称：deleteStationSubInfoInterface

描述	删除台站的关联信息
输入	台站代码
输出	删除结果信息：删除成功、删除失败

2. 仪器配置内部接口

（1）仪器添加内部接口

仪器添加内部接口如表 5.16 所示。

表 5.16　仪器添加内部接口

类名称：AddIPDeviceInterface

描　述：添加 IP 仪器

接口名称：addIPDeviceInterface

描述	添加 IP 仪器
输入	仪器 ID、测点编码、仪器名称、所属台站名称、IP 地址、端口号、用户名和密码
输出	添加结果信息：添加成功、添加失败

类名称：AddNoIPDeviceInterface

描　述：添加非 IP 仪器

接口名称：addNoIPDeviceInterface

描述	添加非 IP 仪器
输入	仪器 ID、所属台站名称、测点编码、仪器名称、所对应公用数采、采样率、通道个数、各通道的数采通道映射(仪器通道与公用数采通道的映射)、转换方式(电压量、频率量)、转换参数、精度
输出	添加结果信息：添加成功、添加失败

类名称：AddArtificialDeviceInterface

描　述：添加人工观测仪器

接口名称：addArtificialDeviceInterface

描述	添加人工观测仪器
输入	仪器 ID、测点编码、仪器名称、所属台站名称，测项代码、采样率
输出	添加结果信息：添加成功、添加失败

（2）仪器修改内部接口

仪器修改内部接口如表 5.17 所示。

表 5.17　仪器修改内部接口

类名称：ModifyIPDeviceInterface	
描　述：修改 IP 仪器	
接口名称：modifyIPDeviceInterface	
描述	修改 IP 仪器
输入	仪器 ID、测点编码、仪器名称、所属台站名称、IP 地址、端口号、用户名和密码
输出	修改结果信息：修改成功、修改失败
类名称：ModifyNoIPDeviceInterface	
描　述：修改非 IP 仪器	
接口名称：modifyNoIPDeviceInterface	
描述	修改非 IP 仪器
输入	仪器 ID、所属台站名称、测点编码、仪器名称、所对应公用数采、采样率、通道个数、各通道的数采通道映射（仪器通道与公用数采通道的映射）、转换方式（电压量、频率量）、转换参数、精度
输出	修改结果信息：修改成功、修改失败
类名称：ModifyArtificialDeviceInterface	
描　述：修改人工观测仪器	
接口名称：modifyArtificialDeviceInterface	
描述	修改人工观测仪器
输入	仪器 ID、测点编码、仪器名称、所属台站名称、测项代码、采样率
输出	修改结果信息：修改成功、修改失败

（3）仪器删除内部接口

仪器删除内部接口如表 5.18 所示。

表 5.18　仪器删除内部接口

类名称：DeleteIPDeviceInterface	
描　述：删除 IP 仪器	
接口名称：deleteIPDeviceInterface	
描述	删除 IP 仪器
输入	仪器 ID
输出	删除结果信息：删除成功、删除失败

类名称:DeleteNoIPDeviceInterface

描　述:删除非 IP 仪器

接口名称:deleteNoIPDeviceInterface

描述	删除非 IP 仪器
输入	仪器 ID
输出	删除结果信息:删除成功、删除失败

类名称:DeleteArtificialDeviceInterface

描　述:删除人工观测仪器

接口名称:deleteArtificialDeviceInterface

描述	删除人工观测仪器
输入	仪器 ID
输出	删除结果信息:删除成功、删除失败

5.3　数据采集接口

5.3.1　数据采集外部接口

数据采集子系统通过数据采集外部接口接受外部监视和控制,包括采集任务的执行情况、采集模块的运行情况和仪器运行情况的监视。数据采集子系统外部接口包括提交采集任务、测试仪器连通性、采集状态监视和仪器运行状态监视等接口。

1.提交采集任务接口

功能描述:触发数据采集子系统到数据库读取数据采集任务信息。
输入:无。
输出:无。

2.测试仪器连通性接口

功能描述:测试仪器是否连通,获取信息并检查与用户输入信息是否一致。
输入:用户输入的仪器配置信息。
输出:从仪器采集的配置信息。
用户输入仪器配置信息元素定义如表 5.19 所示。仪器返回配置信息元素定义如表 5.20 所示。

表 5.19　用户输入仪器配置信息元素定义

子元素名称	子元素含义	是否必须
IP	仪器的 IP 地址	是
port	仪器工作的端口	是
deviceID	仪器 ID	是
userName	仪器的登录用户名	是
password	仪器的登录密码	是

表 5.20　仪器返回配置信息元素定义

子元素名称	子元素含义	是否必须
item	仪器的测项分量列表	是
sampleRate	仪器采样率	是
stationID	仪器所属的台站 ID	是
deviceID	仪器 ID	是

3. 采集状态监视接口

功能描述:获取数据采集的工作状态,包括运行状态、任务数量、数据吞吐量、实时连接数量等。

输入:无。

输出:当前数据采集的工作状态信息。

采集模块的工作状态信息元素定义如表 5.21 所示。

表 5.21　采集模块的工作状态信息元素定义

子元素名称	子元素含义	是否必须
startTime	采集模块开始运行的时间	是
runingTime	采集模块连续运行的时间	是
commandStat	命令状态	是
queueStat	队列状态	是
realTimeStat	实时连接状态	是

4. 仪器运行状态监视接口

功能描述:构造仪器监视控制命令,将命令发往对应的仪器,并返回仪器运行状态结果。

输入:监视控制内容信息。

输出:监视控制命令的执行结果。

采集模块命令格式数据元素定义如表 5.22 所示。

表 5.22　采集模块命令格式数据元素定义

子元素名称	子元素含义	是否必须
CmdID	任务的全局通用唯一识别码	是
returnIP	返回结果信息的获取者 IP 地址	是
CmdType	命令的类型	是
deviceID	仪器 ID	是
CmdParam	符合该命令类型的参数表	是

5.3.2　数据采集内部接口

1. AutoChecker 类

AutoChecker 类如表 5.23 所示。

表 5.23　AutoChecker 类

类名称:AutoChecker	
描　述:自动任务命令源接口,负责从该命令源获取命令并返回结果	
接口名称:run	
描述	主要工作流程: ①将当前时刻应该执行的自动命令加入全局命令队列 ②将当前时刻应该执行的新设备命令加入全局命令队列 ③将所有执行完毕的结果写入数据库 Auto_Gather ④记录执行日志
输入	无
输出	平台释放类型(重启或终止)

2. ManualChecker 类

ManualChecker 类如表 5.24 所示。

表 5. 24　ManualChecker 类

类名称：ManualChecker	
描　述：手动任务命令源接口，负责从该命令源获取命令并返回结果	
接口名称：run	
描述	主要工作流程： ①接受手动命令发送端的信号 ②从手动命令数据表 Manual_Gather 中获得新加入的所有命令并加入全局命令队列中
输入	无
输出	平台释放类型（重启或终止）

3. DeviceChecker 类

DeviceChecker 类如表 5. 25 所示。

表 5. 25　DeviceChecker 类

类名称：DeviceChecker	
描　述：保持内存和数据库在设备信息上同步的类。当新设备加入时，负责分配相关资源并启动其工作；当旧设备删除时，负责释放相关资源并停止其工作	
接口名称：run	
描述	主要工作流程： ①接受来自设备配置端的触发信号 ②同步设备信息
输入	无
输出	平台释放类型（重启或终止）

4. Catcher 类

Catcher 类如表 5. 26 所示。

表 5. 26　Catcher 类

类名称：Catcher	
描　述：负责启动和停止采集模块工作	
接口名称：main()	
描述	从此处开始采集模块的执行
输入	无
输出	无

5. IPCommandExecuter 类

IPCommandExecuter 类如表 5.27 所示。

表 5.27　IPCommandExecuter 类

类名称：IPCommandExecuter	
描　述：隶属设备的命令执行线程，负责发送命令、接受原始结果、处理原始结果、生成中间结果	
接口名称：run	
描述	主要工作流程： ①从与自己相关的命令通道队列取出要执行的命令。每个命令通道队列对应设备的每个可用的并发 TCP 连接。当命令通道队列为空时，进入休眠，并等待被添加命令的线程唤醒 ②当有命令需要执行时，检查该命令执行器对应的设备命令通道是否被对应的实时数据通信模块占用，若占用，则进行抢占 ③向设备发送命令并接受结果，若在此过程中出现通信错误，则报告该错误，并中止命令的执行 ④在结果接受成功后，对结果进行处理，若结果处理成功，则报告处理结果；否则，报告处理失败的原因 ⑤重置命令执行器的状态，使其处于可执行新命令的状态
输入	无
输出	平台释放类型（重启或终止）

5.4　数据交换接口

5.4.1　数据交换外部接口

1. 数据上报接口

（1）设置数据订阅状态接口

功能描述：设置数据表的订阅状态，决定该表是否进行上报操作。

输入：数据表名，订阅状态。

输出：无。

设置数据订阅状态输入信息元素定义如表 5.28 所示。

表 5.28　设置数据订阅状态输入信息元素定义

子元素名称	子元素含义	是否必须
tableName	需要修改状态的数据表名	是
subscribeStatus	需要修改的订阅状态	是

（2）增加自动数据上报时间点接口

功能描述：增加一个时间点，使数据上报进程在该时间点自动启动执行。

输入：时间点。

输出：完成状态。

增加自动数据上报时间点输入信息元素定义如表 5.29 所示。增加自动数据上报时间点输出信息元素定义如表 5.30 所示。

表 5.29　增加自动数据上报时间点输入信息元素定义

子元素名称	子元素含义	是否必须
operateTime	操作所增加的时间参数	是

表 5.30　增加自动数据上报时间点输出信息元素定义

子元素名称	子元素含义	是否必须
status	操作完成状态	是

（3）删除自动数据上报时间点接口

功能描述：删除一个已经设定的数据上报时间点。

输入：时间点。

输出：完成状态。

删除自动数据上报时间点输入信息元素定义如表 5.31 所示。删除自动数据上报时间点输出信息元素定义如表 5.32 所示。

表 5.31　删除自动数据上报时间点输入信息元素定义

子元素名称	子元素含义	是否必须
operateTime	操作所删除的时间参数	是

表 5.32　删除自动数据上报时间点输出信息元素定义

子元素名称	子元素含义	是否必须
status	操作完成状态	是

（4）手动数据上报接口

功能描述：数据上报进程立刻执行一次数据上报。

输入：无。

输出:设置完成状态。

手动数据上报输出信息元素定义如表 5.33 所示。

表 5.33　手动数据上报输出信息元素定义

子元素名称	子元素含义	是否必须
status	操作完成状态	是

(5) 获取数据上报运行状态接口

功能描述:得到上报进程的运行状态。若处于运行状态,则返回状态参数值,包括运行开始时间、数据上报速度、已处理记录数等。

输入:无。

输出:进程运行状态及其参数。

获取数据上报运行状态输出信息元素定义如表 5.34 所示。

表 5.34　获取数据上报运行状态输出信息元素定义

子元素名称	子元素含义	是否必须
operationSped	数据上报速度(条/秒)	是
operationSum	已完成记录数	是
operationByte	已完成记录流量	是
operationStatus	目前进程运行状态	是
operationStartTime	进程起始时间	是

(6) 获取数据上报日志接口

功能描述:取得上报历史记录,包括完成状态等信息。

输入:无。

输出:上报历史记录列表。

获取数据上报日志输出信息元素定义如表 5.35 所示。

表 5.35　获取数据上报日志输出信息元素定义

子元素名称	子元素含义	是否必须
completeHistoryList	上报历史记录列表	是

2. 数据备份接口

(1) 设置数据订阅状态接口

功能描述:设置数据表的订阅状态,决定该表是否进行备份操作。

输入:数据表名,订阅状态。

输出:无。

设置数据订阅状态输入信息元素定义如表 5.36 所示。

表 5.36　设置数据订阅状态输入信息元素定义

子元素名称	子元素含义	是否必须
tab1eName	需要修改状态的数据表名	是
subscribeStatus	需要修改的订阅状态	是

（2）增加自动数据备份时间点接口

功能描述：增加一个时间点，使数据备份进程在该时间点自动启动执行。

输入：时间点。

输出：完成状态。

增加自动数据备份时间点输入信息元素定义如表 5.37 所示。增加自动数据备份时间点输出信息元素定义如表 5.38 所示。

表 5.37　增加自动数据备份时间点输入信息元素定义

子元素名称	子元素含义	是否必须
operateTime	操作所增加的时间参数	是

表 5.38　增加自动数据备份时间点输出信息元素定义

子元素名称	子元素含义	是否必须
status	操作完成状态	是

（3）删除自动数据备份时间点接口

功能描述：删除一个已经设定的数据备份时间点。

输入：时间点。

输出：完成状态。

删除自动数据备份时间点输入信息元素定义如表 5.39 所示。删除自动数据备份时间点输出信息元素定义如表 5.40 所示。

表 5.39　删除自动数据备份时间点输入信息元素定义

子元素名称	子元素含义	是否必须
operateTime	操作所删除的时间参数	是

表 5.40　删除自动数据备份时间点输出信息元素定义

子元素名称	子元素含义	是否必须
status	操作完成状态	是

（4）手动数据备份接口

功能描述：备份进程立刻执行一次数据备份。

输入：无。

输出：设置完成状态。

手动数据备份输出信息元素定义如表 5.41 所示。

表 5.41　手动数据备份输出信息元素定义

子元素名称	子元素含义	是否必须
status	操作完成状态	是

（5）获取数据备份运行状态接口

功能描述：得到数据备份进程目前的运行状态。若处于运行状态，则返回状态参数值，包括运行开始时间、数据备份速度、已处理记录数等。

输入：无。

输出：进程运行状态及其参数值。

获取数据备份运行状态输出信息元素定义如表 5.42 所示。

表 5.42　获取数据备份运行状态输出信息元素定义

子元素名称	子元素含义	是否必须
operationSped	数据备份速度（条/秒）	是
operationSum	已完成记录数	是
operationByte	已完成记录流	是
operationStatus	目前进程运行状态	是
operationStartTime	进程起始时间	是

（6）获取数据备份日志接口

功能描述：取得数据备份历史记录，包括完成状态等信息。

输入：无。

输出：备份历史记录列表。

获取数据备份日志输出信息元素定义如表 5.43 所示。

表 5.43　获取数据备份日志输出信息元素定义

子元素名称	子元素含义	是否必须
completeHistoryList	备份历史记录列表	是

（7）修改备份数据库 IP 接口

功能描述：对备份数据库的 IP 进行修改。

输入：备份数据库 IP 值。

输出:完成状态。

修改备份数据库 IP 输入信息元素定义如表 5.44 所示。

表 5.44　修改备份数据库 IP 输入信息元素定义

子元素名称	子元素含义	是否必须
BakDataBaseIP	备份库 IP	是

5.4.2　数据交换内部接口

1. Boss 类

Boss 类如表 5.45 所示。

表 5.45　Boss 类

类名称:Boss	
描　述:Boss 是整个程序的入口点,是启动应用运行的第一个程序,通过启动 Boss 线程调度 Worker 线程,通过 Worker 线程执行任务	
接口名称:notifyworker	
描述	负责调度 Worker 线程工作
输入	Worker 的 ID
输出	无
接口名称:run	
描述	负责启动 Boss 线程,对 Worker 线程进行管理
输入	无
输出	无

2. Worker 类

Worker 类如表 5.46 所示。

表 5.46　Worker 类

类名称:Worker	
描　述:Worker 用来执行 Mission 逻辑代码,每个 Worker 类代表一个子线程,通过 Worker 管理线程的运行	
接口名称:excuteMission	
描述	负责执行任务,运行 Mission 类中的逻辑代码
输入	Mission 的 ID

输出	无
接口名称：run	
描述	负责启动 Mission 任务
输入	无
输出	无

3. SocketThread 类

SocketThread 类如表 5.47 所示。

表 5.47　SocketThread 类

类名称：SocketThread

描　述：SocketThread 用来监听前台端口，当前台需要执行手动交换的时候，向该类发 Socket 消息，由该类执行一次交换操作

接口名称：configurationSet	
描述	前台手动交换后设置配置文件中的时间
输入	无
输出	完成状态
接口名称：run	
描述	负责启动 SocketThread 线程，对前台 Socket 进行监听
输入	无
输出	无

4. SocketThread2 类

SocketThread2 类如表 5.48 所示。

表 5.48　SocketThread2 类

类名称：SocketThread2

描　述：SocketThread2 用来监听前台端口，当前台需要对自动交换时间策略进行修改的时候，向该类发 Socket 消息，由该类对配置文件进行修改

接口名称：configurationSet	
描述	前台自动交换策略改变后设置配置文件中的时间
输入	时间点
输出	无

接口名称：run	
描述	负责启动 SocketThread2 线程，对前台 Socket 进行监听
输入	无
输出	无

5. StatusThread 类

StatusThread 类如表 5.49 所示。

表 5.49　StatusThread 类

类名称：StatusThread	
描　述：StatusThread 用来向前台发送运行状态信息，线程启动以后按固定频率向前台发送当前运行状态	
接口名称：getConfiguration	
描述	从配置文件中读取运行状态
输入	无
输出	各种运行参数
接口名称：run	
描述	负责启动 StatusThread 线程，向前台发送运行状态
输入	无
输出	无

6. Exception 类

Exception 类如表 5.50 所示。

表 5.50　Exception 类

类名称：Exception	
描　述：Exception 用来处理各种异常信息。当系统产生异常时，由该类进行处理并记录异常信息	
接口名称：insertException	
描述	记录异常信息
输入	异常信息
输出	完成状态

7. MonitorOracle 类

MonitorOracle 类如表 5.51 所示。

表 5.51　MonitorOracle 类

类名称：MonitorOracle	
描　述：MonitorOracle 用来监视数据库空间状态。当数据库空间不足时，为数据库分配新空间；当硬盘空间不足时，产生告警信息	
接口名称：monitorSpace	
描述	监控数据库空间，返回状态值
输入	无
输出	状态值
接口名称：selectDBA	
描述	若空间不够，则为数据库分配空间
输入	无
输出	若硬盘空间不够，返回错误状态

8. CommonUse 类

CommonUse 类如表 5.52 所示。

表 5.52　CommonUse 类

类名称：CommonUse	
描　述：CommonUse 是整个系统的工具类，包括一些通用的方法，例如记录数据库消息、对 XML 文件进行读写操作等	
接口名称：writeXML	
描述	对 XML 文件进行写操作
输入	XML 文件路径，需要写入节点名和节点值
输出	完成状态
接口名称：writeTxt	
描述	对文本文件进行写操作
输入	文本文件路径，需要写入信息
输出	完成状态
接口名称：getSped	
描述	取得数据操作速度
输入	起始操作时间，操作记录数
输出	操作速度
接口名称：constraintOperation	
描述	交换产生数据冲突时的处理
输入	冲突表名，冲突数据
输出	完成状态

续表

接口名称：insertStatus	
描述	往数据库中插入交换记录
输入	交换起始时间（作为主键），起始状态
输出	完成状态
接口名称：updateStatus	
描述	对数据库中完成状态进行修改
输入	交换起始时间（作为主键），更新状态
输出	完成状态
接口名称：checkStatus	
描述	对数据库中被强行中断的交换记录更新正确状态
输入	无
输出	完成状态

5.5　数据服务接口

5.5.1　数据服务外部接口

数据服务外部接口接受用户控制，根据用户权限为用户提供相应的数据检索、下载等服务。

功能描述：数据服务通过数据服务外部接口接受外部检索、查询，包括数据服务的执行、数据服务的运行情况。

输入：台站代码、测点编码、数据类型、数据时间段等。

输出：根据用户输入内容及权限，展示数据、绘图、下载等信息。

用户输入数据服务信息元素定义如表 5.53 所示。系统返回数据服务信息元素定义如表 5.54 所示。

表 5.53　用户输入数据服务信息元素定义

子元素名称	子元素含义	是否必须
stationID	台站代码	是
portID	测点编码	是
dataType	数据类型	是
sampleRate	仪器采样率	是
userName	登录用户名	是

表 5.54　系统返回数据服务信息元素定义

子元素名称	子元素含义	是否必须
item	仪器的测项分量列表	是
sampleRate	仪器采样率	是
stationID	仪器所属的台站 ID	是
deviceID	仪器 ID	是
data	数据	是

5.5.2　数据服务内部接口

1. DataSearcher 类

DataSearcher 类如表 5.55 所示。

表 5.55　DataSearcher 类

类名称：DataSearcher

描　述：DataSearcher 接受服务命令源接口，负责从该命令源获取命令并返回结果

接口名称：run

描述	主要工作流程： ①将当前时刻应该执行的自动命令加入全局命令队列 ②将当前时刻应该执行的新设备命令加入全局命令队列 ③将所有执行完毕的结果写入 DataList 中 ④记录执行日志
输入	无
输出	平台释放类型（重启或终止）

2. DataList 类

DataList 类如表 5.56 所示。

表 5.56　DataList 类

类名称：DataList

描　述：服务任务命令源接口，负责从该命令源获取命令并返回结果

接口名称：run

描述	主要工作流程： ①接受来自用户命令发送端的数据 ②从命令数据表中获得新加入的所有命令并加入全局命令队列中
输入	无
输出	展示检索到的数据到展示层

5.6　系统监控接口

5.6.1　系统监控外部接口

系统监控通过系统监控模块外部接口接受外部控制,可以实现仪器状态的监视与控制,仪器实时波形的绘制,以及系统各进程的状态监视。系统监控外部接口包括仪器状态监视控制、仪器测量数据实时波形绘制和系统进程状态监视的接口。

1. 仪器状态监视控制接口

功能描述:用户通过该接口构造发送设备的状态监视或控制信息。该信息异步地通过数据采集模块发送给仪器,并产生唯一的信息编号。用户页面可以使用该编号查询该命令的结果返回情况。

输入:监视控制命令及命令参数。

输出:命令执行的结果,或结果未返回。

用户输入仪器监控命令信息元素定义如表 5.57 所示。仪器返回状态数据元素定义如表 5.58 所示。

表 5.57　用户输入仪器监控命令信息元素定义

子元素名称	子元素含义	是否必须
IP	数据采集模块的 IP 地址	是
port	数据采集模块工作的端口	是
deviceID	仪器 ID	是
userName	仪器的登录用户名	是
password	仪器的登录密码	是

表 5.58　仪器返回状态数据元素定义

子元素名称	子元素含义	是否必须
item	仪器测项分量列表	是
sampleRate	仪器采样率	是
stationID	仪器所属的台站 ID	是
deviceID	仪器 ID	是
data	该采样点获得的状态数据	是

2. 仪器测量数据实时波形绘制接口

功能描述:获取仪器每个采样点的实时测量数据,并通过绘图的形式展示给用户。

输入:仪器 ID。

输出:每个采样时间点输出该仪器各个测量分量的测量数据。

用户输入仪器监控命令信息元素定义如表 5.59 所示。仪器返回实时测量数据元素定义如表 5.60 所示。

表 5.59　用户输入仪器监控命令信息元素定义

子元素名称	子元素含义	是否必须
IP	数据采集模块的 IP 地址	是
port	数据采集模块工作的端口	是
deviceID	仪器 ID	是
userName	仪器的登录用户名	是
password	仪器的登录密码	是

表 5.60　仪器返回实时测量数据元素定义

子元素名称	子元素含义	是否必须
item	仪器测项分量列表	是
samp1eRate	仪器采样率	是
stationID	仪器所属的台站 ID	是
deviceID	仪器 ID	是
data	该采样点所获得的测量数据	是

3. 系统进程监视接口

功能描述:获取数据采集等各个软件进程的工作状态,包括运行状态、任务数量、数据吞吐量、实时连接数量等。

输入:无。

输出:当前软件进程的工作状态信息。

软件进程的工作状态信息元素定义如表 5.61 所示。

表 5.61　软件进程的工作状态信息元素定义

子元素名称	子元素含义	是否必须
startTime	进程开始运行的时间	是
runingTime	进程连续运行的时间	是
commandStat	命令状态	是
queueStat	队列状态	是
realTimeStat	实时连接状态	是

5.6.2 系统监控内部接口

1. DeviceBean 类

DeviceBean 类如表 5.62 所示。

表 5.62 DeviceBean 类

类名称：DeviceBean	
描 述：页面使用的 JavaBean，提供精简的收发接口供页面调用	
接口名称：processCmd	
描述	发送命令到设备适配器，异步调用
输入	dstIP：设备适配器的 IP 地址 deviceID：接收命令的设备 ID type：发送命令的状态，若为 0 则本方法阻塞等待结果返回或者超时，若为 1 则非阻塞返回 command：当 type 为 1 时，检查命令结果是否已经收到并获取执行结果
输出	当 type 为 0 时，返回命令执行结果或者超时 timeOut；当 type 为 1 时，返回命令的唯一标识的字符串

2. BGServer 类

BGServer 类如表 5.63 所示。

表 5.63 BGServer 类

类名称：BGServer	
描 述：应用最大范围的管理容器，命令的结果缓存等资源的分配	
接口名称：run	
描述	线程的执行开始点；定期清理容器中的无用信息；维持接受结果线程的正常工作
输入	无
输出	平台释放类型（重启或终止）

3. Connector 类

Connector 类如表 5.64 所示。

表 5.64　Connector 类

类名称：Connector	
描　述：为底层 Socket 通信提供支持的类，用来发送命令，关闭连接；非阻塞 SocketClient 模式，操作 SocketChannel 进行写	

接口名称：run	
描述	本线程执行开始点
输入	无
输出	平台释放类型（重启或终止）

5.7　系统管理接口

5.7.1　节点管理接口

1. 节点管理外部接口

（1）节点注册外部接口

功能描述：输入注册信息，并向上级节点发送注册申请。

输入：上级节点应用服务器 IP、本节点应用服务器 IP、数据库服务器 IP、节点名称和节点代码。

输出：注册结果信息，即注册成功/注册失败。

节点注册输入信息元素定义如表 5.65 所示。

表 5.65　节点注册输入信息元素定义

子元素名称	子元素含义	是否必须
upwebIP	上级节点应用服务器 IP	是
webIP	应用服务器 IP	是
databaseIP	数据库服务器 IP	是
nodeName	节点名称	是
nodeCode	节点代码	是

（2）节点审批外部接口

功能描述：节点审批主要用于对下级节点单位发送的注册申请进行审批。审批操作有同意和拒绝两种。

输入：应用服务器 IP、数据库服务器 IP、节点名称、节点代码和注册序列号。

输出：审批结果信息，即审批成功、审批失败。

节点审批输入信息元素定义如表 5.66 所示。

表 5.66 节点审批输入信息元素定义

子元素名称	子元素含义	是否必须
webIP	应用服务器 IP	是
databaseIP	数据库服务器 IP	是
nodeName	节点名称	是
nodeCode	节点代码	是
regNumber	注册序列号	是

（3）节点注销外部接口

功能描述：用于强制删除下级节点。

输入：应用服务器 IP、数据库服务器 IP 和节点代码。

输出：删除结果信息，即审批成功、审批失败。

节点注销输入信息元素定义如表 5.67 所示。

表 5.67 节点注销输入信息元素定义

子元素名称	子元素含义	是否必须
webIP	应用服务器 IP	是
databaseIP	数据库服务器 IP	是
nodeCode	节点代码	是

（4）节点拓扑外部接口

功能描述：显示系统中节点的拓扑结构。

输入：节点代码。

输出：本节点能看到的节点拓扑结构。

节点拓扑输入信息元素定义如表 5.68 所示。

表 5.68 节点拓扑输入信息元素定义

子元素名称	子元素含义	是否必须
nodeCode	节点 ID	是

（5）学科中心配置外部接口

功能描述：将学科中心注册到国家中心。

输入：学科中心节点的应用服务器 IP 和学科中心代码。

输出：配置结果信息，即配置成功、配置失败。

学科中心配置输入信息元素定义如表 5.69 所示。

表 5.69　学科中心配置输入信息元素定义

子元素名称	子元素含义	是否必须
webIP	应用服务器 IP	是
academicCode	学科中心代码	是

（6）学科中心注销外部接口

功能描述：将学科中心从国家中心注销。

输入：学科中心节点的应用服务器 IP 和学科中心代码。

输出：删除结果信息，即删除成功、删除失败。

学科中心注销输入信息元素定义如表 5.70 所示。

表 5.70　学科中心注销输入信息元素定义

子元素名称	子元素含义	是否必须
webIP	应用服务器 IP	是
academicCode	学科中心代码	是

2. 节点管理内部接口

（1）节点注册内部接口

节点注册内部接口如表 5.71 所示。

表 5.71　节点注册内部接口

类名称：InnerNodeRegisterInterface	
描　述：接收下级的注册申请信息，并对其进行相应处理	
接口名称：innerNodeRegisterInterface	
描述	接收下级的注册申请信息，并对其进行相应处理
输入	本节点的应用服务器 IP、数据库服务器 IP、节点名称和节点代码
输出	注册结果信息：注册成功、注册失败

（2）节点审批内部接口

节点审批内部接口如表 5.72 所示。

表 5.72　节点审批内部接口

类名称：InnerNodeApproveInterface	
描　述：完成上级节点内部的审批操作	
接口名称：innerNodeApproveInterface	
描述	完成上级节点的审批操作
输入	下级节点的应用服务器 IP、数据库服务器 IP、节点名称、节点代码和节点注册序列号
输出	审批结果信息：审批成功、审批失败

类名称:InnerNodeApproveInterface2
描　述:接收上级节点的审批操作,建立由下级到上级的连接

接口名称:innerNodeApproveInterface2	
描述	接收上级节点的审批操作,建立由下级到上级的连接
输入	上级节点的应用服务器 IP 和数据库服务器 IP
输出	审批结果信息:审批成功、审批失败

（3）节点注销内部接口

节点注销内部接口如表 5.73 所示。

表 5.73　节点注销内部接口

类名称:InnerNodeDeleteInterface
描　述:完成上级节点的节点注销操作

接口名称:innerNodeDeleteInterface	
描述	完成上级节点的节点注销操作
输入	下级节点的应用服务器 IP、数据库服务器 IP 和节点代码
输出	注销结果信息:注销成功、注销失败

类名称:InnerNodeDeleteInterface2
描　述:完成在下级节点进行的节点删除操作

接口名称:innerNodeDeleteInterface2	
描述	完成在下级节点进行的节点注销操作
输入	上级应用服务器 IP 和上级数据库服务器 IP
输出	注销结果信息:注销成功、注销失败

（4）节点拓扑内部接口

节点拓扑内部接口如表 5.74 所示。

表 5.74　节点拓扑内部接口

类名称:InnerNodeTopologyInterface
描　述:查询该节点的子节点

接口名称:innerNodeTopologyInterface	
描述	接收节点信息,并对其进行相应处理
输入	节点代码
输出	本节点所能看到的子节点集合

（5）学科中心配置内部接口

学科中心配置内部接口如表 5.75 所示。

表 5.75　学科中心配置内部接口

类名称：InnerAcademicRegisterInterface	
描　述：完成学科中心配置到国家中心所做的操作	
接口名称：innerAcademicRegisterInterface	
描述	完成学科中心配置在国家中心所做的操作
输入	学科中心节点的应用服务器 IP、数据库服务器 IP 和学科中心代码
输出	注册结果信息：注册成功、注册失败
类名称：InnerAcademicRegisterInterface2	
描　述：完成学科中心注册在学科中心所做的操作	
接口名称：innerAcademicRegisterInterface	
描述	完成学科中心配置在学科中心所做的操作
输入	国家中心的数据库 IP
输出	注册结果信息：注册成功、注册失败

（6）学科中心注销内部接口

学科中心注销内部接口如表 5.76 所示。

表 5.76　学科中心注销内部接口

类名称：InnerAcademicDeleteInterface	
描　述：完成学科中心注销在国家中心所做的操作	
接口名称：innerAcademicDeleteInterface	
描述	完成学科中心注销在国家中心所做的操作
输入	学科中心节点的应用服务器 IP、数据库服务器 IP 和学科中心代码
输出	注销结果信息：注销成功、注销失败
类名称：InnerAcademicDeleteInterface2	
描　述：完成学科中心注销在学科中心所做的操作	
接口名称：innerAcademicDeleteInterface	
描述	完成学科中心注销在学科中心所做的操作
输入	国家中心的数据库 IP
输出	注销结果信息：删除成功、删除失败

5.7.2　用户管理接口

1. 用户管理外部接口

（1）用户注册外部接口
功能描述:注册用户。
输入:用户 ID、用户类型和用户权限。
输出:注册是否成功。
用户注册输入信息元素定义如表 5.77 所示。

表 5.77　用户注册输入信息元素定义

子元素名称	子元素含义	是否必须
userID	用户 ID	是
userType	用户类型	是
userPriv	权限	是

（2）用户注销外部接口
功能描述:删除已经注册到管理系统中的用户。
输入:用户 ID。
输出:注销是否成功。
用户注销输入信息元素定义如表 5.78 所示。

表 5.78　用户注销输入信息元素定义

子元素名称	子元素含义	是否必须
userID	用户 ID	是

（3）用户修改外部接口
功能描述:修改管理系统中的用户信息。
输入:用户 ID、用户类型和用户权限等。
输出:修改是否成功。
用户修改输入信息元素定义如表 5.79 所示。

表 5.79　用户修改输入信息元素定义

子元素名称	子元素含义	是否必须
userID	用户 ID	是
userType	用户类型	是
userPriv	权限	是

2. 用户管理内部接口

(1) 用户注册内部接口
用户注册内部接口如表 5.80 所示。

表 5.80　用户注册内部接口

类名称：UserManager
描　述：用户管理类

接口名称：add

描述	注册用户
输入	用户 ID、用户类型和用户权限
输出	注册结果信息：注册成功、注册失败

(2) 用户注销内部接口
用户注销内部接口如表 5.81 所示。

表 5.81　用户注销内部接口

类名称：UserManager
描　述：用户管理类

接口名称：delete

描述	注销用户
输入	用户 ID
输出	注销结果信息：注册成功、注册失败

(3) 用户修改内部接口
用户修改内部接口如表 5.82 所示。

表 5.82　用户修改内部接口

类名称：UserManager
描　述：用户管理类

接口名称：modify

描述	修改用户权限
输入	用户 ID、用户类型和用户权限
输出	修改结果信息：修改成功、修改失败

5.7.3　日志管理接口

1. 日志管理外部接口

（1）日志查询外部接口

功能描述：查询管理系统中各种类型的运行日志。

输入：日志类型、开始时间、结束时间。

输出：查询到的日志记录信息。

日志查询输入信息元素定义如表 5.83 所示。

表 5.83　日志查询输入信息元素定义

子元素名称	子元素含义	是否必须
logType	日志类型	是
startTime	开始时间	是
endTime	结束时间	是

（2）日志删除外部接口

功能描述：删除管理系统中的各项日志。

输入：日志类型、开始时间、结束时间。

输出：日志删除结果信息，即删除成功、删除失败。

日志删除输入信息元素定义如表 5.84 所示。

表 5.84　日志删除输入信息元素定义

子元素名称	子元素含义	是否必须
logType	日志类型	是
startTime	开始时间	是
endTime	结束时间	是

2. 日志管理内部接口

（1）日志查询内部接口

日志查询内部接口如表 5.85 所示。

表 5.85　日志查询内部接口

类名称：LogManager

描　述：查询管理系统内各项日志

接口名称：findLog

描述	查询日志
输入	日志类型、开始时间、结束时间
输出	查询结果信息

（2）日志删除内部接口

日志删除内部接口如表 5.86 所示。

表 5.86　日志删除内部接口

类名称：LogManager		
描　述：删除系统内各项日志		
接口名称：deleteLog		
描述	删除日志	
输入	日志类型、开始时间、结束时间	
输出	删除结果信息：删除成功、删除失败	

第6章 系统前台界面设计

前台界面是用户体验的主要途径和手段。前台界面设计是系统设计的重要环节,直接面对用户,一个优良的前台界面是系统优劣的具体体现。本章在对所有界面文字表达和图标图形进行了一致的规范设计基础上,对所有业务功能界面进行详细设计,给用户以优良的使用体验。

6.1 前台界面总体设计

6.1.1 界面文字设计

1. 文字基本规范

地震前兆观测业务用户界面文字的基本规范是一致性、准确性、情感化和节奏感。一致性是指在相同使用场景中不出现两个或多个词汇描述同一种操作或同一件事务。准确性是指不使用易混淆的文字描述常见事物,使用常见通俗的语言,简洁而不繁杂。情感化是指结合用户角色,使用易记,与产品传达体验一致的语言。节奏感是指文字表达一般需要注意的大小、颜色等选择和搭配,给用户提供愉悦感受。

2. 文字的辨识性

文字的辨识性主要是指关于文字的字体、字号、粗细、行距和间距等,还要考虑文字的颜色、对齐方式、对比度、连接样式等辨识度方面的问题。对于特殊群体,需要增加辅助功能提高用户对阅读的辨识度。例如,在需要大一点的字体时,可以使用"+"这个功能来提高文本的辨识度。为了突出显示某些信息,可加粗文字或改变字体的颜色,或者增加下划线等。

3. 文字的可读性

在术语和大众化语言的运用上,应尽量使用用户的语言,而不是想当然地使用术语。如果一定要使用术语,那么在每次出现这个词时要一致,否则会增加用户的学习成本。在文字达意上,要做到简洁、明了。常见的问题是含义模糊不清,词不达意。在文本的设计中,通常关注的是文字的排版,思考如何排版才能让文字看起来更美观、更容易阅读。然而,文字本身所表达的意思同等重要,因为把排版做好的根本目的还是让用户更容易读懂其内容。

标题主要告诉当前界面的主题,需要表达上下文时,还要交代一下本界面的来源。信息提示窗口要客观、准确地说明原因,因为它被用来直接与用户对话。当用户使用软件出现问题时,信息文本反馈可以引导用户正确操作,而这个交互的过程主要通过文本提示进行。此处,文本描述的准确性和建设性居首要地位。信息提示文本最主要的就是说明异常发生的原因,并给出建设性的操作提示。按钮要保证与功用相符。导航则力求与内容一致,虽然简单,还是需要认真地斟酌词句。

6.1.2　界面图标设计

1. 基本原则

在设计图标时,应考虑使用已有概念确保真实表达用户的想法。考虑图标在用户界面环境中以何种形式出现,以及如何作为图标集的一部分使用。考虑图形的文化背景,避免在图标中使用字母、单词、手或脸,必须用图标表示人或用户时,应尽可能使其大众化。如果图标中的图像由多个对象组成,应考虑如何使图像尺寸更小,建议在图标中使用的对象不超过三个。对于 16×16 像素的尺寸大小,还可考虑删除某些对象或简化图像使之更容易辨认。

2. 图标样式

地震前兆观测业务用户界面的图标应符合如下样式特性。
① 色彩丰富是对业务软件相对单调的补充。
② 不同的角度和透视特性为图像增添动态活力。
③ 元素的边角柔和,并略微有些圆滑。
④ 光源位于图标的左上角,同时有环绕光照亮图标的其他部分。
⑤ 渐变效果使图标具有立体感,进而使图标的外观更加丰满。
⑥ 投影使图标更具对比度和立体感。
⑦ 添加轮廓可使图像更清晰。
⑧ 计算机等这样的日常对象具有更现代化的个人外观。

3. 图标尺寸

系统软件图标要求使用以下四种尺寸,即 48×48 像素、32×32 像素、24×24 像素、16×16 像素。

4. 图标色彩

支持 32 位图标。32 位图标为 24 位图像加上 8 位阿尔法通道,使图标边缘非常平滑,且与背景相融合。每个图标应包含以下三种色彩深度来支持不同的显示器显示设置,即 24 位图像加上 8 位阿尔法通道(32 位);8 位图像(256 色)加上 1 位透明色;4 位图像(16 色)加上 1 位透明色。

6.2　数据采集界面

6.2.1　观测数据采集

1. 自动采集

自动采集是以天为单位,对观测仪器的原始观测数据和仪器运行日志进行采集。采集任务根据不同的仪器类型和不同的采集对象(观测数据、运行日志)自动生成。人工观测仪器和其他非自动化观测仪器没有自动采集任务功能。在导航栏点击"自动采集",进入自动采集任务页面。自动采集页面主要用于显示已启动自动采集的所有仪器(系统默认为自动采集)。自动采集任务参数主要包括仪器名称、所属台站、测点编码和任务名称。如图 6.1 所示的是自动采集任务配置页面。

图 6.1　自动采集任务配置页面

2. 手动采集

手动采集分为在线仪器采集和非在线仪器采集两类。在线仪器采集时,在导航栏点击"手动采集",进入手动采集任务页面。手动采集页面显示可配置手动采集任务的名称、采集日期和相应仪器,可同时对 15 天内的数据进行采集。如图 6.2 所示的是手动采集任务日期配置页面。在需要执行的手动采集任务名称相应行选择采集日期,点击"确定"按钮,进入手动采集的仪器配置页面,如图 6.3 所示。

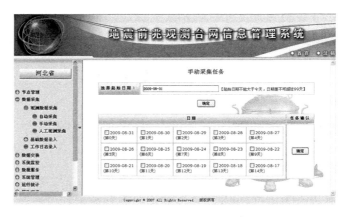

图 6.2　手动采集任务日期配置页面

图 6.3　手动采集任务仪器配置页面

3. 人工观测仪器采集

在导航栏点击"人工观测仪器采集",进入人工观测仪器采集页面。人工观测仪器采集页面提供对人工观测仪器测量数据的录入功能。在页面中通过选择台站和仪器,显示可录入的人工观测仪器数据的观测日期和测项分量,点击"提交"按钮,读取人工观测数据并入库。图 6.4 所示的是人工观测仪器数据录入页面。

图 6.4　人工观测仪器数据录入页面

6.2.2　基础信息采集

1. 台站基础信息

在导航栏点击"数据采集"→"基础数据录入"→"台站",进入台站列表页面。该页面显示该节点配置的台站的相关信息,包含台站名称、台站代码、所属区域、地理位置参数等。在台站列表页面,点击需录入基础信息的台站的"基础信息"按钮,出现相应台站的基础信息采集页面,如图 6.5 所示。

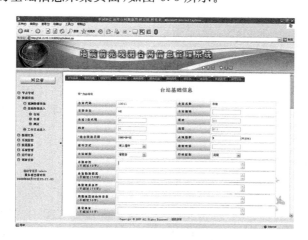

图 6.5　台站基础信息采集页面

可录入的台站基础信息包括台站编码、改造日期、占地面积、值守方式、值班电话、基站岩性、台址勘选情况、地震地质条件、周围地震活动性背景、通信地址、自然地理、气候特征、历史沿革、工作生活条件、台站基本情况描述等。对台站的这一部分信息进行适当配置后,点击"提交"按钮,出现台站信息录入成功的提示信息。对于台站平面分布图、测点分布图等图片类信息,可通过上传图片进行配置。对于台站建设报告等文本类信息,可通过上传 word 文档进行配置。

2. 仪器基础信息

在导航栏点击"数据采集"→"基础数据录入"→"仪器",进入仪器列表页面。该页面显示该节点配置的仪器(台站版显示所有仪器及其下属子台的仪器,区域中心版显示其直属子台的仪器)的相关信息,包含仪器名称、所属台站、测点编码、仪器型号、仪器 ID、仪器类型等。在仪器列表页面中,点击需录入基础信息的仪器的"基础信息"按钮,出现相应仪器的基础信息采集页面,如图 6.6 所示。

图 6.6　仪器基础信息采集页面

可录入的仪器基础信息包括子网掩码、网关、观测墩号、出厂日期、启用日期、停测日期、备注等,对仪器的这一部分信息进行适当配置后,点击"提交"按钮,出现仪器信息录入成功的提示信息。对于仪器布设图等图片类信息,可通过上传图片进行配置。

3. 测点基础信息

在导航栏点击"数据采集"→"基础数据录入"→"测点",进入测点列表页面,页面显示该节点配置的台站测点(台站版显示台站其及其下属子台的所有测点,区域中心版显示其直属子台的所有测点)的相关信息,包含测点名称、测点编码、测项分量、连接仪器等。图 6.7 所示的是测点基础信息采集页面。

在测点列表页面中,点击需录入基础信息的测点的"基础信息配置"按钮,出现相应测点的基础信息配置页面。可录入的基础信息包括测点名称、测点改造日期、

图 6.7 测点基础信息采集页面

经度、纬度、高程、地理坐标获取方式、测点离主台距离、行政区划、主要干扰源、备注等,对测点的这一部分信息进行适当配置后,点击"提交"按钮,出现测点信息录入成功的提示信息。

对于地形图、地质构造图、测点图片等图片类信息,可通过上传图片进行配置。对于测点建设报告等文本类信息,可通过上传 word 文档进行配置。

6.2.3 日志信息采集

日志信息采集主要用于录入各单位的日常工作日志。工作日志录入分为值班员暂存、复核员审核两个步骤。在导航栏点击"数据采集"→"工作日志采集",进入工作日志采集页面,如图 6.8 所示。

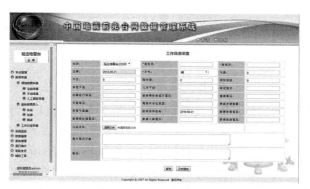

图 6.8 工作日志采集页面

先选择录入单位,再填写工作日志信息。工作日志日期均为当前系统时间的前一天,需录入的工作日志信息包括值班员、天气、气温、气压、降水量、人为干扰、重大情况记载、日志文件等。其中值班员信息必填,日志文件通过上传 word 文档录入。填写工作日志后,点击"暂存"按钮,出现操作成功的提示信息,工作日志暂存完成。

　　审核员审核时,在导航栏点击"数据采集"→"工作日志采集",进入工作日志采集页面,选择审核单位,页面显示值班员暂存的工作日志。审核员对其进行审核,审核时可修改工作日志信息,填写审核员信息,然后点击"正式提交"按钮,工作日志采集完成。

6.3　数据交换界面

6.3.1　数据订阅

　　数据订阅是用户可以选择需要进行交换的数据。已订阅的数据将在下次交换任务执行时进行交换,未订阅的数据将不参加交换。在导航栏点击"数据订阅",进入数据订阅页面。数据订阅页面主要用于显示数据交换中已订阅和未订阅的数据表的信息。该页面内容分两部分,左侧为已订阅的表的名称,右边为未订阅的表的名称,如图 6.9 所示。

图 6.9　数据订阅页面

　　系统的数据表类型包括原始数据表、预处理数据表、仪器运行日志表、台站工作日志表。用户可在下拉菜单中选择数据表的类型,属于该类型的数据表中,已订阅的显示在左侧,未订阅的显示在右侧。若要取消已经订阅的数据表,则在"已订阅的数据表名称"一栏选中将要取消订阅的数据表,点击"取消订阅"按钮后,该数据表出现在右侧的"未订阅的数据表名称"一栏,在下次交换时将不会对该表进行数据交换。

6.3.2　交换策略

　　系统提供定时交换和手动交换两种交换策略。定时交换在指定的交换时间点自动交换所有下属节点的数据。手动交换根据手动选择的交换节点立刻触发交换。

在导航栏点击"交换策略",进入交换策略页面。交换策略页面显示已经配置的定时交换任务列表,在此页面可以添加定时交换时间点和执行手动数据交换操作。系统从整个地震前兆台网的数据获取时间整体考虑,在区域中心、国家中心和学科中心都设置了默认的系统交换时间点,并且不允许用户更改或删除这些交换时间点。自动交换策略配置页面如图 6.10 所示。用户可以根据本节点实际需要最多添加到 10 个交换时间点。在添加交换时间点中选择需要添加的时间后,点击"确定"按钮,将出现添加成功的提示信息。用户手动添加的交换时间可删除。

图 6.10　自动交换策略配置页面

点击手动数据交换策略的"确定"按钮,将出现交换节点选择页面(图 6.11),选择需要交换的节点,点击"确定"按钮,将出现确认提示信息。

图 6.11　交换节点选择页面

6.3.3　备份策略

系统提供定时备份和手动备份两种备份策略。定时备份任务在指定备份时间点自动执行备份任务。手动数据备份在手动触发后立刻执行备份任务。备份成功后,主数据库与备份数据库之间的数据将完全一致,否则备份数据库中的数据仅和上次备份任务完成时主数据库中的数据保持一致。

　　在导航栏点击"备份策略",进入备份策略页面,将显示已经添加的定时备份任务列表,可以添加定时备份时间点和执行手动数据备份操作。区域中心版、国家中心版和学科中心版均包含此页面。系统的默认备份执行时间为每天 7:30 和 23:20。备份策略配置页面如图 6.12 所示。

图 6.12　备份策略配置页面

　　在手动数据备份页面点击"确定"按钮,如果系统备份进程正处于空闲状态,将出现跳转页面"命令接受成功,页面将在 2 秒后跳转至备份策略",否则出现跳转页面"数据备份中,此操作失效,页面将在 2 秒后跳转至备份策略"。手动数据备份页面如图 6.13 所示。

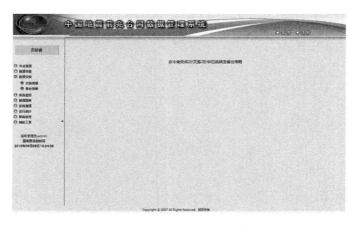

图 6.13　手动数据备份页面

6.4　数据服务界面

6.4.1　观测数据服务

1. 原始数据

在导航栏点击"原始数据"标签,进入原始数据服务页面。原始数据服务页面可通过选择不同区域(国家中心版和学科中心版)、台站、仪器、测项分量、起始日期和结束日期即可查询已入库的原始观测数据。点击"确定"按钮后,即可查询得到所需的原始观测数据。如图 6.14 所示的是原始数据查询页面。

图 6.14　原始数据查询页面

查询完成后,点击"下载"按钮,下载查询选定的数据。点击"绘图"按钮,显示该仪器所选测项分量数据的数据波形,根据测项分量数据显示分量曲线,而且以不同颜色标识不同的测项分量。如图 6.15 所示的是原始数据波形绘制页面。

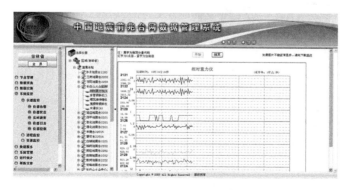

图 6.15　原始数据波形绘制页面

2. 预处理数据

在导航栏点击"预处理数据"标签，进入预处理数据查询页面，查询已成功入库的预处理数据。预处理数据查询与原始数据查询操作方法相同。

秒采样仪器存在秒和分的预处理数据时，在查询预处理数据需要对其进行选择。如图 6.16 所示的是预处理数据查询页面。

图 6.16　预处理数据查询页面

3. 产品数据

在导航栏点击"产品数据"，进入产品数据服务页面。通过选择不同学科标签（重力、地磁、地壳、地电和流体），下载和绘图所查询的相应产品数据。通过选择列表中的相应数据产品，进入选择查询页面，通过选择区域（国家中心版和学科中心版）、台站、仪器、测项信息、起始日期和结束日期即可获取已入库的产品数据。产品数据下载页面如图 6.17 所示。

图 6.17　产品数据下载页面

6.4.2　基础信息服务

基础信息服务包括各类基础信息的查询及下载。

1. 基础信息查询

在节点管理的"节点拓扑"功能页面中,用户选择任意台站均可查看该台站的基础信息情况,并可以根据用户需求,点击不同的查询标签,查看不同的基础信息。基础信息查询页面如图 6.18 所示。

图 6.18　基础信息查询页面

2. 基础信息数据下载

在数据服务中点击"基础数据",进入基础信息下载页面。基础信息数据下载页面提供对已成功入库的基础信息数据的下载功能。通过选择不同区域(国家中心版和学科中心版)台站,可以查询该台站所有填写入库的基础信息。

选择所需区域台站,点击"确定"按钮,将显示所选台站的基础信息,点击文件列表中的"点击下载",弹出对话框。基础信息数据下载页面如图 6.19 所示。

6.4.3　日志信息服务

日志信息服务包括采集日志、监控日志、交换日志(备份日志)的查询及下载。

1. 采集日志

在导航栏点击"系统管理→系统日志→采集日志",进入采集日志数据服务页面。采集日志仅对台站、区域用户开放。用户可以选择台站(默认全部台站)、仪器(默认全部仪器)、时间范围后,点击查询获取采集日志查询结果。采集日志信息查询页面如图 6.20 所示。

图 6.19　基础信息数据下载页面

图 6.20　采集日志信息查询页面

2. 监控日志

在导航栏点击"系统管理→系统日志→监控日志",进入监控日志数据服务页面。监控日志信息服务包含本级节点发送监控命令的日志信息和本级节点接收的其他部门发送来的全部监控请求日志信息。用户可以选择台站(将默认全部台站)、仪器(默认全部仪器)、时间范围后,点击查询获取发送的或接收到的监控日志查询结果。发送监控命令日志信息查询页面如图 6.21 所示。接收监控命令日志信息查询页面如图 6.22 所示。

3. 交换日志

在导航栏点击"系统管理→系统日志→交换日志",进入交换日志数据服务页面。交换日志服务仅对区域中心、国家中心和学科中心的用户开放。交换日志信息服务包含交换日志查询及交换日志下载。用户选择起始日期和结束日期,点击查询显示指定日期的交换日志信息。交换日志查询页面如图 6.23 所示。交换日志下载页面如图 6.24 所示。

图 6.21　发送监控命令日志信息查询页面

图 6.22　接收监控命令日志信息查询页面

图 6.23　交换日志查询页面

图 6.24　交换日志下载页面

6.5　系统监控界面

6.5.1　仪器监控

1. 仪器告警

在导航栏点击"仪器告警",进入仪器告警信息页面。仪器告警信息页面主要用于显示本地节点及其下属节点当前为告警状态的所有仪器的信息,包括仪器名称、所属台站、测点编码、故障时间、连接状态和异常告警等。仪器告警信息页面如图 6.25 所示。

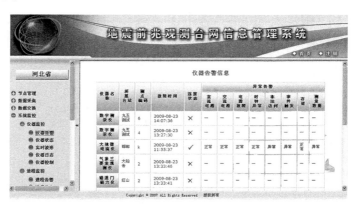

图 6.25　仪器告警信息页面

2. 仪器状态

在导航栏点击"仪器状态",进入仪器状态页面。仪器状态页面主要用于显示用户所选仪器当前的状态信息、参数信息和属性信息等。在"节点拓扑"导航树中,点击所要查看的仪器名称,进入仪器状态信息的等待页面。如果连接仪器适配器成功并有合法返回值,将进入仪器状态信息页面。进入仪器状态信息页面后,可分别点击"状态信息"、"网络参数"、"表述参数"、"测量参数"和"属性信息",导航栏分别获得仪器的状态信息、网络参数、表述参数、测量参数和属性信息。

(1) 状态信息

仪器状态信息页面显示仪器所属台站名称、连接状态、仪器名称、仪器 ID、仪器时钟、时钟状态、直流电源、交流电源、自校准开关、调零开关、仪器零点、事件触发个数和异常告警等信息。仪器状态信息页面如图 6.26 所示。

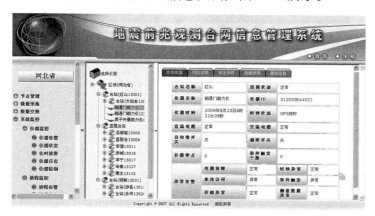

图 6.26　仪器状态信息页面

(2) 网络参数

仪器网络参数页面显示仪器所属台站名称、仪器名称、仪器 ID、IP 地址、管理端地址、管理端端口号、服务端口数、服务端口号等信息。仪器网络参数页面如图 6.27 所示。

(3) 表述参数

仪器表述参数页面显示仪器所属台站名称、仪器名称、仪器 ID、台站代码、测项代码和测点信息等信息。仪器表述参数页面如图 6.28 所示。

(4) 测量参数

仪器测量参数页面显示仪器所属台站名称、仪器名称、仪器 ID、仪器采样率、通道数、自定义参数个数和自定义参数值等信息。仪器测量参数页面如图 6.29 所示。

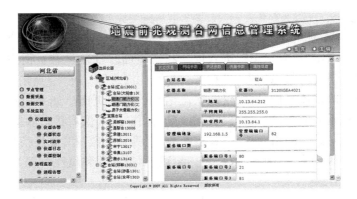

图 6.27　仪器网络参数页面

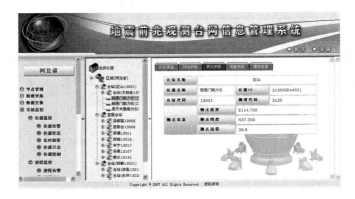

图 6.28　仪器表述参数页面

图 6.29　仪器测量参数页面

（5）属性信息

仪器属性信息页面显示仪器所属台站名称、仪器名称、仪器 ID、仪器型号、软件版本号、生产厂家信息等信息。仪器属性信息页面如图 6.30 所示。

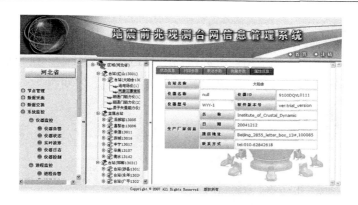

图 6.30 仪器属性信息页面

3. 实时波形

实时波形是通过向仪器发送"获取实时数据"指令,接收仪器返回的实时观测数据,然后对其测项分量进行实时波形绘制。在导航栏点击"实时波形",进入实时波形页面。实时波形绘制页面如图 6.31 所示。

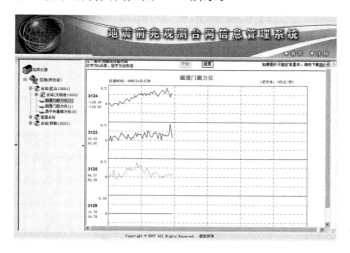

图 6.31 实时波形绘制页面

在实时波形的绘制过程中,可能给出如下提示:如果有采集任务(自动采集任务、手动采集任务、仪器状态采集任务和仪器控制任务)需要执行,则停止实时波形的绘制,弹出"数据采集命令执行,请稍候再试"的提示信息;如果在限定的时间内(秒采样仪器为 15 秒,分采样仪器为 2 分钟)连接仪器适配器不成功(如网络出现故障等),则弹出"与仪器适配器连接超时"的提示信息。

4. 仪器日志

仪器日志页面用于显示用户所选仪器当时运行状态日志。在导航栏点击"仪器日志",进入仪器状态页面。仪器今日运行状态日志页面如图 6.32 所示。

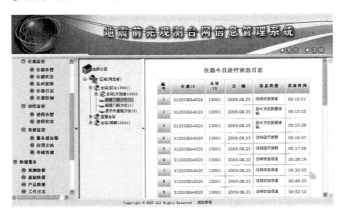

图 6.32　仪器今日运行状态日志页面

仪器运行日志主要包括编号、仪器 ID、台站 ID、日期、信息类型和信息时间等。

运行日志信息类型主要包括系统复位、更新固件、校对时钟、启动自校准、关闭自校准、启动调零、关闭调零、修改工作参数、指令方式数据传输、网页方式数据传输、访问状态信息、访问工作参数、访问运行日志、访问属性信息、异常告警、交流电异常、直流电异常,以及其他自定义的记录信息。

在查看仪器今日运行日志的过程中,可能给出如下提示:在限定的时间内(默认为 1 分钟),如果连接仪器适配器不成功,将弹出"连接仪器适配器超时"对话框,并返回仪器日志页面;如果连接仪器适配器成功,但是适配器返回仪器连接错误或返回值中存在非法字符,提示出现的错误信息并返回仪器日志页面。

5. 仪器控制

仪器控制页面主要用于对用户所选仪器进行控制操作,即对仪器进行自校准开关、调零开关、仪器复位、仪器重启等控制和对网络参数、表述参数和测量参数等进行修改设置。在导航栏点击"仪器状态",进入仪器控制页面。进入仪器控制页面后,分别点击"基本控制"、"网络参数"、"表述参数"和"测量参数"标签,可在仪器目前工作状态的基础上,实现对仪器的控制。

（1）基本控制

基本控制页面显示仪器当前的状态信息，用户点击"自校准开关"、"调零开关"、"仪器复位"、"仪器重启"等状态按钮即可进行相应的控制操作。仪器基本控制页面如图 6.33 所示。点击开关按钮后，将出现确认提示信息，再点击"确定"后，将执行操作，并返回结果提示。

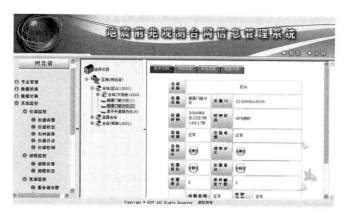

图 6.33　仪器基本控制页面

（2）网络参数配置

仪器网络参数配置页面显示仪器当前的网络参数配置情况。用户可对仪器的 IP 地址、子网掩码、缺省网关、管理端地址、管理端端口号 1、……、管理端端口号 n，以及 SNTP（simple network time protocol，简单网络时间协议）服务器 IP 地址进行修改。仪器网络参数配置页面如图 6.34 所示。用户需按通信规程进行参数的修改设置，点击"提交"按钮后，返回修改成功的信息。如果不符合规程，将提示出错信息。

图 6.34　仪器网络参数配置页面

（3）表述参数配置

表述参数配置页面显示仪器当前的表述参数配置情况。用户可对仪器的台站代码、测项代码和测点信息等进行修改。仪器表述参数配置页面如图 6.35 所示。

图 6.35　仪器表述参数配置页面

（4）测量参数配置

测量参数配置页面显示仪器当前的测量参数配置情况。用户可对仪器采样率、通道数及自定义参数值进行修改。仪器测量参数配置页面如图 6.36 所示。用户需按通信规程进行参数的修改设置，点击"提交"按钮后，将返回修改成功的信息。如果不符合规程，将提示出错信息。

图 6.36　仪器测量参数配置页面

6.5.2　进程监控

进程监控是负责系统常驻进程的管理工作，包括进程告警和进程状态两个功能。

1. 进程告警

系统常驻很多负责数据采集、数据交换、数据服务和系统监控等进程。这些进程需要保证正常运行,才能满足系统的功能需求。为此,进程一旦出现异常及时予以告警就必不可少。进程告警页面主要用于显示本节点及其下属节点当前所有处于告警状态的进程信息,如图6.37所示。

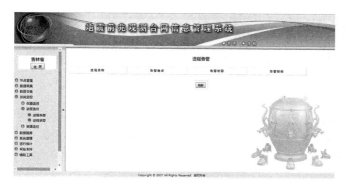

图6.37　进程告警页面

2. 进程状态

进程状态页面主要用于监视采集进程、交换进程、备份进程和服务进程等当前的状态信息。在导航栏点击"进程状态",进入进程状态页面。

以采集进程为例说明进程状态的界面设计情况。用户可获取当前采集进程的工作状态,监视的信息主要包括启动时间、运行时间、当前命令状态、命令队列状态和实时连接状态等。采集进程监视信息页面如图6.38所示。

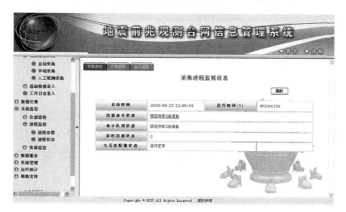

图6.38　采集进程监视信息页面

点击"当前命令状态"、"命令队列状态"和"实时连接状态"等按钮即可进入相应页面,点击"刷新"按钮后,将得到当前时间的采集进程监视信息。当前命令状态显示当前采集进程执行的命令;命令队列状态显示当前采集进程执行命令的队列状态;实时连接状态显示当前与采集进程连接的实时命令状态,点击"返回"按钮后,将返回原有采集进程状态页面,再点击"刷新"按钮后,用户可得更新后的采集进程状态。

6.5.3　资源监视

资源监视主要是监视数据库服务器和应用服务器的资源状态。

1. 数据库服务器告警

在导航栏点击"服务器告警",进入数据库服务器告警页面。数据库服务器告警显示当前本地数据库及其下属节点的数据库连接的异常情况。告警显示的信息包括服务器名称、所属台站、告警信息和告警时间等。数据库服务器告警页面如图6.39所示。

图 6.39　数据库服务器告警页面

2. 数据库服务器状态

在导航栏点击"数据库状态",进入数据库服务器状态展示页面。数据库服务器状态页面展示了前兆数据库表空间整体使用情况、应用服务器磁盘空间的使用情况,以及 Oracle 数据库表空间文件的基本情况等。数据库服务器状态页面如图 6.40 所示。

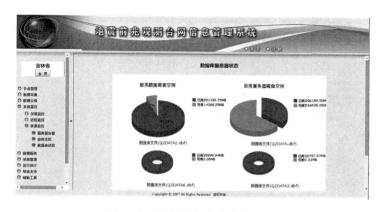

图 6.40　数据库服务器状态页面

3. 应用服务器告警

应用服务器告警页面显示当前本地及其下属节点应用服务器连接的异常情况。应用服务器告警页面如图 6.41 所示。

图 6.41　应用服务器告警页面

4. 应用服务器信息

应用服务器信息页面显示本地及下属节点应用服务器当前的状态信息，包括主机名称、IP 地址、操作系统、内存总量和 CPU 使用信息等。应用服务器信息页面如图 6.42 所示。

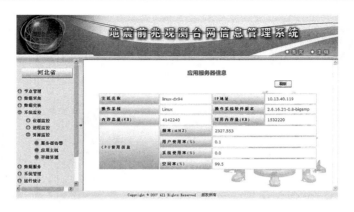

图 6.42　应用服务器信息页面

6.6　系统管理界面

系统管理界面分为节点管理界面、日志管理界面和用户管理界面。

6.6.1　节点管理

1. 节点注册

节点注册是当前节点向上级管理节点发送注册申请，发送申请后等待上级节点审批。用户仅需填写上级管理节点的 IP 地址即可发送注册申请。台站节点发送的注册申请信息除上级管理节点 IP，还包括本节点的名称、本节点的代码、本节点的数据库 IP、本节点的台站应用服务器 IP。节点尚未注册状态页面如图 6.43 所示。节点注册尚未成功状态页面如图 6.44 所示。节点注册成功状态页面如图 6.45 所示。

2. 节点审批

节点审批是上级节点对下级节点发送的注册申请进行审批。在导航栏点击"节点审批"，进入节点审批页面，显示下级节点的注册申请情况及其本地节点对注册申请的审批情况。节点审批如图 6.46 所示。针对每个下级站点，均有同意注册、拒绝注册和注册继续三种状态。在节点审批列表中，对所需审批的节点点击"同意"按钮后，后台程序首先建立数据库连接，节点审批数据库建立连接成功页面如图 6.47 所示。数据库连接成功后，程序将自动完成后续的注册过程，并提示注册成功或失败。节点注册成功（失败）提示信息页面如图 6.48 所示。当再次注册发现冲突信息时，注册过程将中止，等待冲突处理完毕后继续注册，管理员需返回节点审批页面，点击"注册继续"按钮。注册继续页面如图 6.49 所示。

图 6.43　节点尚未注册状态页面

图 6.44　节点注册尚未成功状态页面

图 6.45　节点注册成功状态页面

图 6.46　节点审批页面

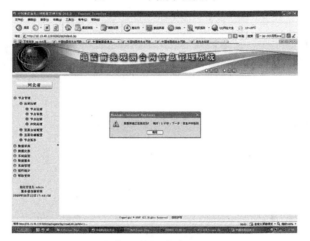

图 6.47　节点审批数据库建立连接成功页面

图 6.48　节点注册成功(失败)提示信息页面

图 6.49　注册继续页面

3. 节点注销

节点注销是上级节点强制删除下级节点。在导航栏点击"节点注销",进入节点注销页面,如图 6.50 所示。

图 6.50　节点注销页面

4. 学科中心配置

在导航栏点击"台网配置",进入学科中心配置页面,学科中心配置页面显示国家中心与五个学科台网中心的连接信息。配置了正确 IP 地址的学科中心为已成功连接,未配置 IP 地址的学科中心为未建立连接。学科中心配置页面如图 6.51 所示。

图 6.51　学科中心配置页面

　　当首次添加学科中心或学科中心数据库 IP 地址变更时,点击要修改的学科中心的"修改"按钮,输入对应学科中心的 IP 地址后,如果点击"确认"按钮,国家中心节点与该学科中心的连接将被建立,点击"取消"按钮,将不进行任何操作。若学科中心 IP 地址配置正确,提示添加成功。若学科中心 IP 地址配置错误,提示建立国家中心数据库到学科中心数据库的连接失败,配置失败。

　　5. 节点拓扑

　　在导航栏点击"节点拓扑",进入节点拓扑页面。节点拓扑页面显示注册于本地的所有下级节点及直属台站的配置情况,以及节点中的统计信息,系统提供了直观明了的图标注释。例如,未注销的台站用亮色标识,已注销的台站用灰色标识。

　　如图 6.52 所示,点击节点拓扑上的台站"涉县",则显示涉县台站的台站信息。点击台站信息的"基本信息"按钮,将显示该台站的详细信息,如图 6.53 所示。点击

图 6.52　节点拓扑页面

仪器列表中的"体积式钻孔应变仪"的"基本信息"按钮,显示该仪器的详细信息页面,如图 6.54 所示。

图 6.53　台站详细信息页面

图 6.54　仪器详细信息页面

6. 台站配置

在导航栏点击"台站配置",进入台站配置页面。台站配置页面显示该节点下直属台站的相关信息,包括台站名称、台站代码、所属区域和地理位置等,并可在此页面进行修改、删除和添加台站的操作,仅区域中心版和台站版含有此页面。台站配置页面如图 6.55 所示。

台站配置包括添加台站、台站修改和台站删除三个功能。添加台站时,点击"添加台站"按钮,可为此区域中心添加直属台站或节点台站添加下属台站,添加台站时需添加的信息包括台站代码、台站名称、台站代码缩写和台站经度、纬度和高程等。台站修改时,在所需修改的台站点击"修改"按钮,可修改该台站的相关信息。台站删除时,在要删除的台站点击"删除"按钮,点击"确定"按钮后,则删除该台站及其所有下属仪器,显示操作成功的信息。

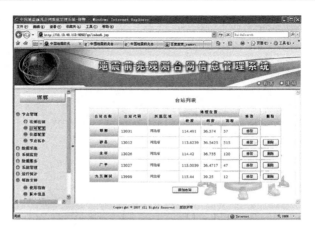

图 6.55　台站配置页面

7. 仪器配置

在导航栏点击"仪器配置",进入仪器配置页面。仪器配置页面显示该节点(台站版显示其本身及下属台站的所有仪器,区域中心版显示其直属台站的所有仪器)所配置的仪器的相关信息,包括仪器名称、所属台站、测点编码、仪器型号、仪器 ID 和仪器类型等。可在此页面进行修改、删除和添加仪器的操作,仅在区域中心版和台站版含有此页面,如图 6.56 所示。系统的仪器配置按仪器类型操作,分为 IP 仪器配置、非 IP 仪器配置、人工观测仪器配置和其他类型仪器配置。为了节省篇幅,仅以 IP 仪器配置为例说明系统仪器配置界面设计情况。

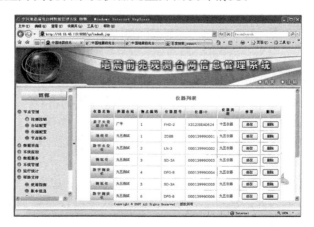

图 6.56　仪器配置页面

(1) 仪器添加

仪器添加需配置的信息主要包括仪器 ID、测点编码、仪器名称、所属台站、

IP 地址、端口号、用户名和密码。仪器的测项代码和采样率会在测试连通时直接从仪器取回,不需用户手工输入。仪器添加页面如图 6.57 所示。

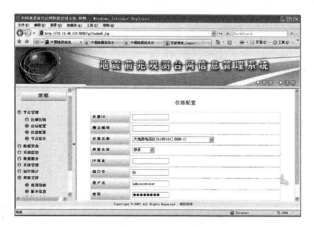

图 6.57　仪器添加页面

（2）修改仪器

在仪器列表页面,点击所需修改仪器的“仪器名称”或“修改”按钮,可以修改仪器的配置信息,包括仪器 ID、测点编码、仪器代码、所属台站、IP 地址、端口号、用户名和密码。

（3）仪器删除

在所需删除的仪器处点击“删除”按钮,将出现“是否删除该仪器”的确认信息,点击“确定”后,将出现操作成功的信息,在仪器列表页面将不再显示该仪器的信息。

6.6.2　日志管理

日志管理包括采集日志、交换日志和监控日志等的管理。

1. 采集日志

在导航栏点击“采集日志”,进入采集日志页面。采集日志页面显示采集任务的执行情况,包括手动采集和自动采集的日志。区域中心版和台站版含有此页面。页面初始默认显示当日所有台站、所有仪器的采集任务日志。用户可以通过选择台站、选择仪器和起始日期、结束日期查看指定的采集日志。采集日志页面如图 6.58 所示。

2. 交换日志

在导航栏点击“交换日志”,进入交换日志页面。交换日志页面显示交换执行的开始时间、结束时间和执行结果。页面初始默认显示当日的所有交换任务

图 6.58　采集日志页面

日志,用户可通过选择起始时间、结束时间查看指定的交换日志。交换日志页面
如图 6.59 所示。

图 6.59　交换日志页面

　　交换日志分为上报日志和备份日志。在导航栏点击"上报日志",进入上报日
志页面。上报日志显示成功交换到上级节点的数据表表名、开始时间、结束时间和
上报状态。区域版和台站版包含此页面。

　　页面初始默认显示当日的所有上报日志,用户可通过选择起始日期、结束日期
查看指定的上报日志。数据交换的上报日志页面如图 6.60 所示。

　　在导航栏点击"备份日志",进入备份日志页面。数据交换的备份日志页面如
图 6.61 所示。

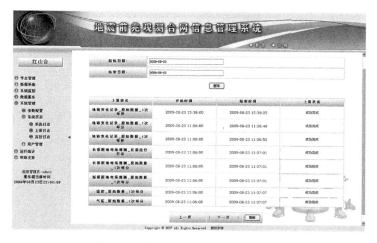

图 6.60　数据交换的上报日志页面

图 6.61　数据交换的备份日志页面

3. 监控日志

在此仅以仪器监控为例进行说明。监控日志分为"发送监控命令日志"和"接收监控命令日志"两部分,其中国家中心版和学科中心版只有发送监控命令日志。用户可以通过此日志得到近期对仪器的查看情况和操作状况。发送监控命令日志记录本地节点对本节点及其下属节点仪器的监控操作情况,包括仪器各种状态的查看、对仪器的控制和对仪器日志的查看、实时波形数据的获取等。页面初始默认显示当日所有台站、所有仪器的发送监控命令日志。用户可以通过选择台站、选择仪器和起始日期、结束日期查看指定的监控日志。发送监控命令日志页面如图 6.62 所示。

图 6.62　发送监控命令日志页面

　　接收监控命令日志记录远程或本地通过连接本地节点设备适配器对仪器进行监控操作的情况，包括仪器各种状态的查看、对仪器的控制和对仪器日志的查看。页面初始默认显示当日所有台站、所有仪器的接收监控命令日志。用户可以通过选择台站、选择仪器、起始日期、结束日期等查看指定的监控日志。接收监控命令日志页面如图 6.63 所示。

图 6.63　接收监控命令日志页面

6.6.3　用户管理

　　用户管理分为用户注册、用户登录、用户审批、用户修改和删除等。

1. 用户注册

　　用户访问系统的首页设计有注册按钮，用户点击"注册"按钮弹出用户注册页面。当用户提交注册申请后,用户的注册信息会被管理员发现。用户注册页面如图 6.64 所示。

图 6.64　用户注册页面

2. 用户登录

登录系统的首页就是用户登录窗口,只有批准的用户才能登录系统。用户登录页面如图 6.65 所示。

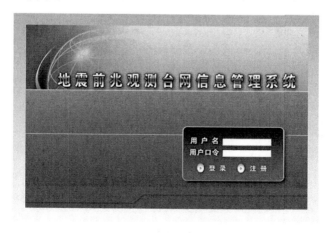

图 6.65　用户登录页面

3. 用户审批

用户审批是指对申请注册用户的审核与批准。只有系统管理员拥有权限。管理员可以根据用户申请的类型和用户的身份进行批准或拒绝。用户审批页面如图 6.66 所示。

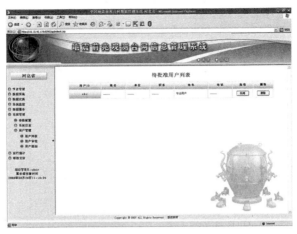

图 6.66　用户审批页面

4. 用户修改、删除

在如图 6.67 所示的用户列表页面中点击"修改",进入用户信息修改页面。在用户列表页面的用户行点击"删除"按钮,即可删除该用户。

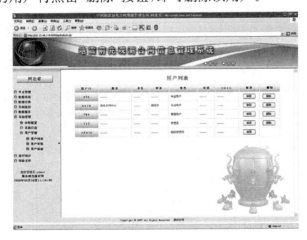

图 6.67　用户列表页面

第7章 系统容错性设计

可靠性和健壮性是管理系统开发的重点和难点,也是系统成败的关键因素。本章介绍管理系统中元数据管理、数据采集、数据交换、数据服务、系统监控和系统管理等部分的容错性设计。

7.1 元数据管理容错设计

元数据管理出错信息及相应的补救措施如表7.1所示。

表7.1 元数据管理出错信息及相应的补救措施

出错信息	补救措施
基础信息配置时不能正常录入	系统对录入的基础信息即时进行合法性检验,对不符合格式或范围要求的信息不能录入,并给出错提示信息
基础信息录入时上传文件或图片失败	文件或图片提交上传后,程序自动判断,对于文件大小超出范围或格式不正确的文件不能写入数据库,并返回详细错误原因,提示操作不成功
修改台站代码失败	当台站没有下属仪器时,台站代码允许修改;当台站有下属仪器时,台站代码禁止修改
修改仪器信息失败	系统对仪器信息配置和修改时,对仪器信息的相关性进行检验,如仪器 ID 的唯一性、仪器类型与测量分量代码的一致性等,给出错提示信息
添加或修改人工仪器失败	系统对输入的仪器测项分量进行校验,对格式不正确或不存在的测项分量不允许添加此仪器,并给出错提示信息
仪器测试连通失败	如果某些输入的仪器信息与仪器端返回信息不符(例如用户所选台站代码与设备返回的台站代码不符);仪器返回的测项分量个数与该测点首次配置的仪器类型测项分量个数不符;仪器返回的测项分量与该测点首次配置的仪器类型测项分量不符

7.2 数据采集容错设计

数据采集出错信息及相应的补救措施如表7.2所示。

表 7.2　数据采集出错信息及相应的补救措施

出错信息	补救措施
仪器不接受命令，返回 $ err	系统返回"非法命令"提示信息，针对仪器类型进行补救：检查 IP 仪器命令串是否正确；检查非 IP 仪器适配器日志，查看具体原因
仪器不接受命令，返回 $ nak	系统返回"仪器不支持命令"提示信息，不需任何补救措施
仪器因为缺少数据，返回 $ 0	系统返回"空结果"提示信息，系统自动跳过该天的观测数据收取，不需采取任何补救措施
仪器返回观测数据中未完整包含[日期]、[台站 ID]等信息	系统返回"数据文件化失败"提示信息，对不同类型的仪器进行补救，需要检查仪器是否出现故障
仪器返回仪器日志中未完整包含[日期]、[台站 ID]的信息	系统返回"日志文件化失败"提示信息，需要检查仪器是否出现故障
仪器返回的观测数据串无法被采集器正确解析	系统返回"数据格式错误"提示信息，需要检查仪器是否出现故障
仪器返回的日志数据串无法被采集器正确解析	系统返回"日志格式错误"提示信息，需要检查仪器是否出现故障
仪器返回的观测数据串出现非法字符、缺陷或多余的单位	系统返回"数据异常"提示信息，不需任何补救措施
仪器返回[查询属性]、[查询运行参数]、[查询状态]或[设置属性]、[设置运行参数]、[设置状态]的结果时出现格式错误导致无法解析	系统返回"结果格式异常"提示信息，对不同的仪器类型进行补救，需要检查仪器是否出现故障
数据或日志在入库时无法连接数据库；数据库发生交互时连接断开；数据库本身的异常导致数据无法入库	系统返回"入库异常"提示信息，需要检查应用服务器与数据库服务器的连接状况，或检查数据库服务器的运行状态和生存状态
Web 页面在添加、删除和修改仪器时，与采集程序的通信失败，导致采集程序无法检查到仪器信息的变更；有非法的命令来源存在，发送不属于采集管辖仪器的仪器命令	系统返回"仪器不存在"提示信息，进行下列检查工作后重启采集任务：检查采集日志和仪器监控的接收命令监控日志，确定是否有非法命令源；检查本地防火墙是否对通信端口进行了限制
采集模块同仪器进行交互时，出现网络读取超时导致该任务超时	系统返回"任务超时"提示信息，需要检查网络状况是否出现局部拥塞；检查仪器是否因为负载过重出现临时性停止响应；检查仪器是否在响应命令的过程中出现错误。然后，重启采集任务

续表

出错信息	补救措施
登录仪器时网络出现故障;登录仪器用户名、密码错误	系统返回"登录失败"提示信息,需要检查配置的用户名和密码的正确性,或检查网络状况是否良好
采集模块与仪器无法建立网络连接	系统返回"连接仪器失败"提示信息,需要检查仪器参数是否配置正确;检查从采集模块到仪器的网络路由是否正常;检查仪器使用的连接端口号是否被路由器或三层交换机屏蔽;检查仪器是否死机
与仪器通信时网络故障;远端仪器强行关闭网络连接	系统返回"仪器通信异常"提示信息,需要检查从采集模块到仪器的网络路由是否正常;检查仪器使用的连接端口号是否被路由器或三层交换机屏蔽;检查仪器是否因为负载过重出现临时性停止响应;检查仪器是否在响应命令的过程中出现错误;检查仪器是否死机
仪器返回的结果串的长度小于采集模块要求的最小长度,导致采集模块无法解析该结果	系统返回"结果长度异常"提示信息,需要检查仪器是否故障
解析仪器返回的结果遇到无法描述的异常;仪器登录后没有任何响应就强行关闭连接	系统返回"未知异常"提示信息,需要检查仪器是否故障;检查网络状态是否良好
未收到仪器返回的完整结果,且该现象不是由设备网络读取超时造成的	系统返回"严重未知异常"提示信息,需要检查仪器是否故障;检查网络状态是否良好;检查本地防火墙的过滤设置是否包含对特定报文的限制
仪器当天没有日志记录	系统返回"空日志"提示信息,不需任何补救措施
仪器返回数据的数据头中包含的数据与命令要求取得的数据不一致	系统返回"元数据错误"提示信息,检查仪器设置,并修正仪器设置
在采集任务正在执行的过程中采集程序被关闭	系统返回"任务异常退出"提示信息,需要重新执行该任务
返回监控结果时,由网络原因导致操作超时	系统返回"监控结果返回失败"提示信息,需要检查采集模块同监控命令源的网络状况是否良好;检查监控发送的目的端口是否被监控命令源的主机防火墙限制
自动采集任务在同一天被设置多次,首次执行成功后被多次不必要地执行	系统将自动跳过该任务,不需采取任何措施

7.3 数据交换容错设计

数据交换出错信息及相应的补救措施如表7.3所示。

表7.3 数据交换出错信息及相应的补救措施

出错信息	补救措施
获取交换策略执行时间时发生错误	系统返回"获取指定时间失败"提示信息,检查数据库是否工作正常
获取下一级节点信息发生错误	系统返回"节点信息错误"提示信息,检查数据库是否工作正常
获取下一级节点信息不完整	系统返回"节点信息不完整"提示信息,检查数据库是否工作正常
获取已订阅的表名失败	系统返回"获取表名失败"提示信息,检查数据库是否工作正常,数据表是否需要维护
连接下属节点失败	系统返回"台站(或区域中心)连接失败"提示信息,数据库交换机制被破坏,需要联系技术支持人员进行维护
未找到与下属节点的连接	系统返回"台站(或区域中心)连接失效"提示信息,数据库交换机制被破坏,需要联系技术支持人员进行维护
网络无法接通	系统返回"台站(或区域中心)网络不可达"提示信息,检查网络是否正常
台站或者区域中心的数据库同步操作触发失败	系统返回"台站(或区域中心)某个触发器表更新错误!"提示信息,不影响正常数据交换,此次交换执行完成,不需任何补救措施
数据交换已正常完成,但交换任务的交换日志结束时间填写失败	系统返回"填写运行时间失败"提示信息,不影响正常数据交换,不需任何补救措施
数据交换过程中出现异常信息,数据并未完全实现交换	查看交换日志给出的交换过程中出现的异常信息,根据异常信息内容参照数据交换常见问题处理方法进行针对性处理
数据交换异常终止	系统返回"非正常终止"提示信息,可能是服务器宕机等因素造成的交换进程非正常终止,需要检查应用服务器、数据库服务器,必要时重启服务器

数据备份出错信息及相应的补救措施如表7.4所示。

表 7.4　数据备份出错信息及相应的补救措施

出错信息	补救措施
获取数据备份策略执行时间时发生错误	系统返回"获取指定时间失败"提示信息,检查数据库是否工作正常
获取备份数据库信息时发生错误	系统返回"信息配置表读取失败"提示信息,检查数据库是否工作正常
获取需备份的表名失败	系统返回"备份库信息错误"提示信息,检查数据库是否工作正常,检查数据表是否需要维护
未找到与备份数据库的连接	系统返回"备份库连接失效"提示信息,检查备份数据库是否工作正常
在提取表某行数据时发生异常,非主键冲突	系统返回"数据表某行数据提取失败"提示信息,此条数据备份失败,重新备份
备份异常终止	系统返回"非正常终止"提示信息,检查应用服务器,并在数据库服务器和备份数据库服务器重启后重试

7.4　数据服务容错设计

数据服务出错信息及相应的补救措施如表 7.5 所示。

表 7.5　数据服务出错信息及相应的补救措施

出错信息	补救措施
数据库连接失败	系统返回"数据库访问失败"提示信息,先查看数据库告警,如果有数据库的告警信息,调整数据库配置和连接;否则,从系统菜单中重新选择数据查询服务
数据服务系统停止运行	系统返回"数据服务系统停止"提示信息,查看进程告警,如果有数据服务进程告警,重新启动数据服务进程;否则,重新进行数据检索
访问检索条件提交失败	系统返回"访问要求不符合规程"提示信息,需要重新输入检索条件
数据查询时间超过设定的等待时间	系统返回"数据访问超时"提示信息,检查数据库连接状态是否正常,或数据库运行是否正常,或检索条件是否合理
数据查询结果与检索条件要求的期望结果不一致	重新该检索条件的数据查询,如果仍然不一致,则直接查看数据库中的表数据
查询得到的数据不能按照要求的格式下载	重新执行该下载任务,如果仍然出错,检查本地客户端是否具有支持所要求的格式的环境,或检查查询得到的数据格式是否规范

7.5　系统监控容错设计

系统监控出错信息及相应的补救措施如表 7.6 所示。

表 7.6　系统监控出错信息及相应的补救措施

出错信息	补救措施
设备适配器与仪器连接失败	系统返回"仪器无法连接"提示信息,先查看仪器告警,如果有该仪器的告警信息,调整仪器配置和连接;如果没有告警信息,从节点拓扑树中选择该仪器重新进行监控
设备适配器处于比此次连接级别更高的连接状态或停止状态	系统返回"连接设备适配器超时"提示信息,查看进程告警,如果有采集进程告警,重新启动采集进程;如果没有告警,等设备适配器处于空闲状态时重新进行监控
仪器的命令不符合规程	系统返回"命令不支持"提示信息,需要联系仪器厂家修改仪器控制命令
仪器接受监控命令正常但等待返回结果超时	系统返回"监控任务超时",需要检查仪器是否工作正常,或检查网络状况
仪器监控作业中断	查看系统监控日志,是否存在更高级访问仪器命令中断监控任务。若是则重新执行该监控任务;否则检查仪器运行状态是否正常
监控任务正常完成,但监控结果显示不能更新	检查系统监控日志本次监控作业结果,如果执行结果正常,查看数据库相应监控结果表中对应的监控结果数据

7.6　系统管理容错设计

系统管理出错信息及相应的补救措施如表 7.7 所示。

表 7.7　系统管理出错信息及相应的补救措施

出错信息	补救措施
节点注册时申请提交失败	若提交的应用服务器 IP 地址错误,提示"申请提交失败,所属区域与提交区域不一致!"
添加和修改台站失败	系统根据台站代码自动判断添加或修改后的台站是否属于本区域,不允许跨区域配置台站,需要核实台站配置信息
添加和修改仪器信息失败	系统不允许跨区域配置仪器,自动根据仪器的 IP 地址进行判断,核实仪器配置信息
用户审批、用户注销操作失败	提示"用户无此操作权限!"只有管理员才拥有用户审批、删除权限,需要核实登录用户身份
用户访问某项操作失败	提示"用户无此操作权限!"需要核实登录用户身份具有的操作权限

第8章 系统测试

系统测试是继系统开发后的又一个重要阶段,通过各种测试手段与技术发现系统隐藏的错误是保证系统质量、提高系统正确性和可靠性的主要手段。对于一个软件系统的测试,搭建一个能够体现所有功能点、模拟实际运行环境、再现应用场景的测试平台,设计合理的测试用例和测试流程是至关重要的。这里详细介绍测试环境的搭建,以及系统各个功能点的测试用例,为系统的设计与开发提供较好的实例借鉴。

8.1 测试环境构建

为了模拟地震前兆观测台网实际运行环境,测试平台至少需要模拟1个国家中心、1个学科中心、2个不同区域的区域中心(测试中模拟浙江区域中心和宁夏区域中心)。每个区域中心具有若干台站。同时,为了测试需要,将在台网中实际运行的各类观测仪器接入测试平台,包括IP仪器、非IP仪器和人工观测仪器等。台站、区域中心、国家中心和学科中心通过网络形成四级架构。系统测试模拟平台网络拓扑如图8.1所示。系统测试模拟平台设备配置如表8.1所示。

表8.1 系统测试模拟平台设备配置表

设备	性能配置	
服务器	应用服务器类型	PC Server
	CPU	2CPU
	内存	2.5GByte
	硬盘	10GByte
	操作系统	SUSE Linux
	数据库管理系统	Oracle
	通信配置	10Mbit/100Mbit 以太网、RS232C 串行接口
	通信协议	TCP/IP
微机	CPU	2CPU
	内存	2.5GByte
	硬盘	10GByte
	操作系统	SUSE Linux
	数据库管理系统	Oracle
	通信配置	10Mbit/100Mbit 以太网、RS232C 串行接口
	通信协议	TCP/IP

续表

设备		性能配置
观测仪器	以太网传输	符合《地震前兆台网专业设备网络通信技术规程》
	串行直连	符合地震行业标准《地震前兆观测仪器第2部分:通信与控制》
	调制解调器链路	符合地震行业标准《地震前兆观测仪器第2部分:通信与控制》

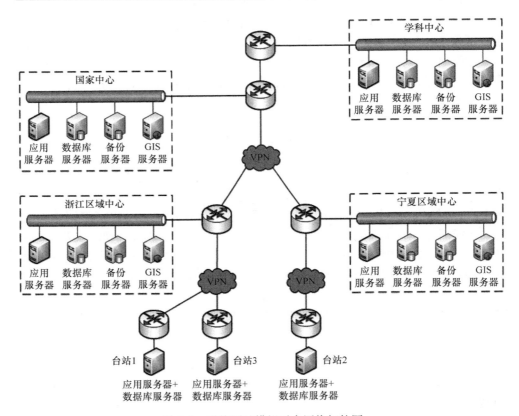

图 8.1　系统测试模拟平台网络拓扑图

8.2　元数据管理测试

8.2.1　台站信息配置

台站信息配置功能测试如表 8.2 所示。

表 8.2　台站信息配置功能测试表

测试目的:测试台站信息能否成功配置,配置信息发生冲突时能否正确处理,以及配置信息能否成功同步
前提条件:台站 1 和台站 3 已经注册到浙江区域中心,台站 2 已经注册到宁夏区域中心;浙江区域中心和
宁夏区域中心已经注册到国家中心;学科中心已与国家中心连接

输入/动作	期望的输出/响应	实际情况
在台站 1 的台站添加页面中输入如下配置信息。 台站名称:杭州地磁台;台站代码:33002;台站代码缩写:r2;经度:120.108;纬度:30.255;高程:20	台站添加成功。台站 1 的台站配置页面显示杭州地磁台的台站信息;浙江区域中心、国家中心和地磁学科中心的节点拓扑页面的台站 1 下显示杭州地磁台信息	台站添加成功,配置信息同步成功,与期望相符
在台站 1 添加杭州地磁台成功后,再在台站 1 添加杭州地磁台,即输入相同的台站代码:33002	台站 1 给出"台站代码已存在"的提示信息	检测到冲突,给出冲突提示信息,与期望相符
在台站 1 添加台站代码为 33002 的杭州地磁台后,再在浙江区域中心添加台站代码为 33002 的杭州地磁台	浙江区域中心给出"台站代码已存在"的提示信息	检测到冲突,给出冲突提示信息,与期望相符
在台站 1 添加台站代码为 33002 的杭州地磁台后,再在台站 3 中添加台站代码为 33002 的杭州地磁台	在浙江区域中心给出台站代码为 33002 的杭州地磁台的冲突提示信息	检测到冲突,给出冲突提示信息,与期望相符
在台站 3 冲突处理页面,点击"删除冲突数据"	显示"操作成功",台站 3 的台站配置页面中无杭州地磁台的信息显示	成功删除台站 3 中杭州地磁台的冲突信息,与期望相符
在台站 1 的台站配置页面中删除杭州地磁台	台站删除成功。台站 1 的台站配置页面无杭州地磁台的台站信息,在仪器配置页面无此台站所属的所有仪器;浙江区域中心、国家中心和地磁学科中心的节点拓扑页面的台站 1 下无杭州地磁台信息显示	台站删除成功,各级节点同步成功,与期望相符
台站 1 添加杭州地磁台成功后,并未在此台站配置仪器,在台站修改页面将台站代码修改为 33003	台站 1 的杭州地磁台修改台站代码成功。台站 1 的台站配置页面显示杭州地磁台的台站代码为 33003;浙江区域中心、国家中心和地磁学科中心的节点拓扑页面的台站 1 下杭州地磁台的信息显示台站代码为 33003	修改台站代码成功,修改信息同步成功,与期望相符

续表

台站 1 添加台站代码为 33002 的杭州地磁台成功,并为该台站添加水温仪后,在台站 1 的修改页面修改台站代码为 33003	台站 1 给出"台站下配有仪器,台站代码不可修改"的提示信息	配有仪器的台站代码不可修改,与期望相符
台站 1 添加台站代码为 33002 的杭州地磁台后,再在台站 2 中添加台站代码为 33002 的杭州地磁台	台站 2 给出台站代码为 33002 的杭州地磁台的冲突提示信息,并在宁夏区域中心给出该冲突提示信息	检测到冲突,给出冲突提示信息,与期望相符

8.2.2　仪器信息配置

1. IP 仪器配置

IP 仪器信息配置功能测试如表 8.3 所示。

表 8.3　IP 仪器信息配置功能测试表

测试目的:测试 IP 仪器能否成功配置,配置冲突或出错时能否正确处理,以及配置信息能否成功同步
前提条件:台站 1 和台站 3 已经注册到浙江区域中心,台站 2 已经注册到宁夏区域中心;浙江区域中心和宁夏区域中心已经注册到国家中心;学科中心已与国家中心连接

输入/动作	期望的输出/响应	实际情况
在台站 1 的 IP 仪器添加页面输入如下仪器信息。 仪器 ID:3120IGEA4110;测点编码:1;仪器名称:水温仪;所属台站:杭州地磁台(33002);IP 地址:10.33.43.108	仪器添加成功。台站 1 的仪器配置页面显示水温仪的仪器信息;浙江区域中心、国家中心和流体学科中心的节点拓扑页面中台站 1 显示水温仪的仪器信息	仪器添加成功,仪器配置信息同步成功,与期望相符
在台站 1 的 IP 仪器添加页面输入如下仪器信息。 仪器 ID:3120IGEA4110;测点编码:1;仪器名称:磁通门磁力仪;所属台站:泰安(37001);IP 地址:10.33.43.108	台站 1 给出"仪器所属台站代码与仪器返回的所属台站代码不同"提示信息,不允许仪器添加	检测到错误,给出提示信息,不允许添加仪器,与期望相符
在台站 1 将仪器 ID 为 X311JSEA0001 的磁通门磁力仪配置成功后,再次配置该磁通门磁力仪	台站 1 给出"仪器 ID 已经存在"的提示信息	检测到冲突,给出提示信息,不允许配置相同 ID 的仪器,与期望相符

续表

在台站 1 仪器修改页面将测点编码为 1 的磁通门磁力仪的测点编码修改为 2, 且仪器连接状态为正常	测试连通成功后, 仪器信息修改成功。台站 1 的仪器配置页面中磁通门磁力仪的测点编码修改为 2; 浙江区域中心、国家中心和地磁学科中心的节点拓扑页面中台站 1 的磁通门磁力仪的测点编码显示为 2	仪器信息修改并同步成功, 与期望相符
在台站 1 仪器修改页面将测点编码为 1 的磁通门磁力仪的测点编码修改为 2, 但仪器连接状态设置为无法连接	台站 1 给出测试连通失败提示信息, 仪器信息修改失败	测试连通失败, 仪器信息无法修改, 与期望相符
在台站 1 仪器配置页面删除水温仪	仪器删除成功。台站 1 的仪器配置页面无水温仪的仪器信息; 浙江区域中心、国家中心和流体学科中心的节点拓扑页面中台站 1 的仪器列表无水温仪的仪器信息显示	仪器删除成功, 与期望相符
在台站 1 中添加仪器 ID 为 X311JSEA0001 的磁通门磁力仪后, 再在台站 3 中添加仪器 ID 为 X311JSEA0001 的磁通门磁力仪	台站 3 给出仪器 ID 为 X311JSEA0001 的磁通门磁力仪的冲突提示信息	检测到冲突, 给出冲突提示信息, 仪器不能添加, 与期望相符
在台站 1 中添加仪器 ID 为 X311JSEA0001 的磁通门磁力仪后, 再在台站 2 中添加仪器 ID 为 X311JSEA0001 的磁通门磁力仪	台站 2 给出仪器 ID 为 X311JSEA0001 的磁通门磁力仪的冲突提示信息, 并在宁夏区域中心给出相同的冲突提示信息	台站和区域中心均检测到冲突, 给出冲突提示信息, 仪器不能添加, 与期望相符

2. 非 IP 仪器配置

非 IP 仪器信息配置功能测试如表 8.4 所示。

表 8.4　非 IP 仪器信息配置功能测试表

测试目的: 测试非 IP 仪器能否成功配置, 以及配置信息能否成功同步

前提条件: 台站 1 和台站 3 已经注册到浙江区域中心; 浙江区域中心已经注册到国家中心; 学科中心已与国家中心连接

输入/动作	期望的输出/响应	实际情况
在台站 1 的非 IP 仪器通信方式配置点击"添加"按钮, 出现通信链路添加页面, 输入如下连接类型。网口转串口; 协议转换器 IP 地址: 10.33.43.108; 协议转换器 IP 端口号: 50000; 串口通信协议: 比特率: 2400; 数据位: 8; 停止位: 1; 奇偶检验: 无	台站 1 给出通信链路添加成功信息, 提示信息中显示系统为所添加通信链路自动生成的名称: IpToSerial-XX(XX 为通信链路序号)	通信链路添加成功, 与期望相符

续表

在台站1的通信链路列表页面，点击对应通信链路的"配置"按钮，出现该通信链路对应公用数采的信息列表。点击"添加数采"按钮，在出现的公用数采添加页面输入如下信息。仪器号：01；类型：公用数采1；序列号：88FF888F。然后，点击"测试连通"按钮	台站1跳转到公用数采通道配置页面，此页面显示系统从配置的公用数采中取得的测项分量表	显示配置的公用数采测项分量表，与期望相符
接上一操作，根据已有分量表进行通道选择，点击"确定"按钮	台站1显示公共数采1添加成功的提示信息	公共数采配置成功，与期望相符
在台站1的仪器配置页面选择添加仪器类型为非IP，点击"添加"按钮后，进入非IP仪器添加页面，并在非IP仪器类型中选择"公用数采"后，输入如下仪器信息。仪器ID：00300；测点编码：A；仪器名称：重力仪；所属台站：杭州地磁台（33002）；对应公用数采：公用数采1；采样率：分采样；通道个数：3	台站1显示仪器添加成功的提示信息；台站1的仪器配置页面显示重力仪的仪器信息；浙江区域中心、国家中心和重力学科中心的节点拓扑页面中台站1显示重力仪的仪器信息	仪器添加成功，配置信息同步成功，与期望相符
在台站1的仪器配置页面中选择添加仪器类型为非IP，点击"添加"按钮后，进入非IP仪器添加页面，并在选择"智能化仪器"，输入如下仪器信息。仪器ID：00400；测点编码：B；仪器名称：水温仪；所属台站：杭州地磁台（33002）	台站1显示仪器添加成功的提示信息；台站1的仪器配置页面显示水温仪的仪器信息；浙江区域中心、国家中心和地下流体学科中心的节点拓扑页面中台站1显示水温仪的仪器信息	仪器添加成功，配置信息同步成功，与期望相符
在台站1的仪器配置页面删除重力仪	仪器删除成功。台站1的仪器配置页面无重力仪的仪器信息；浙江区域中心、国家中心和重力学科中心的节点拓扑页面中台站1无重力仪的仪器信息显示	仪器删除成功，与期望相符

3. 人工观测仪器配置

人工观测仪器信息配置功能测试如表8.5所示。

表8.5　人工观测仪器信息配置功能测试表

测试目的：测试人工观测仪器能否成功配置，以及配置信息能否成功同步

前提条件：台站1和台站3已经注册到浙江区域中心；浙江区域中心已经注册到国家中心；学科中心已与国家中心连接

续表

输入/动作	期望的输出/响应	实际情况
在台站1的人工观测仪器添加页面中输入如下仪器信息。仪器ID:0003;测点编码:C;仪器名称:水管倾斜仪;所属台站:杭州地磁台(33002)。然后,点击"确定"按钮	显示该仪器类型的所有测项分量信息	正确显示该仪器类型的所有测项分量信息,与期望相符
接上一操作,点击"添加"按钮	仪器添加成功。台站1的仪器配置页面显示水管倾斜仪的仪器信息;浙江区域中心、国家中心和地壳形变学科中心的节点拓扑页面中台站1显示水管倾斜仪的仪器信息	仪器添加成功,配置信息同步成功,与期望相符
在台站1的仪器配置页面删除水管倾斜仪	仪器删除成功。台站1的仪器配置页面无水管倾斜仪的仪器信息;浙江区域中心、国家中心和地壳形变学科中心的节点拓扑页面中台站1无水管倾斜仪的仪器信息显示	仪器删除成功,与期望相符

8.2.3 测点信息配置

测点信息配置功能测试如表 8.6 所示。

表 8.6 测点信息配置功能测试表

测试目的:测试测点的基础信息能否成功录入和同步
前提条件:台站1、3已经注册到浙江区域中心;浙江区域中心已经注册到国家中心

输入/动作	期望的输出/响应	实际情况
在台站1的基础信息采集的测点列表页面中,点击需录入基础信息的仪器的"基础信息"按钮,录入测点基础信息:测点名称、测点改造日期、纬度、经度、高程、地理坐标获取方式、测点离主台距离、行政区划、主要干扰源、备注,上传地形地质构造图、测点图片信息、测点建设报告等信息	在台站1、浙江区域中心和国家中心的节点拓扑树上点击录入测点所属台站,查看基础信息,再点击对应测点的"详细"按钮,显示录入的详细信息	测点信息配置成功,各级节点测点信息同步成功,与期望相符

8.3 数据采集测试

8.3.1 观测数据采集

1. 自动数据采集

自动数据采集功能测试如表 8.7 所示。

表 8.7　自动数据采集功能测试表

测试目的:测试数据采集设置的自动策略是否正确、采集任务能否正确完成
前提条件:台站 1 配置了子台和一些仪器,浙江区域中心配置直属台和一些仪器

输入/动作	期望的输出/响应	实际情况
在台站 1 的自动采集任务页面,启动所有仪器的自动采集数据和采集日志任务	台站 1 的数据采集日志记录所有仪器前一天观测数据和仪器日志采集按时执行完成	台站采集任务自动执行完成,与期望相符
在台站 1 的自动采集任务页面,停止所有仪器的自动采集数据和采集仪器日志任务	台站 1 的数据采集日志中记录所有仪器的前一天观测数据和日志数据采集均未执行	台站采集任务未执行,与期望相符
在浙江区域中心的自动采集任务页面,启动所有仪器的自动采集数据和采集日志任务	浙江区域中心的数据采集日志记录所有仪器的前一天观测数据和仪器日志采集按时执行完成	区域中心采集任务自动执行完成,期望相符
在浙江区域中心的自动采集任务页面,停止所有仪器的自动采集数据和采集仪器日志任务	浙江区域中心的数据采集日志中记录所有仪器前一天观测数据和日志数据采集均未执行	区域中心采集任务未执行,与期望相符

2. 手动数据采集

手动数据采集功能测试如表 8.8 所示。

表 8.8　手动数据采集功能测试表

测试目的:测试数据采集设置的手动执行是否能正确完成
前提条件:台站 1 配置了子台和一些仪器,浙江区域中心配置了直属子台和一些仪器

输入/动作	期望的输出/响应	实际情况
在台站 1 的手动数据采集任务页面选择全部仪器的第 0～14 天的观测数据采集	台站 1 的采集日志记录所有仪器第 0～14 天的观测数据采集手动触发后即刻执行,并正确完成	台站手动采集观测数据即刻执行并正确完成,与期望相符
在台站 1 的手动数据采集任务页面选择全部仪器的第 0～14 天的仪器日志采集	台站 1 的采集日志记录所有仪器第 0～14 天的仪器日志采集手动触发后即刻执行,并正确完成	台站手动采集仪器日志即刻执行并正确完成,与期望相符
在浙江区域中心的手动数据采集任务页面中选择全部仪器的第 0～14 天的观测数据采集	浙江区域中心的采集日志记录所有仪器第 0～14 天的观测数据采集手动触发后即刻执行,并正确完成	区域中心手动采集观测数据即刻执行并正确完成,与期望相符
在浙江区域中心的手动数据采集任务页面中选择全部仪器的第 0～14 天的仪器日志采集	浙江区域中心的采集日志记录所有仪器第 0～14 天的仪器日志采集手动触发后即刻执行,并正确完成	区域中心手动采集仪器日志即刻执行并正确完成,与期望相符

3. 人工观测数据录入

人工观测录入功能测试如表 8.9 所示。

表 8.9　人工观测数据录入功能测试表

测试目的:测试人工观测数据是否正确录入并进行相应格式转化和入库功能
前提条件:台站 1 配置了台站、人工观测仪器,人工观测得到观测数据

输入/动作	期望的输出/响应	实际情况
在台站 1 的人工仪器采集页面,选择台站、仪器和观测日期,按照测项分量输入观测数据后提交	在台站 1 的原始观测数据查询页面依据台站、仪器、日期、测项分量进行查询,查到格式正确的观测数据	人工观测数据正确录入并入库,与期望相符

4. 数据文件导入

数据文件导入功能测试如表 8.10 所示。

表 8.10　数据文件导入功能测试表

测试目的:测试数据采集是否正确导入数据文件并进行相应格式转化和入库功能
前提条件:台站 1 配置了台站和一些非在线仪器,准备好相应的数据文件

输入/动作	期望的输出/响应	实际情况
在台站 1 的数据采集任务页面选择非在线仪器某天的观测数据采集,选择数据文件路径和文件名,点击"确定"按钮	在台站 1 的原始观测数据查询页面依据台站、仪器、日期、测项分量进行查询,查到格式正确的观测数据	数据文件正确导入并入库,与期望相符

8.3.2　基础信息采集

1. 台站基础信息

台站基础信息采集功能测试如表 8.11 所示。

表 8.11　台站基础信息采集功能测试表

测试目的:测试台站的基础信息是否可以成功采集并入库
前提条件:台站 1 已成功添加一些子台

输入/动作	期望的输出/响应	实际情况
台站1的基础信息采集的台站列表页面中,点击需采集基础信息的台站的"基础信息"按钮,录入基础信息包括台站代码、改造日期、占地面积、值守方式、值班电话、基站岩性、台址勘选情况、地震地质条件、周围地震活动性背景、通信地址、自然地理、气候特征、历史沿革、工作生活条件、台站基本情况描述等,并上传台站平面分布图、测点分布图及台站建设报告等	在台站1的节点拓扑树上点击完成采集的台站,查看基础信息,再点击"详细"按钮,显示采集的详细信息	显示的台站详细信息与采集的信息一致,与期望相符

2. 仪器基础信息

仪器基础信息采集功能测试如表8.12所示。

表8.12　仪器基础信息采集功能测试表

测试目的:测试仪器的基础信息是否可以成功采集并入库
前提条件:台站1已成功添加一些子台和仪器

输入/动作	期望的输出/响应	实际情况
台站1的基础信息采集的仪器列表页面中,点击需采集基础信息的仪器的"基础信息"按钮,录入基础信息包括子网掩码、网关、观测墩号、出厂日期、启用日期、停测日期、备注等。然后,上传仪器布设图	在台站1的节点拓扑树上点击完成采集的仪器,查看基础信息,再点击"详细"按钮,显示采集的详细信息	显示的仪器详细信息采集的信息一致,与期望相符

3. 测点基础信息

测点基础信息采集功能测试如表8.13所示。

表8.13　测点基础信息采集功能测试表

测试目的:测试测点的基础信息是否可以成功采集并入库
前提条件:台站1已成功添加一些子台及仪器,仪器已经配置到一些测点

输入/动作	期望的输出/响应	实际情况
台站1的基础信息采集的测点列表页面中,点击需采集基础信息测点的"基础信息"按钮,录入基础信息包括测点名称、测点改造日期、纬度、经度、高程、地理坐标获取方式、测点离主台距离、行政区划、主要干扰源、备注,并上传地形构造图、测点图片信息、测点建设报告信息等	在台站1的节点拓扑树上点击完成采集的测点所属台站,查看基础信息,再点击对应测点的"详细"按钮,显示采集的详细信息	显示的测点详细信息与采集的信息一致,与期望相符

8.3.3 日志信息采集

1. 仪器运行日志

仪器运行日志采集功能测试见观测数据采集中有关仪器运行日志采集的测试部分。

2. 节点工作日志

节点工作日志采集功能测试如表 8.14 所示。

表 8.14 节点工作日志采集功能测试表

测试目的:测试台站工作日志是否正确录入并成功入库,以及值班员修改和审核员审核等功能是否正确
前提条件:台站 1 的值班员和审核员用户注册完毕

输入/动作	期望的输出/响应	实际情况
在台站 1 的工作日志采集页面以值班员身份录入工作日志后保存	在台站 1 的工作日志采集页面以值班员身份打开录入的工作日志,显示录入的工作日志信息	显示的工作日志信息与录入的信息一致,保存成功,与期望相符
在台站 1 的工作日志采集页面以值班员身份打开录入的工作日志后,对工作日志内容进行修改,然后再次保存	在台站 1 的工作日志采集页面再次以值班员身份打开录入的工作日志,显示修改后的工作日志信息	显示的工作日志信息与修改后的信息一致,保存成功,与期望相符
在台站 1 的工作日志采集页面以审核员身份对所保存的工作日志进行审核后提交	在台站 1 的数据服务页面查询得到提交的工作日志	审核提交的工作日志正确入库,与期望相符
在台站 1 的工作日志采集页面以值班员身份打开已经审核并提交的工作日志后,对工作日志内容进行修改	在台站 1 的工作日志采集页面给出提交的工作日志不能修改的提示信息	值班员不能修改已经提交的工作日志,与期望相符
在台站 1 的工作日志采集页面以审核员身份打开已经审核并提交的工作日志后,对工作日志内容进行修改	在台站 1 的工作日志采集页面给出提交的工作日志不能修改的提示信息	审核员不能修改已经提交的工作日志,与期望相符

8.4 数据交换测试

8.4.1 数据订阅

数据订阅功能测试如表 8.15 所示。

表 8.15 数据订阅功能测试表

测试目的:测试数据是否可按照数据订阅中的配置情况进行交换

前提条件:台站1配置了子台和一些仪器,并采集了一定的观测数据,台站1已经注册到浙江区域中心;浙江区域中心配置了直属子台和一些仪器,浙江区域中心已经注册到国家中心

输入/动作	期望的输出/响应	实际情况
浙江区域中心订阅台站1的下列前兆原始观测数据表后执行数据交换:水位_前兆原始观测数据表_1次每分钟、水温_前兆原始观测数据表_1次每分钟、地磁总强度绝对值_前兆原始观测数据表_1次每秒、地磁三分量相对值_前兆原始观测数据表_1次每秒、地电阻率_前兆原始观测数据表_1次每小时、地电场_前兆原始观测数据表_1次每分钟	查看台站1的交换日志,所有订阅的前兆原始观测数据表的数据从台站1交换到浙江区域中心	台站数据交换内容与订阅的数据表一致,与期望相符
在上述订阅的前兆原始观测数据表中,取消订阅以下数据表:水位_前兆原始观测数据表_1次每分钟、水温_前兆原始观测数据表_1次每分钟,然后执行数据交换	查看台站1的交换日志,水位_前兆原始观测数据表_1次每分钟和水温_前兆原始观测数据表_1次每分钟的数据没有予以交换,其他订阅的数据表的数据从台站1交换到浙江区域中心	取消订阅的数据表的数据没有进行交换,与期望相符
重新恢复订阅水位_前兆原始观测数据表_1次每分钟,执行数据交换	查看台站1的交换日志,除水温_前兆原始观测数据表_1次每分钟的数据没有交换外,包括水位_前兆原始观测数据表_1次每分钟在内的其他订阅的数据表的数据从台站1交换到浙江区域中心	恢复订阅的数据表的数据进行了交换,取消订阅的数据表的数据没有进行交换,与期望相符
国家中心订阅浙江区域中心的下列前兆原始观测数据表:水位_前兆原始观测数据表_1次每分钟、水温_前兆原始观测数据表_1次每分钟、地磁总强度绝对值_前兆原始观测数据表_1次每秒、地磁三分量相对值_前兆原始观测数据表_1次每秒、地电阻率_前兆原始观测数据表_1次每小时、地电场_前兆原始观测数据表_1次每分钟,执行数据交换	查看浙江区域中心的交换日志,所有订阅的前兆原始观测数据表的数据从浙江区域中心交换到国家中心	区域中心数据交换内容与订阅的数据表一致,与期望相符

续表

在上述订阅的前兆原始观测数据表中,取消订阅以下数据表:水位_前兆原始观测数据表_1 次每分钟、水温_前兆原始观测数据表_1 次每分钟,执行数据交换	查看浙江区域中心的交换日志,水位_前兆原始观测数据表_1 次每分钟和水温_前兆原始观测数据表_1 次每分钟的数据没有予以交换,其他订阅的数据表的数据从浙江区域中心交换到国家中心	取消订阅的数据表的数据没有进行交换,与期望相符
重新恢复订阅水位_前兆原始观测数据表_1 次每分钟,执行数据交换	查看浙江区域中心的交换日志,除水温_前兆原始观测数据表_1 次每分钟的数据没有予以交换外,包括水位_前兆原始观测数据表_1 次每分钟在内的其他订阅的数据表的数据从浙江区域中心交换到国家中心	恢复订阅的数据表的数据进行了交换,取消订阅的数据表的数据没有进行交换,与期望相符

8.4.2 交换策略

交换策略功能测试如表 8.16 所示。

表 8.16 交换策略功能测试表

测试目的:测试数据交换策略配置是否正确,以及能否按照配置的策略正确完成数据交换功能
前提条件:台站 1 和台站 3 已经采集了一定的数据,台站 1 和台站 3 已经注册到浙江区域中心;浙江区域中心已经注册到国家中心

输入/动作	期望的输出/响应	实际情况
在浙江区域中心的交换策略页面添加交换时间为 00 时 00 分的自动交换策略	浙江区域中心的交换日志记录该次交换成功	配置的 1 次交换策略成功执行,与期望相符
在浙江区域中心的交换策略页面添加交换时间为 00 时 00 分、09 时 00 分、16 时 00 分的自动交换策略	浙江区域中心的交换日志记录配置 3 次的交换任务均成功	配置的 3 次交换策略均成功执行,与期望相符
在浙江区域中心的交换策略页面添加交换时间为 00 时 00 分、00 时 05 分的自动交换策略(假设 00 时 00 分的交换需要的时间为 10 分钟)	浙江区域中心的交换日志只记录 00 时 00 分配置的交换任务成功	配置的 2 次交换策略被合并,与期望相符
在浙江区域中心的交换策略页面执行手动交换	浙江区域中心的交换日志记录该次交换成功	手动交换成功,与期望相符

续表

在浙江区域中心的交换策略页面执行手动交换(假设这次交换需要的时间为 10 分钟)后,间隔 2 分钟后再执行一次手动交换	浙江区域中心的交换日志只记录第一次手动交换任务成功	两次手动交换任务被合并,与期望相符
浙江区域中心 09 时 00 分执行交换(假设此次交换需要的时间为 10 分钟),国家中心 09 时 05 分执行交换	浙江区域中心和国家中心的交换都能正常运行,国家中心将 09 时 05 分之前的数据交换到国家中心,而不影响区域中心的交换进行	区域中心和国家中心交换正常运行,国家中心交换的数据时间点为 09 时 05 分,与期望相符

8.4.3　备份策略

备份策略功能测试如表 8.17 所示。

表 8.17　备份策略功能测试表

测试目的:测试数据备份策略配置是否正确,以及能否按照配置的策略正确完成数据备份
前提条件:浙江区域中心管理系统及其备份数据库安装部署完成

输入/动作	期望的输出/响应	实际情况
在浙江区域中心的备份策略页面添加备份时间为周一 00 时 00 分的自动备份策略	浙江区域中心的备份日志记录此次备份任务成功	配置的数据备份策略成功执行,与期望相符
在浙江区域中心的备份策略页面添加备份时间为周一 00 时 00 分、周一 09 时 00 分、周一 16 时 00 分的自动备份策略	浙江区域中心的备份日志记录这 3 次配置的备份策略都成功	配置的 3 次备份策略都成功,与期望相符
在浙江区域中心的备份策略页面添加备份时间为周一 00 时 00 分、周一 00 时 10 分的自动备份策略(假设 00 时 00 分的备份需要的时间为 15 分钟)	浙江区域中心的备份日志只记录 00 时 00 分的备份策略成功	2 次配置的备份策略被合并,与期望相符
在浙江区域中心的备份策略页面执行手动备份	浙江区域中心的备份日志记录该次备份成功	手动备份成功,与期望相符
在浙江区域中心的备份策略页面执行手动备份(假设该次备份需要的时间为 30 分钟)后,间隔 5 分钟后再执行一次手动备份策略	浙江区域中心的备份日志只记录第一次手动备份任务成功	2 次手动备份任务被合并,与期望相符

8.5　数据服务测试

8.5.1　观测数据服务

　　观测数据服务包括原始观测数据服务、预处理数据服务和数据产品服务三类，这三类数据服务功能基本相同，区别仅在于检索和下载的对象不同。这里仅以原始观测数据服务为例进行测试。

　　原始观测数据服务功能测试如表 8.18 所示。

表 8.18　原始观测数据服务功能测试表

测试目的：测试原始观测数据的检索、下载、绘图等数据服务功能，以及下载的数据是否正确
前提条件：浙江区域中心具有台站 1 的 04 月 15 日～04 月 30 日的水温仪和水位仪的原始观测数据

输入/动作	期望的输出/响应	实际情况
在浙江区域中心的原始观测数据服务页面输入以下条件检索数据。 台站：台站 1；仪器：水温仪；测项分量：所有测项分量；起始时间：04 月 18 日；结束时间：04 月 20 日	浙江区域中心的原始观测数据服务页面显示台站 1 的水温仪 04 月 18 日～04 月 20 日的数据信息，包括日期、台站名称、测点、采样率、数据信息量等	正确检索到符合条件的原始观测数据，与期望相符
在浙江区域中心的原始观测数据服务页面输入以下条件检索数据。 台站：台站 1；仪器：水位仪；测项分量：所有测项分量；起始时间：04 月 20 日；结束时间：04 月 25 日	浙江区域中心的原始观测数据服务页面显示台站 1 的水位仪 04 月 20 日～04 月 25 日的数据信息，包括日期、台站名称、测点、采样率、数据信息量等	正确检索到符合条件的原始观测数据，与期望相符
在浙江区域中心的原始观测数据服务页面输入以下条件检索数据。 台站：台站 1；仪器：水温仪；测项分量：所有测项分量；起始时间 04 月 21 日，结束时间 04 月 20 日	浙江区域中心的原始观测数据服务页面给出"结束时间必须大于或等于起始时间"的提示信息	检测到检索时间条件错误，与期望相符
接第一个操作，点击日期为 04 月 18 日信息的"下载 excel"按钮	浙江区域中心的原始观测数据服务页面弹出保存对话框，保存的数据包括台站 1 的水温仪 04 月 18 日所有测项分量的数据	可按 excel 格式下载原始观测数据，与期望相符
接第一个操作，点击日期为 04 月 18 日信息的"下载 txt"按钮	浙江区域中心的原始观测数据服务页面弹出保存对话框，保存的数据包括台站 1 的水温仪 04 月 18 日所有测项分量的数据	可按 txt 格式下载原始观测数据，与期望相符

续表

接第一个操作,点击日期为 04 月 18 日信息的"绘图"按钮	浙江区域中心的原始观测数据服务页面显示台站 1 水温仪 04 月 18 日所有测项分量的数据波形图	可对原始观测数据进行绘图,与期望相符
接第一个操作,点击下载以上所有数据的"下载 excel"按钮	浙江区域中心的原始观测数据服务页面弹出保存对话框,保存的数据包括台站 1 的水温仪 04 月 18 日至 04 月 20 日所有测项分量的数据	可按 excel 格式下载所有原始观测数据,与期望相符
接第一个操作,点击下载以上所有数据的"下载 txt"按钮	浙江区域中心的原始观测数据服务页面弹出保存对话框,保存的数据包括台站 1 的水温仪 04 月 18 日至 04 月 20 日所有测项分量的数据	可按 txt 格式下载所有原始观测数据,与期望相符
在浙江区域中心的原始观测数据页面输入以下检索条件后检索数据。台站:台站 1;仪器:水温仪;测项分量:所有测项分量;起始日期选择 4 月 25 日,结束日期选择 5 月 2 日	浙江区域中心的原始观测数据服务页面的台站 1 的水温仪的数据信息列表只显示 4 月 25 日至 4 月 30 日的数据信息	只检索到已经采集的原始观测数据,与期望相符

8.5.2　基础信息服务

基础信息服务功能测试如表 8.19 所示。

表 8.19　基础信息服务功能测试表

测试目的:测试基础信息的查看和下载等服务功能是否正确
前提条件:台站 1 和台站 3 已经完成包括台站信息、仪器信息和测点信息的采集,并注册到浙江区域中心;浙江区域中心已经注册到国家中心

输入/动作	期望的输出/响应	实际情况
在台站 1 节点管理页面的节点拓扑树上,点击要查询的台站,在右侧的标签选择查看仪器信息、测点信息	台站 1 页面显示选择的仪器名称、型号、观测类型、仪器出厂时间、开始观测时间、是否停测,并能展示仪器的布设图等详细信息。显示测点的经纬度、主要干扰源、行政区划等信息,以及测点的地质构造图等,并提供测点建设报告下载的地址	正确响应应用户操作返回基础信息,与期望相符

续表

在浙江区域中心节点管理页面的节点拓扑树上,选择台站1,在右侧的标签选择查看台站信息	浙江区域中心页面显示台站1的台站代码、岩性、勘选情况、地质条件、周边地震活动性背景、占地面积、通信地址、自然地理特点、气候条件、历史沿革、工作生活条件等详细信息,能够展示台站平面图、测点分布图,并提供台站建设报告的下载	正确响应用户操作返回基础信息,与期望相符
在浙江区域中心节点管理页面的节点拓扑树上,选择台站3,在右侧的标签分别选择查看地磁场地、地电场地、洞体信息、井信息、断层信息等基础信息	浙江区域中心页面分别显示台站3的地磁场地、地电场地、洞体信息、井信息、断层信息等基础信息,并提供基础信息的下载	能够显示和下载所有采集的基础信息,与期望相符
在国家中心节点管理页面的节点拓扑树上,选择浙江区域中心下的台站3,在右侧的标签分别选择查看地磁场地、地电场地、洞体信息、井信息、断层信息等基础信息	国家中心页面分别显示浙江区域中心下台站3的地磁场地、地电场地、洞体信息、井信息、断层信息等基础信息,并提供基础信息的下载	能够显示和下载所有录入的基础信息,与期望相符

8.5.3 日志信息服务

日志信息服务功能测试如表8.20所示。

表 8.20 日志信息服务功能测试表

测试目的:测试日志信息查询等服务功能是否正确

前提条件:台站1配置了一些仪器并采集了若干天的数据,并已经注册到浙江区域中心;浙江区域已经注册到国家中心

输入/动作	期望的输出/响应	实际情况
在台站1的系统管理页面选择系统管理-系统日志-采集日志,并指定已经采集数据的日期范围	台站1页面按列表显示台站1所有配置的仪器在指定时间范围内发生的所有采集命令(含自动、人工)的执行结果及响应时间,对于执行失败的采集任务日志予以高亮显示,给出失败原因	显示的采集日志信息真实反映采集任务执行结果,与期望相符
在浙江区域中心系统管理页面选择系统管理-系统日志-交换日志,并指定已经交换数据的日期范围	浙江区域中心页面按列表显示指定时间范围内浙江区域中心所有配置的交换任务(含自动、人工)的发起时间、结束时间和执行结果,对于执行失败的交换任务日志高亮显示,给出失败原因	显示的交换日志信息真实反映交换任务执行结果,与期望相符

在浙江区域中心系统管理页面选择系统管理-系统日志-监控日志,选择发送日志并指定系统监控的日期范围	浙江区域中心页面显示指定日期范围内发送的全部监控仪器状态信息,包括发送到的目标仪器、发送命令时间、仪器响应时间和执行结果。对于未能正确响应监控命令的监控指令高亮显示	显示的系统监控的发送日志信息真实反映监控任务执行结果,与期望相符
在浙江区域中心系统管理页面选择系统管理-系统日志-监控日志,选择接收日志并指定系统监控的日期范围	浙江区域中心页面显示指定日期范围内接收的全部监控仪器状态信息,包括发送到的目标仪器、发送命令时间、仪器响应时间和执行结果。对于未能正确响应监控命令的监控指令高亮显示	显示的系统监控的接收日志信息真实反映监控任务执行结果,与期望相符

8.6　系统监控测试

8.6.1　仪器监控

1. 仪器告警

仪器告警功能测试如表 8.21 所示。

表 8.21　仪器告警功能测试表

测试目的:测试仪器告警信息是否正确,以及仪器告警信息是否四级联动一致
前提条件:台站1已经配置了子台,以及一定数量的仪器,并注册到浙江区域中心;浙江区域中心配置了直属子台,以及一些仪器,并注册到国家中心;学科中心和国家中心已成功连接

输入/动作	期望的输出/响应	实际情况
将台站1的磁通门磁力仪断开连接,其余仪器处于正常状态	台站1、浙江区域中心、国家中心和地磁学科中心的仪器告警页面均显示磁通门磁力仪断开连接的告警信息	各级节点仪器告警信息正确、一致,与期望相符
将台站1的磁通门磁力仪恢复连接,设置其余告警属性正常	台站1、浙江区域中心、国家中心和地磁学科中心的仪器告警页面均无磁通门磁力仪的告警信息显示	各级节点仪器告警信息全部消失,与期望相符
台站1的磁通门磁力仪连接正常,将电源故障属性设置为异常,其余仪器属性处于正常状态	台站1、浙江区域中心、国家中心和地磁学科中心的仪器告警页面均显示磁通门磁力仪电源故障异常告警信息	各级节点仪器告警信息正确、一致,与期望相符

台站1的磁通门磁力仪连接正常,将电源故障属性恢复正常,设置其余告警属性正常	台站1、浙江区域中心、国家中心和地磁学科中心的仪器告警页面均无磁通门磁力仪的告警信息显示	各级节点仪器告警信息全部消失,与期望相符
将浙江区域中心直属子台的地电场仪断开连接,其余仪器处于正常状态	台站1的仪器告警页面无告警信息显示;浙江区域中心、国家中心和地电学科中心的仪器告警页面均显示地电场仪断开连接的告警信息	3级节点仪器告警信息正确、一致,与期望相符
将浙江区域中心直属子台的地电场仪恢复连接,其余告警属性为正常	台站1、浙江区域中心、国家中心和地电学科中心的仪器告警页面均无地电场仪的告警信息	3级节点的仪器告警信息全部消失,与期望相符

2. 仪器状态监视

仪器状态监视功能测试如表8.22所示。

表8.22 仪器状态监视功能测试表

测试目的:测试仪器状态信息是否正确,以及仪器状态信息是否四级联动一致
前提条件:台站1已经配置了子台,以及一定数量的仪器,并已经注册到浙江区域中心;浙江区域中心已经注册到国家中心;学科中心和国家中心已成功连接

输入/动作	期望的输出/响应	实际情况
在台站1的仪器状态查询页面的仪器列表中,点击"磁通门磁力仪"	台站1仪器状态页面显示磁通门磁力仪的状态信息,包括仪器所属台站名称、仪器连接状态、仪器名称、仪器ID、仪器时钟、时钟状态、直流电源、交流电源、自校准开关、调零开关、仪器零点、事件触发个数、异常告警等。浙江区域中心、国家中心和地磁学科中心的台站1仪器状态页面显示相同的磁通门磁力仪的状态信息	四级节点显示相同的磁通门磁力仪的状态信息,与期望相符
接第一个操作点击选项卡的"网络参数"	台站1仪器网络参数页面显示磁通门磁力仪的网络参数信息,包括所属台站名称、仪器名称、仪器ID、IP地址、子网掩码、缺省网关、管理端地址、管理端端口号、服务端口数、服务端口号和服务器IP地址等。浙江区域中心、国家中心和地磁学科中心的台站1仪器网络参数页面显示相同的磁通门磁力仪的网络参数信息	四级节点显示相同的磁通门磁力仪的网络参数信息,与期望相符
接第一个操作点击选项卡的"表述参数"	台站1仪器表述参数页面显示磁通门磁力仪的表述参数信息,包括所属台站名称、仪器名称、仪器ID、台站代码、测向代码、测点经度、测点纬度、测点高程等。浙江区域中心、国家中心和地磁学科中心的台站1仪器表述参数页面显示相同的磁通门磁力仪的表述参数信息	四级节点显示相同的磁通门磁力仪的表述参数信息,与期望相符

接第一个操作点击选项卡的"测量参数"	台站1仪器测量参数页面显示磁通门磁力仪的测量参数信息,包括所属台站名称、仪器名称、仪器ID、仪器采样率、通道数、自定义 参数个数和自定义参数值等。浙江区域中心、国家中心、地磁学科中心的台站1仪器测量参数页面显示的磁通门磁力仪的测量参数信息	四级节点显示相同的磁通门磁力仪的测量参数信息,与期望相符
接第一个操作点击选项卡的"属性信息"	台站1仪器属性信息页面显示磁通门磁力仪的属性信息,包括所属台站名称、仪器名称、仪器ID、仪器型号、软件版本号、生产厂家名称、生产日期、生产厂家通信地址和联系方式等。浙江区域中心、国家中心和地磁学科中心的台站1仪器属性信息页面显示相同的磁通门磁力仪的属性信息	四级节点显示相同的磁通门磁力仪的属性信息,与期望相符

3. 仪器实时波形

仪器实时波形功能测试如表 8.23 所示。

表 8.23　仪器实时波形功能测试表

测试目的:测试不同采样率的仪器实时波形的绘制功能是否正确

前提条件:台站1已经配置了一定数量的仪器,并注册到浙江区域中心;浙江区域中心已经注册到国家中心;学科中心已经与国家中心成功连接

输入/动作	期望的输出/响应	实际情况
在台站1仪器实时波形页面的仪器列表上点击仪器"磁通门磁力仪"后,在右侧出现的绘图框中点击"开始"按钮	台站1仪器实时波形页面显示磁通门磁力仪每秒返回的观测数据的波形	观测数据波形实时绘制,与期望相符
接上操作,点击"结束"按钮	台站1仪器实时波形页面停止绘制	观测数据波形实时绘制停止,与期望相符
在浙江区域中心的台站1仪器实时波形页面的仪器列表上点击仪器"磁通门磁力仪"后,在右侧出现的绘图框中点击"开始"按钮	浙江区域中心的仪器实时波形页面显示磁通门磁力仪每秒返回的观测数据的波形	观测数据波形实时绘制,与期望相符
接上操作,点击"结束"按钮	浙江区域中心的仪器实时波形页面显示停止绘制	观测数据波形实时绘制停止,与期望相符
在国家中心下浙江区域中心的台站1仪器实时波形页面的仪器列表上点击仪器"磁通门磁力仪"后,在右侧出现的绘图框中点击"开始"按钮	国家中心的仪器实时波形页面显示磁通门磁力仪每秒返回的观测数据的波形	观测数据波形实时绘制,与期望相符

续表

接上操作,点击"结束"按钮	国家中心的仪器实时波形页面显示停止绘制	观测数据波形实时绘制停止,与期望相符
在地磁学科中心下浙江区域中心的台站1仪器实时波形页面的仪器列表上点击仪器"磁通门磁力仪"后,在右侧出现的绘图框中点击"开始"按钮	地磁学科中心的仪器实时波形页面显示磁通门磁力仪每秒返回的观测数据的波形	观测数据波形实时绘制,与期望相符
接上操作,点击"结束"按钮	地磁学科中心的仪器实时波形页面显示停止绘制	观测数据波形实时绘制停止,与期望相符
在台站1仪器实时波形页面的仪器列表上点击仪器"地电场仪"后,在右侧出现的绘图框中点击"开始"按钮	台站1仪器实时波形页面显示地电场仪每分钟返回的观测数据的波形	观测数据波形实时绘制,与期望相符
接上操作,点击"结束"按钮	台站1仪器实时波形页面停止绘制	观测数据波形实时绘制停止,与期望相符
在开始实时波形时执行自动采集任务	实时波形绘制停止,并给出提示信息	自动采集优先,使实时波形功能停止,与期望相符
开始实时波形时执行手动采集任务	实时波形绘制停止,并给出提示信息	手动采集优先,使实时波形停止,与期望相符
执行采集任务时开始实时波形	给出提示信息,实时波形不能执行	采集优先,实时波形不执行,与期望相符

4. 仪器日志

仪器日志功能测试如表 8.24 所示。

表 8.24　仪器日志功能测试表

测试目的:测试仪器当日运行状态日志是否正确记录

前提条件:台站1已经配置了一定数量的仪器;浙江区域中心已经配置了直属子台及其一定数量的仪器

输入/动作	期望的输出/响应	实际情况
在台站1仪器状态页面点击选项卡"日志查看",选择"磁通门磁力仪"	台站1仪器状态日志页面显示磁通门磁力仪当日运行状态日志,包括信息编号、仪器ID、仪器所属台站ID、当前日期、信息类型和发生此次信息的时间等	仪器正确记录当日运行状态日志,与期望相符

在浙江区域中心仪器状态页面点击选项卡"日志查看",选择"地电场仪"	浙江区域中心仪器状态日志页面显示直属子台的地电场仪当日运行状态日志,包括信息编号、仪器 ID、仪器所属台站 ID、当前日期、信息类型和发生此次信息的时间等	仪器正确记录当日运行日志,与期望相符

5. 仪器运行控制

仪器运行控制功能测试如表 8.25 所示。

表 8.25　仪器运行控制功能测试表

测试目的:测试台站和区域中心的仪器控制功能是否正确
前提条件:台站1已经配置了一定数量的仪器;浙江区域中心已经配置了直属子台及其一定数量的仪器

输入/动作	期望的输出/响应	实际情况
在台站1仪器基本状态信息页面点击仪器名称"磁通门磁力仪"	台站1的仪器基本状态信息页面显示磁通门磁力仪的当前的基本状态信息	显示仪器的当前的基本状态信息,与期望相符
接上操作,点击"自校准"开关	台站1页面出现仪器开始自校准状态提示信息,自校准开关处于"开"状态	可以进行仪器自校准,与期望相符
接第一操作,点击"网络参数",并修改 IP 地址为 10.37.145.20,子网掩码为 25.25.25.1,缺省网关为 10.37.145.1,点击提交	台站1页面显示磁通门磁力仪的网络参数为修改后的参数值	仪器网络参数修改成功,与期望相符
接上操作,点击"重置"按钮	台站1页面显示磁通门磁力仪未修改的网络参数状态	可重置网络参数,与期望相符
接第一操作,将仪器网络参数的 IP 值修改为 10.37.145.0,并点击"提交"按钮	页面显示"请输入正确的 IP 地址"的提示信息	可进行参数合法性检查,非法参数不能进行配置,与期望相符
接第一操作,点击"表述参数",修改台站代码为 38002,测向代码为 X221,测点经度为 10.50,并点击"提交"按钮	台站1页面显示磁通门磁力仪的表述参数为修改后的参数值	表述参数修改成功,与期望相符
接第一操作,点击"表述参数",将测点纬度修改为 35.90	台站1页面显示"测点纬度应该前端加方位标识字符 N 或 S"的提示信息	可进行参数合法性检查,非法参数不能进行配置,与期望相符

续表

接第一操作,点击"测量参数",修改通道数为3,自定义参数1的值为20	台站1页面显示磁通门磁力仪的测量参数为修改后的参数值	测量参数修改成功,与期望相符
接第一操作,点击"测量参数",设置自定义参数2的值为空	页面显示"自定义参数值不能为空"的提示信息	可进行参数合法性检查,非法参数不能进行配置,与期望相符

8.6.2　进程监视

1. 进程异常告警

进程异常告警功能测试如表 8.26 所示。

表 8.26　进程异常告警功能测试表

测试目的:测试进程告警信息是否正确,以及进程告警信息是否各级联动一致
前提条件:台站1已经配置了子台和一定数量的仪器,并注册到浙江区域中心;浙江区域中心配置了直属子台,以及一些仪器,并注册到国家中心

输入/动作	期望的输出/响应	实际情况
将台站1的采集进程状态设置为异常,其他进程状态为正常	台站1、浙江区域中心和国家中心的进程告警页面显示台站1的采集进程告警参数为异常	各级节点的采集进程告警信息正确、一致,与期望相符
将台站1的采集进程状态恢复正常,其他进程状态为正常	台站1、浙江区域中心和国家中心的进程告警页面均无采集进程告警信息显示	各级节点的采集进程告警全部消失,与期望相符
将浙江区域中心的交换进程状态设置为异常,其他进程状态为正常	台站1的进程告警页面无进程告警信息;浙江区域中心和国家中心的进程告警页面显示浙江区域中心的交换进程告警参数为异常	本级及上级节点的交换进程告警信息正确、一致,与期望相符
将浙江区域中心的交换进程状态恢复正常,其他进程状态为正常	台站1、浙江区域中心和国家中心的进程告警页面均无交换进程告警信息显示	本级及上级节点的交换进程告警信息消失,与期望相符
将浙江区域中心的采集进程状态设置为异常,其他进程状态为正常	台站1的进程告警页面无告警信息显示;浙江区域中心和国家中心的进程告警页面显示浙江区域中心的采集进程告警参数为异常	本级及上级节点的采集进程告警信息正确、一致,与期望相符

将浙江区域中心的采集进程状态恢复正常,其他进程状态为正常	台站1、浙江区域中心和国家中心的进程告警页面均无采集进程告警信息显示	本级及上级节点的采集进程异常告警消失,与期望相符
将浙江区域中心的备份进程状态设置为异常,其他进程状态为正常	台站1的进程告警页面无进程告警信息;浙江区域中心和国家中心的进程告警页面显示浙江区域中心的备份进程告警参数为异常	本级及上级节点的备份进程告警信息正确、一致,与期望相符
将浙江区域中心的备份进程状态恢复正常,其他进程状态为正常	台站1、浙江区域中心和国家中心的进程告警页面均无备份进程告警信息显示	本级及上级节点的备份进程异常告警消失,与期望相符
将国家中心的备份进程状态设置为异常,其他进程状态为正常	台站1和浙江区域中心的进程告警页面无进程告警信息;国家中心的进程告警页面显示国家中心的备份进程告警参数为异常	国家中心显示备份进程异常告警,与期望相符
将国家中心的备份进程状态恢复正常,其他进程状态为正常	台站1、浙江区域中心和国家中心的进程告警页面均无备份进程告警信息显示	国家中心备份进程异常告警消失,与期望相符
将国家中心的交换进程状态设置为异常,其他进程状态为正常	台站1和浙江区域中心的进程告警页面无进程告警信息;国家中心的进程告警页面显示国家中心的交换进程告警参数为异常	国家中心显示交换进程异常告警,与期望相符
将国家中心的交换进程状态恢复正常,其他进程状态为正常	台站1、浙江区域中心和国家中心的进程告警页面均无交换进程告警信息显示	国家中心交换进程异常告警消失,与期望相符

2. 进程状态监视

进程状态监视功能测试如表 8.27 所示。

表 8.27　进程状态监视功能测试表

测试目的:测试数据采集、数据交换等进程状态监视功能是否正确,以及监视信息是否各级联动一致

前提条件:台站1配置了子台,以及一些仪器,并已经注册到浙江区域中心;浙江区域中心配置了直属子台,以及一些仪器,并已经注册到国家中心

输入/动作	期望的输出/响应	实际情况
将台站1的采集进程状态设置为异常	台站1、浙江区域中心和国家中心的采集进程监视页面均显示采集进程状态为异常	采集进程异常状态被监视到,各级节点进程状态信息一致,与期望相符

续表

将台站 1 的采集进程状态设置为空闲	台站 1、浙江区域中心和国家中心的采集进程监视页面均显示台站 1 的采集进程基本信息,包括启动时间、运行时间、当前命令状态为空闲、命令队列状态为空闲、实时连接状态为空闲	采集进程空闲状态被监视到,各级节点进程状态信息一致,与期望相符
在台站 1 的数据手动采集任务页面中选择全部仪器的第 0～14 天的观测数据采集	台站 1、浙江区域中心和国家中心的采集进程监视页面均显示台站 1 的采集进程信息,包括启动时间、运行时间、当前命令状态、命令队列状态、实时连接状态	采集进程手动采集状态被监视到,各级节点进程状态信息一致,与期望相符
接上操作,点击"当前命令状态"	台站 1、浙江区域中心和国家中心的命令状态页面均显示台站 1 的采集进程当前的命令状态信息,包括命令内容、执行状态、完成百分比、已消耗时间、预估剩余时间和网络传输速率等	采集进程的命令状态被监视到,各级节点命令状态信息一致,与期望相符
接上操作,点击"命令队列状态"	台站 1、浙江区域中心和国家中心的命令队列状态页面均显示台站 1 的采集进程当前的命令队列状态信息,包括仪器 ID、命令队列数和命令总条数等	采集进程命令队列状态被监视到,各级节点命令队列状态信息一致,与期望相符
等待台站 1 的手动采集任务结束	台站 1、浙江区域中心和国家中心的采集进程监视页面均显示采集进程基本信息,包括启动时间、运行时间、当前命令状态为空闲、命令队列状态为空闲、实时连接状态为空闲	采集进程结束状态被监视到,各级节点进程状态信息一致,与期望相符
在浙江区域中心的交换策略页面点击手动交换的"确定"按钮	浙江区域中心和国家中心的交换进程监视页面均显示浙江区域中心的交换进程运行状态信息,包括服务器名称、交换状态、已处理总记录数、起始执行时间和当前记录速率及当前操作对象等相关信息	交换进程运行状态被监视到,各级节点进程状态信息一致,与期望相符
等待浙江区域中心手动交换策略执行结束	浙江区域中心和国家中心的交换进程监视页面均显示交换进程状态为空闲	交换进程结束状态被监视到,各级节点进程状态信息一致,与期望相符
等待浙江区域中心自动交换策略执行结束	浙江区域中心和国家中心的交换进程监视页面均显示交换进程状态为空闲	交换进程结束状态被监视到,各级节点进程状态信息一致,与期望相符
在浙江区域中心的备份策略页面执行手动数据备份	浙江区域中心和国家中心的备份进程监视页面均显示浙江区域中心的备份进程运行状态信息,包括服务器名称、备份状态、已处理总记录数、起始执行时间和当前记录速率等相关信息	备份进程运行状态被监视到,各级节点进程状态信息一致,与期望相符

等待浙江区域中心手动数据备份执行结束	浙江区域中心和国家中心的备份进程监视页面均显示备份进程状态为空闲	备份进程结束状态被监视,各级节点进程状态信息一致,与期望相符
等待浙江区域中心自动数据备份执行完毕	浙江区域中心和国家中心的备份进程监视页面均显示备份进程状态为空闲	备份进程结束状态被监视到,各级节点进程状态信息一致,与期望相符

8.6.3　资源监视

1. 资源状态监视

应用服务器状态监视功能测试如表 8.28 所示。数据库服务器状态监视功能测试如表 8.29 所示。

表 8.28　应用服务器状态监视功能测试表

测试目的:测试应用服务器的状态监视功能是否正常,以及状态信息是否正确

前提条件:台站 1、浙江区域中心和国家中心已经部署安装完成并启动运行

输入/动作	期望的输出/响应	实际情况
无	台站 1 的应用服务器状态监视页面显示本地应用服务器的基本信息、内存使用情况、硬盘容量和 CPU 运行状况等状态信息	本地应用服务器的状态信息被监视到,与期望相符
无	浙江区域中心的应用服务器状态监视页面显示本地应用服务器的基本信息、内存使用情况、硬盘容量和 CPU 运行状况等状态信息	本地应用服务器的状态信息被监视到,与期望相符
无	国家中心的应用服务器状态监视页面显示本地应用服务器的基本信息、内存使用情况、硬盘容量和 CPU 运行状况等状态信息	本地应用服务器的状态信息被监视到,与期望相符

表 8.29　数据库服务器状态监视功能测试表

测试目的:测试数据库服务器的状态监视功能是否正常,以及状态信息是否正确

前提条件:台站 1、浙江区域中心和国家中心已经部署安装完成并启动运行

输入/动作	期望的输出/响应	实际情况
无	台站 1 的数据库服务器状态监视页面显示本地数据库服务器的基本信息、内存使用情况、硬盘容量和 CPU 运行状况等状态信息	本地数据库服务器的状态信息被监视到,与期望相符

续表

无	浙江区域中心的数据库服务器状态监视页面显示本地数据库服务器的基本信息、内存使用情况、硬盘容量和 CPU 运行状况等状态信息	本地数据库服务器的状态信息被监视到,与期望相符
无	国家中心的数据库服务器状态监视页面显示本地数据库服务器的基本信息、内存使用情况、硬盘容量和 CPU 运行状况等状态信息	本地数据库服务器的状态信息被监视到,与期望相符

2. 资源异常告警

应用服务器告警功能测试如表 8.30 所示。数据库服务器告警功能测试如表 8.31 所示。

表 8.30　应用服务器告警功能测试表

测试目的:测试应用服务器告警信息是否正确,以及告警信息是否联动一致

前提条件:台站1已经注册到浙江区域中心;浙江区域中心和宁夏区域中心已经注册到国家中心

输入/动作	期望的输出/响应	实际情况
将台站1的应用服务器连接状态设置为无法连接	浙江区域中心和国家中心的应用服务器告警页面均显示台站1的应用服务器连接状态为无法连接	台站1的应用服务器连接状态异常被区域中心和国家中心监视到,与期望相符
将台站1的应用服务器连接状态恢复为连接正常	浙江区域中心和国家中心的应用服务器告警页面均无台站1的应用服务器异常告警信息显示	各级节点台站1的应用服务器告警全部消失,与期望相符
将浙江区域中心的应用服务器连接状态设置为无法连接	国家中心的应用服务器告警页面显示浙江区域中心的应用服务器连接状态为无法连接	区域中心应用服务器连接状态异常被国家中心监视到,与期望相符
接上操作,将宁夏区域中心的应用服务器连接状态设置为无法连接	国家中心的应用服务器告警页面显示浙江区域中心的应用服务器连接状态为无法连接,宁夏区域中心的应用服务器连接状态为无法连接	区域中心应用服务器连接状态异常被国家中心监视到,与期望相符
将浙江区域中心的应用服务器连接状态恢复为连接正常	国家中心的应用服务器告警页面无浙江区域中心的应用服务器告警信息显示,显示宁夏区域中心的应用服务器连接状态为无法连接	区域中心应用服务器连接状态异常被国家中心监视到,与期望相符
将宁夏区域中心的应用服务器连接状态恢复为连接正常	国家中心的应用服务器告警信息页面无应用服务器告警信息显示	区域中心应用服务器连接状态被国家信号中心监视到,与期望相符

将国家中心的应用服务器连接状态设置为无法连接	国家中心无法访问	国家中心不能运行,与期望相符
将国家中心的应用服务器连接状态恢复为连接正常	国家中心访问正常,国家中心的应用服务器告警信息页面无应用服务器告警信息显示	国家中心恢复正常,与期望相符

表 8.31　数据库服务器告警功能测试表

测试目的:测试数据库服务器告警信息是否正确,以及告警信息是否联动一致
前提条件:台站 1 已经注册到浙江区域中心;浙江区域中心和宁夏区域中心已经注册到国家中心

输入/动作	期望的输出/响应	实际情况
将台站 1 的数据库服务器连接状态设置为无法连接	浙江区域中心和国家中心的数据库服务器告警页面显示台站 1 的数据库服务器连接状态为无法连接	台站 1 的数据库服务器连接状态异常被区域中心和国家中心监视到,与期望相符
将台站 1 的数据库服务器连接状态恢复为连接正常	浙江区域中心和国家中心的数据库服务器告警页面无台站 1 的数据库服务器异常告警信息显示	各级节点的台站 1 的数据库服务器告警全部消失,与期望相符
将浙江区域中心的数据库服务器连接状态设置为无法连接	国家中心的数据库服务器告警页面显示浙江区域中心的数据库服务器连接状态为无法连接	区域中心数据库服务器连接状态异常被国家中心监视到,与期望相符
接上操作,将宁夏区域中心的数据库服务器连接状态设置为无法连接	国家中心的数据库服务器告警页面显示浙江区域中心的数据库服务器连接状态为无法连接,宁夏区域中心的数据库服务器连接状态为无法连接	区域中心数据库服务器连接状态异常被国家中心监视到,与期望相符
将浙江区域中心的数据库服务器连接状态恢复为连接正常	国家中心的数据库服务器告警页面无浙江区域中心的数据库服务器告警信息显示,显示宁夏区域中心的数据库服务器连接状态为无法连接	区域中心数据库服务器连接状态异常被国家中心监视到,与期望相符
将宁夏区域中心的数据库服务器连接状态恢复为连接正常	国家中心的数据库服务器告警信息页面无数据库服务器告警信息显示	区域中心数据库服务器连接状态被国家中心监视到,与期望相符
将国家中心的数据库服务器连接状态设置为无法连接	国家中心无法访问	国家中心不能运行,与期望相符
将国家中心的数据库服务器连接状态恢复为连接正常	国家中心访问正常,国家中心的数据库服务器告警信息页面无数据库服务器告警信息显示	国家中心恢复正常,与期望相符

8.7 系统管理测试

8.7.1 节点管理

1. 节点注册

节点注册功能测试如表 8.32 所示。学科中心配置功能测试如表 8.33 所示。

表 8.32 节点注册功能测试表

测试目的:测试三级节点是否能够注册,以及注册过程中发生冲突时能否正确处理

前提条件:台站 1 和台站 3 配置了子台及一些仪器;浙江区域中心和宁夏区域中心配置了直属子台和一些仪器;国家中心已经部署运行

输入/动作	期望的输出/响应	实际情况
在台站 1 的节点注册页面中输入浙江区域中心的 IP 地址:10.33.5.212,进行注册	浙江区域中心的节点审批页面显示台站 1 名称、IP 地址等信息。出现审批/拒绝按钮,以供区域中心节点进行审批操作	注册台站基本信息出现在区域中心审批页面,与期望相符
在浙江区域中心的节点注册页面中输入国家中心的 IP 地址:10.5.11.9,进行注册	国家中心的节点审批页面显示注册的名称、IP 地址等信息。出现审批/拒绝按钮,以供国家中心节点进行审批操作	浙江区域中心出现在国家中心审批页面,与期望相符
在台站 1 的节点注册页面中输入国家中心的 IP 地址:10.5.11.9,进行注册	台站 1 的节点注册页面显示上级节点错误的信息提示	上级节点错误,台站不能注册,与期望相符
在台站 1 的节点注册页面中输入非本系统节点的 IP 地址:100.33.21.1,进行注册	台站 1 的节点注册页面显示上级节点错误的信息提示	上级节点错误,台站不能注册,与期望相符
在台站 1 的节点注册页面输入宁夏区域中心的 IP 地址:10.64.0.161,进行注册	台站 1 的节点注册页面显示不允许注册的信息提示	台站 1 非宁夏区域中心管理台站,不允许注册,与期望相符
将台站 1 再次注册到浙江区域中心	再次提交注册申请时提示台站 1 节点已经申请注册,不能再次申请	台站 1 再次申请被拒绝,并提示已经申请注册,与期望相符
将浙江区域中心两次注册到国家中心	第二次注册时提示浙江区域中心已经注册,不能重复注册	浙江区域中心再次申请被拒绝,并提示该区域中心已经注册,与期望相符

在浙江区域中心的节点注销页面中删除台站 1 后,再将台站 1 向浙江区域中心注册	台站 1 注册成功,浙江区域中心的节点注册页面显示区域中心所保存的台站 1 信息和台站 1 的现有信息,用户进行"区域中心下载"和"台站上传"的选择	台站 1 注册成功,配置信息保留方式可选择,与期望相符
接上操作,选择"区域中心下载"	台站 1 的配置信息为浙江区域中心保存的配置信息	台站 1 的配置信息为浙江区域中心保存的配置信息,与期望相符
在浙江区域中心的节点注销页面中删除已经注册的台站 3 后,再将台站 3 向浙江区域中心注册	台站 3 注册成功,浙江区域中心的节点注册页面显示区域中心所保存的台站 3 信息和台站 3 的现有信息,用户进行"区域中心下载"和"台站上传"的选择	台站 3 注册成功,配置信息保留方式可选择,与期望相符
接上操作,选择"台站上传"	台站 3 的配置信息为台站 3 再次注册时的配置信息	台站 3 的配置信息为再次注册时的配置信息,与期望相符
在国家中心的节点注销页面中删除浙江区域中心,再将浙江区域中心向国家中心注册	浙江区域中心注册成功;国家中心的节点注册页面显示国家中心保存的浙江区域中心的信息和浙江区域中心的现有信息,用户进行"国家中心下载"和"区域中心上传"的选择	浙江区域中心注册成功,与期望相符
接上面操作,点击"区域中心上传"	浙江区域中心的配置信息为浙江区域中心再次注册时的配置信息	浙江区域中心的配置信息为再次注册时的配置信息,与期望相符
在台站 1 和台站 3 中添加台站代码为 33002 的杭州地磁台后,先后注册到浙江区域中心	台站 1 注册时正常,当台站 3 注册时,弹出提示信息:台站代码 33002 与台站 1 的节点有冲突并拒绝台站 3 注册	给出冲突提示信息,与期望相符
在台站 1 添加台站代码为 33002 的杭州地磁台,在浙江区域中心添加台站代码为 33002 的杭州地磁台,将台站 1 向浙江区域中心注册	台站 1 注册时会监测到区域中心包含台站代码为 33002 的直属台站,拒绝台站 1 注册,并给出错误提示信息	给出错误提示信息,并拒绝注册,与期望相符

表 8.33　学科中心配置功能测试表

测试目的:测试学科中心配置功能是否正确,以及三级节点中的节点信息和仪器信息能否按照学科同步到学科中心

前提条件:台站 1 和台站 3 已经配置了所属台站和一些各个学科的仪器,并已经注册到浙江区域中心;台站 2 已经配置了所属台站和一些各个学科的仪器,并已经注册到宁夏区域中心;浙江区域中心和宁夏区域中心已经注册到国家中心;学科中心已经部署运行

输入/动作	期望的输出/响应	实际情况
在国家中心的学科配置页面添加重力学科中心的 IP 地址	重力学科中心和国家中心成功连接,在重力学科中心的节点拓扑页面查看到台站 1、台站 3 和台站 2 配置的重力学科的相应仪器配置信息	重力学科中心配置成功,节点和仪器信息同步到重力学科中心,与期望相符
在国家中心的学科配置页面添加地磁学科中心的 IP 地址	地磁学科中心和国家中心成功连接,在地磁学科中心的节点拓扑页面查看到台站 1、台站 3 和台站 2 所配置地磁学科的相应仪器配置信息	地磁学科中心配置成功,节点和仪器信息同步到地磁学科中心,与期望相符
在国家中心的学科配置页面添加地壳形变学科中心的 IP 地址	地壳形变学科中心和国家中心成功连接,在地壳形变学科中心的节点拓扑页面查看到台站 1、台站 3 和台站 2 所配置的地壳形变学科的相应仪器配置信息	地壳形变学科中心配置成功,节点和仪器信息同步到地壳形变学科中心,与期望相符
在国家中心的学科配置页面添加地电学科中心的 IP 地址	地电学科中心和国家中心成功连接,在地电学科中心的节点拓扑页面查看到台站 1、台站 3 和台站 2 所配置的地电学科的相应仪器配置信息	地电学科中心配置成功,节点和仪器信息同步到地电学科中心,与期望相符
在国家中心的学科配置页面添加地下流体学科中心的 IP 地址	地下流体学科中心和国家中心成功连接,在地下流体学科中心的节点拓扑页面查看到台站 1、台站 3 和台站 2 所配置的地下流体学科的相应仪器配置信息	地下流体学科中心配置成功,节点和仪器信息同步到地下流体学科中心,与期望相符

2. 节点审批

节点审批功能测试如表 8.34 所示。

表 8.34　节点审批功能测试表

测试目的:测试节点审批功能是否正确,以及节点的配置信息是否正确同步

前提条件:台站 1、浙江区域中心和国家中心已经部署运行

输入/动作	期望的输出/响应	实际情况
台站 1 向浙江区域中心提交注册申请后,在浙江区域中心的节点审批页面,点击"同意"	浙江区域中心的节点审批页面显示台站 1 审批结果为绿色标识;浙江区域中心的节点拓扑中可以查看台站节点 1 的配置信息;台站 1 的节点注册页面显示"已注册至 ZJ"的信息	台站注册批准成功,节点拓扑显示台站 1;审批结果为绿色标识,与期望相符
台站 1 向浙江区域中心提交注册申请后,在浙江区域中心的节点审批页面,点击"拒绝"	区域中心节点的审批页面删除该台站的申请信息,不修改区域中心数据库的任何数据;台站 1 的节点注册页面显示"该台站未注册"的信息	台站 1 的注册申请被浙江区域中心拒绝,审批数据被删除,与期望相符
浙江区域中心向国家中心提交注册申请后,在国家中心的节点审批页面,点击"同意"	国家中心的节点审批页面显示浙江区域中心审批结果为绿色标识;国家中心的节点拓扑中可以查看浙江区域中心及其所有台站和仪器配置信息;浙江区域中心的节点注册页面显示"该区域中心已经注册"的信息	区域中心注册批准成功,国家中心节点拓扑显示浙江区域中心,审批结果为绿色标识,与期望相符
浙江区域中心向国家中心提交注册申请后,在国家中心的节点审批页面,点击"拒绝"	国家中心的节点审批页面不显示浙江省区域中心的任何信息,不修改国家中心的任何数据;浙江区域中心的节点注册页面显示"该区域中心未注册"的信息	浙江区域中心的注册申请被国家中心拒绝,注册信息被删除,与期望相符

3. 节点注销

节点注销功能测试如表 8.35 所示。

表 8.35　节点注销功能测试表

测试目的:测试三级节点注销功能是否正确

前提条件:台站 1 和台站 3 已经注册到浙江区域中心;浙江区域中心和宁夏区域中心已经注册到国家中心

输入/动作	期望的输出/响应	实际情况
在浙江区域中心的节点注销页面中删除台站 1	浙江区域中心的节点拓扑仍然包括台站 1 及其下属子台和仪器,但台站 1 的图标改变为灰色,台站 3 的图标不变;国家中心的节点拓扑包含浙江区域中心的下属台站和信息,但台站 1 的图标改变为灰色,台站 3 的图标不变	台站 1 的图标改变为灰色,台站注销成功,与期望相符
在国家中心的节点注销页面删除浙江区域中心	国家中心的节点拓扑中包含浙江区域中心及其下属台站和仪器,但浙江区域中心的图标改变为灰色;宁夏区域中心的拓扑显示不变	浙江区域中心的图标改变为灰色,区域中心注销成功,与期望相符

4. 节点拓扑

节点注册、节点审批、节点注销,以及台站和仪器配置功能测试已经充分体现了节点拓扑的功能,并进行了相应功能的操作,这里不再进行单独测试。

8.7.2 日志管理

1. 数据采集日志

数据采集日志功能测试如表 8.36 所示。

表 8.36 数据采集日志功能测试表

测试目的:测试数据采集日志是否准确记录了所有数据采集任务的执行情况,是否可清晰查询
前提条件:台站 1 配置了子台和一些仪器,并已经注册到浙江区域中心,但未采集数据;浙江区域中心配置了直属子台和一些仪器,并已经注册到国家中心,但未采集数据

输入/动作	期望的输出/响应	实际情况
在台站 1 的数据采集日志页面的仪器名称选择"水温仪",开始日期选择 4 月 25 日,结束日期选择 4 月 28 日	台站 1 无数据采集日志信息显示	所选时间范围内数据采集未执行,无数据采集日志信息,与期望相符
采集台站 1 水温仪 4 月 15 日~4 月 28 日的数据。在台站 1 的数据采集日志页面的仪器名称选择水温仪,开始日期选择 4 月 25 日,结束日期选择 4 月 28 日	数据采集日志显示水温仪在 4 月 25 日~4 月 28 日之间的采集任务的执行情况:若执行成功,则显示为绿色标志;若执行失败,则显示为红色标志,给出采集失败现象及其原因	数据采集日志准确记录采集任务执行情况信息,可正确查询,与期望相符
采集浙江区域中心的台站 1 下的水位仪 4 月 25 日~4 月 30 日的数据	浙江区域中心的采集日志无水位仪采集日志信息显示;台站 1 的采集日志页面显示水位仪在 4 月 25 日~4 月 30 日之间的数据采集任务的采集日志信息	数据采集日志准确记录采集任务执行情况信息,在区域中心可正确查询,与期望相符
采集浙江区域中心直属子台的水位仪 4 月 25 日~4 月 30 日的数据	浙江区域中心的采集日志页面显示水位仪在 4 月 25 日~4 月 30 日之间的采集任务的执行情况;台站 1 的采集日志页面无此采集任务的日志信息显示	数据采集日志准确记录采集任务执行情况信息,在区域中心可正确查询,与期望相符

2. 数据交换日志

数据交换日志功能测试如表 8.37 所示。

表 8.37　数据交换日志功能测试表

测试目的:测试数据交换日志是否准确记录了所有数据交换任务的执行情况,是否可清晰查询

前提条件:台站 1 和台站 3 均已经采集了一定的数据,并已经注册到浙江区域中心;浙江区域中心已经注册到国家中心;浙江区域中心和国家中心均已部署备份数据库

输入/动作	期望的输出/响应	实际情况
在浙江区域中心的交换策略页面添加交换时间为 00 时 00 分的自动交换策略	浙江区域中心数据交换日志页面显示此次交换任务成功信息,包括交换起始时间、结束时间、交换内容及数量和交换结果等	数据交换日志准确记录此次交换任务执行情况,可正确查询,与期望相符
在浙江区域中心的交换策略页面添加交换时间为 00 时 00 分、09 时 00 分、16 时 00 分的自动交换策略	浙江区域中心数据交换日志页面显示 3 次交换任务成功信息,包括交换起始时间、结束时间、交换内容及数量和交换结果等	数据交换日志准确记录 3 次交换任务执行情况,可正确查询,与期望相符
在浙江区域中心的交换策略页面添加交换时间为 00 时 00 分、00 时 10 分的自动交换策略(假设 00 时 00 分交换需要的时间为 20 分钟)	浙江区域中心的数据交换日志中只记录 00 时 00 分时间点的交换任务成功信息,两次备份任务合并	数据交换日志准确记录交换任务合并信息,可正确查询,与期望相符
在浙江区域中心的交换策略页面执行手动交换策略	浙江区域中心的数据交换日志中显示此次交换任务成功信息,包括交换起始时间、结束时间、交换内容及数量和交换结果等	数据交换日志准确记录手动交换任务执行情况,可正确查询,与期望相符
在浙江区域中心的交换策略页面执行手动交换策略(假设该次交换需要的时间为 20 分钟)后,间隔 5 分钟后再执行一次手动交换策略	浙江区域中心的数据交换日志中只记录第一次手动交换任务成功信息,两次手动交换任务合并	数据交换日志准确记录手动交换任务合并信息,可正确查询,与期望相符
在国家中心的交换策略页面添加交换时间为 00 时 00 分的自动交换策略	国家中心数据交换日志页面显示此次交换任务成功信息,包括交换起始时间、结束时间、交换内容及数量和交换结果等	数据交换日志准确记录此次交换任务执行情况,可正确查询,与期望相符

续表

在国家中心的交换策略页面添加交换时间为 00 时 00 分、09 时 00 分、16 时 00 分的自动交换策略	国家中心数据交换日志页面显示 3 次交换任务成功信息,包括交换起始时间、结束时间、交换内容及数量和交换结果等	数据交换日志准确记录 3 次交换任务执行情况,可正确查询,与期望相符
在国家中心的交换策略页面添加交换时间为 00 时 00 分、00 时 20 分的自动交换策略(假设 00 时 00 分交换需要的时间为 30 分钟)	国家中心的数据交换日志中只记录 00 时 00 分时间点的交换任务成功信息,两次交换任务合并	数据交换日志准确记录交换任务合并情况信息,可正确查询,与期望相符
在国家中心的交换策略页面执行手动交换策略	国家中心的数据交换日志中记录此次交换任务成功信息,包括交换起始时间、结束时间、交换内容及数量和交换结果等	数据交换日志准确记录此次手动交换任务执行情况,可正确查询,与期望相符
在国家中心的交换策略页面执行手动交换策略(假设该次交换需要的时间为 30 分钟)后,间隔 20 分钟后再执行一次手动交换策略	在国家中心的数据交换日志中只记录第一次手动交换成功信息,两次手动交换任务合并	数据交换日志准确记录手动交换任务合并情况信息,可正确查询,与期望相符
在浙江区域中心的数据备份策略页面添加备份时间为周一 00 时 00 分的自动备份策略	浙江区域中心的数据备份日志中记录此次备份成功信息,包括备份起始时间、结束时间、备份内容及数量和备份结果等	数据备份日志准确记录此次备份任务执行情况,可正确查询,与期望相符
在浙江区域中心的数据备份策略页面添加备份时间为周一 00 时 00 分、周一 09 时 00 分、周一 16 时 00 分的自动备份策略	浙江区域中心的数据备份日志中记录 3 次备份任务成功信息,包括备份起始时间、结束时间、备份内容及数量和备份结果等	数据备份日志准确记录 3 次备份任务执行情况,可正确查询,与期望相符
在浙江区域中心的数据备份策略页面添加备份时间为周一 00 时 00 分、周一 00 时 10 分的自动备份策略(假设周一 00 时 00 分备份需要的时间为 20 分钟)	浙江区域中心的数据备份日志中只记录 00 时 00 分时间点的备份任务成功信息,两次备份任务合并	数据备份日志准确记录备份任务合并情况信息,可正确查询,与期望相符
在浙江区域中心的数据备份策略页面执行手动备份策略	浙江区域中心的数据备份日志中记录该次备份任务成功信息,包括备份起始时间、结束时间、备份内容及数量和备份结果等	数据备份日志准确记录此次手动备份任务执行情况,可正确查询,与期望相符
在浙江区域中心的数据备份策略页面执行手动备份策略(假设该次备份需要的时间为 20 分钟)后,间隔 5 分钟再执行一次手动备份策略	浙江区域中心的数据备份日志中只记录第一次手动备份成功信息,两次手动备份任务合并	数据备份日志准确记录备份任务合并情况信息,可正确查询,与期望相符

在国家中心的数据备份策略页面添加备份时间为周一 00 时 00 分的自动备份策略	国家中心的数据备份日志中记录此次备份成功信息,包括备份起始时间、结束时间、备份内容及数量和备份结果等	数据备份日志准确记录此次备份任务执行情况,可正确查询,与期望相符
在国家中心的数据备份策略页面添加备份时间为周一 00 时 00 分、周一 09 时 00 分、周一 16 时 00 分的自动备份策略	国家中心的数据备份日志中记录 3 次备份任务成功信息,包括备份起始时间、结束时间、备份内容及数量和备份结果等	数据备份日志准确记录 3 次备份任务执行情况,可正确查询,与期望相符
在国家中心的数据备份策略页面添加备份时间为周一 00 时 00 分、周一 00 时 10 分的自动备份策略(假设周一 00 时 00 分备份需要的时间为 20 分钟)	国家中心的数据备份日志中只记录 00 时 00 分时间点的备份任务成功信息,两次备份任务合并	数据备份日志准确记录备份任务合并情况信息,可正确查询,与期望相符
在国家中心的数据备份策略页面执行手动备份策略	国家中心的数据备份日志中记录该次备份任务成功信息,包括备份起始时间、结束时间、备份内容及数量和备份结果等	数据备份日志准确记录此次手动备份任务执行情况,可正确查询,与期望相符
在国家中心的数据备份策略页面执行手动备份策略(假设该次备份需要的时间为 20 分钟)后,间隔 5 分钟再执行一次手动备份策略	国家中心的数据备份日志中只记录第一次手动备份成功信息,两次手动备份任务合并	数据备份日志准确记录备份任务合并情况信息,可正确查询,与期望相符

3. 仪器监控日志

仪器监控日志功能测试如表 8.38 所示。

表 8.38　仪器监控日志功能测试表

测试目的:测试仪器监控日志是否准确记录了所有对仪器监控操作的执行情况,是否可清晰查询
前提条件:台站 1 配置了一些仪器,并已经注册到浙江区域中心;浙江区域中心配置了直属子台及一些仪器,并已经注册到国家中心

输入/动作	期望的输出/响应	实际情况
在台站 1 中,采集水温仪当天的仪器日志后,在监控日志的发送日志页面选择水温仪和当日日期	台站 1 的发送日志页面显示当日对水温仪进行仪器日志采集操作的结果信息,具体如下:若执行成功,则显示为绿色标志;若执行失败,则显示为红色标志,给出监控失败现象及可能原因	仪器监控日志准确记录仪器日志采集执行情况,可正确查询,与期望值相同

在台站 1 中,查看水温仪的仪器状态后,在监控日志的发送日志页面选择水温仪和当日日期	台站 1 的发送日志页面显示在当日对水温仪进行状态查询操作的结果信息,具体操作结果信息同上一操作	仪器监控日志准确记录仪器状态查询执行情况,可正确查询,与期望值相同
在台站 1 中,查看水温仪的仪器状态的测量参数后,在监控日志的发送日志页面选择水温仪和当日日期	台站 1 的发送日志页面显示在当日对水温仪进行测量参数查询操作的结果信息,具体操作结果信息同上一操作	仪器监控日志准确记录仪器测量参数查询执行情况,可正确查询,与期望值相同
在台站 1 中,查看水温仪的仪器状态的表述参数后,在监控日志的发送日志页面选择水温仪和当日日期	台站 1 的发送日志页面显示在当日对水温仪进行表述参数查询操作的结果信息,具体操作结果信息同上一操作	仪器监控日志准确记录仪器表述参数查询执行情况,可正确查询,与期望值相同
在台站 1 中,查看水温仪的仪器状态的网络参数后,在监控日志的发送日志页面选择水温仪和当日日期	台站 1 的发送日志页面显示在当日对水温仪进行网络参数查询操作的结果信息,具体操作结果信息同上一操作	仪器监控日志准确记录仪器网络参数查询执行情况,可正确查询,与期望值相同
在台站 1 中,对水温仪进行调零操作后,在监控日志的发送日志页面选择水温仪和当日日期	台站 1 的发送日志页面显示在当日对水温仪进行调零操作的结果信息,具体操作结果信息同上一操作	仪器监控日志准确记录仪器调零执行情况,可正确查询,与期望值相同
在台站 1 中,对磁通门磁力仪进行实时波形操作后,在监控日志的发送日志页面选择磁通门磁力仪和当日日期	台站 1 的发送日志页面显示在当日对磁通门磁力仪进行实时波形操作的结果信息,具体操作结果信息同上一操作	仪器监控日志准确记录仪器实时波形执行情况,可正确查询,与期望值相同
在浙江区域中心中,采集地电场仪当天的仪器日志后,在监控日志的发送日志页面选择地电场仪和当日日期	浙江区域中心的发送日志页面显示在当日对地电场仪进行仪器日志采集操作的结果信息,具体操作结果信息同上一操作	仪器监控日志准确记录仪器日志采集执行情况,可正确查询,与期望值相同
在浙江区域中心中,查看地电场仪的仪器状态后,在监控日志的发送日志页面选择地电场仪和当日日期	浙江区域中心的发送日志页面显示在当日对地电场仪进行状态查询操作的结果信息,具体操作结果信息同上一操作	仪器监控日志准确记录仪器状态查询执行情况,可正确查询,与期望值相同
在浙江区域中心中,查看地电场仪的仪器状态的测量参数后,在监控日志的发送日志页面选择地电场仪和当日日期	浙江区域中心的发送日志页面显示在当日对地电场仪进行测量参数查询操作的结果信息,具体操作结果信息同上一操作	仪器监控日志准确记录仪器测量参数查询执行情况,可正确查询,与期望值相同

在浙江区域中心中,查看地电场仪的仪器状态的表述参数后,在监控日志的发送日志页面选择地电场仪和当日日期	浙江区域中心的发送日志页面显示在当日对地电场仪进行表述参数查询操作的结果信息,具体操作结果信息同上一操作	仪器监控日志准确记录仪器表述参数查询执行情况,可正确查询,与期望值相同
在浙江区域中心中,查看地电场仪的仪器状态的网络参数后,在监控日志的发送日志页面选择地电场仪和当日日期	浙江区域中心的发送日志页面显示在当日对地电场仪进行网络参数查询操作的结果信息,具体操作结果信息同上一操作	仪器监控日志准确记录仪器网络参数查询执行情况,可正确查询,与期望值相同
在浙江区域中心中,对水温仪进行调零操作后,在监控日志的发送日志页面选择地电场仪和当日日期	浙江区域中心的发送日志页面显示在当日对地电场仪进行调零操作的结果信息,具体操作结果信息同上一操作	仪器监控日志准确记录仪器调零执行情况,可正确查询,与期望值相同
在浙江区域中心中,对磁通门磁力仪进行实时波形操作后,在监控日志的发送日志页面选择磁通门磁力仪和当日日期	浙江区域中心的发送日志页面显示在当日对磁通门磁力仪进行实时波形操作的结果信息,具体操作结果信息同上一操作	仪器监控日志准确记录仪器实时波形执行情况,可正确查询,与期望值相同

8.7.3 用户管理

1. 用户注册

用户注册功能测试如表 8.39 所示。

表 8.39 用户注册功能测试表

测试目的:测试系统的用户注册功能是否正确,以及能否处理用户注册过程中发生的冲突
前提条件:台站 1 和台站 3 已经注册到浙江区域中心,台站 2 已经注册到宁夏区域中心;浙江区域中心和宁夏区域中心已经注册到国家中心

输入/动作	期望的输出/响应	实际情况
在台站 1 的用户注册页面输入如下信息注册。 用户名:special,密码:123456,角色:专业用户	台站 1 的用户列表中显示 special 用户,状态为待审批	可完成注册,与期望相符
在台站 1 注册用户名为 special 的用户后,再在台站 1 注册相同用户	给出"该用户名已经注册"的提示信息	可检测到用户名冲突,与期望相符

续表

在台站 1 注册了密码为 123456 的用户后，再在台站 1 的用户注册页面输入如下信息后注册。 用户名：abcdef，密码：123456，角色：专业用户	台站 1 的用户列表中显示 special 和 abcdef 用户，状态均为待审批	用户名不同、密码相同注册不冲突，可完成注册，与期望相符
在台站 1 注册了用户名为 special 的用户后，再在台站 3 注册相同的用户	台站 1 和台站 3 的用户列表中均显示 special 用户，状态均为待审批	同一区域两个台站注册相同用户不冲突，可完成注册，与期望相符
在台站 1 注册了用户名为 special 的用户后，再在台站 2 注册相同的用户	台站 1 和台站 2 的用户列表中均显示 special 用户，状态均为待审批	不同区域两个台站注册相同用户不冲突，可完成注册，与期望相符
在台站 1 注册了用户名为 special 的用户后，再在浙江区域中心注册相同的用户	台站 1 和浙江区域中心的用户列表中均显示 special 用户，状态均为待审批	台站与区域中心注册相同用户不冲突，可完成注册，与期望相符
在浙江区域中心注册了用户名为 special 的用户后，再在宁夏区域中心注册相同的用户	浙江区域中心和宁夏区域中心的用户列表中均显示 special 用户，状态均为待审批	两个区域中心注册相同用户不冲突，可完成注册，与期望相符
在台站 1 注册了用户名为 special 的用户，再在浙江区域中心和国家中心注册相同的用户	台站 1、浙江区域中心和国家中心的用户列表中均显示 special 用户，状态均为待审批	台站、区域中心和国家中心注册相同用户不冲突，可完成注册，与期望相符

2. 用户审批

用户审批功能测试如表 8.40 所示。

表 8.40　用户审批功能测试表

测试目的：测试系统管理员的用户审批功能是否正确

前提条件：台站 1 中，专业用户 special 已经注册，未被审批；普通用户 normal 已经注册，未被审批；管理员 administrator 已经设定。浙江区域中心中，专业用户 special 已经注册，未被审批；普通用户 normal 已经注册，未被审批；管理员 administrator 已经设定

输入/动作	期望的输出/响应	实际情况
在台站 1 的用户审批页面，点击用户列表中 special 后面的"批准"按钮	台站 1 的 special 用户得到批准，可登录系统	用户审批成功，与期望相符

续表

在台站 1 的用户审批页面,点击用户列表中 normal 后面的"拒绝"按钮	台站 1 的 normal 用户注册被否决,用户列表中无该用户的信息,该用户不能登录系统	用户拒绝成功,与期望相符
在浙江区域中心的用户审批页面,点击用户列表中 special 后面的"拒绝"按钮	浙江区域中心的 special 用户注册被否决,用户列表中无该用户的信息,该用户不能登录系统	用户拒绝成功,与期望相符
在浙江区域中心的用户审批页面,点击用户列表中 normal 后面的"批准"按钮	浙江区域中心的 normal 用户得到批准,可登录系统	用户审批成功,与期望相符

3. 用户登录

用户登录功能测试如表 8.41 所示。

表 8.41　用户登录功能测试表

测试目的:测试用户能否正确地按权限登录系统

前提条件:台站 1 中,专业用户 special 已经注册并得到批准,其密码为 123456;普通用户 normal 已经注册并得到批准,其密码为 123456;用户 other 已经完成注册,其密码为 123456,未被审批;用户 another 未注册;管理员 administrator 已经设定,其密码为 123456

输入/动作	期望的输出/响应	实际情况
在台站 1 的用户登录页面输入用户名:administrator,密码:123456	administrator 登录成功,进入管理员用户首页	管理员可正确登录,与期望相符
在台站 1 的用户登录页面输入用户名:special,密码:123456	special 登录成功,进入专业用户首页	专业用户可正确登录,与期望相符
在台站 1 的用户登录页面输入用户名:normal,密码:123456	normal 登录成功,进入普通用户首页	普通用户可正确登录,与期望相符
在台站 1 的用户登录页面输入用户名:administrator,密码:654321	显示密码错误,用户登录失败,返回登录页面	密码错误,用户无法登录,与期望相符
在台站 1 的用户登录页面输入用户名:other,密码:123456	显示非法用户,用户登录失败,返回登录页面	未批准用户无法登录,与期望相符
在台站 1 的用户登录页面输入用户名:another,密码:123456	显示非法用户,用户登录失败,返回登录页面	未注册用户无法登录,与期望相符

4. 用户修改

用户修改功能测试如表 8.42 所示。

表 8.42　用户修改功能测试表

测试目的:测试系统中管理员的用户信息修改功能是否正确

前提条件:台站 1 中,专业用户 special 已经注册并得到批准,其密码为 123456;普通用户 normal 已经注册并得到批准,其密码为 123456;管理员 administrator 已经设定,其密码为 123456

输入/动作	期望的输出/响应	实际情况
在台站 1 的用户信息修改页面,管理员点击"administrator"用户,进行如下信息修改。用户名:admin,密码:654321;角色:管理员,真实姓名:刘某,单位:中国地震局地球物理研究所	在台站 1 的用户列表中,原 administrator 的用户信息改变为如下信息。用户名:admin,密码:654321;角色:管理员;真实姓名:刘某;单位:中国地震局地球物理研究所	管理员用户信息修改成功,与期望相符
在台站 1 的用户信息修改页面,管理员点击"special"用户,进行如下信息修改。用户名:professional,密码:123456;角色:专业用户;真实姓名:王某;单位:中国地震局地质研究所	在台站 1 的用户列表中,原 special 的用户信息改变为如下信息。用户名:professional,密码:123456;角色:专业用户;真实姓名:王某;单位:中国地震局地质研究所	专业用户信息修改成功,与期望相符
在台站 1 的用户信息修改页面,管理员点击"normal"用户,进行如下信息修改。用户名:general,密码:123456;角色:普通用户;真实姓名:赵某;单位:中国地震局工程力学研究所	在台站 1 的用户列表中,原 normal 的用户信息改变为如下信息。用户名:general,密码:123456;角色:普通用户;真实姓名:赵某;单位:中国地震局工程力学研究所	普通用户信息修改成功,与期望相符

5. 用户注销

用户注销功能测试如表 8.43 所示。

表 8.43　用户注销功能测试表

测试目的:测试系统中管理员对已经注册的用户进行注销的功能是否正确

前提条件:台站 1 中,管理员 admin 已经设定;专业用户 special 已经注册并得到批准;普通用户 normal 已经注册并得到批准

输入/动作	期望的输出/响应	实际情况
在台站 1 的用户注销页面的用户列表中,管理员选择 special 用户后点击"注销"	special 用户被删除,在用户列表中无 special 用户信息	专业用户可以注销,与期望相符
在台站 1 的用户注销页面的用户列表中,管理员选择 normal 用户后点击"注销"	normal 用户被删除,在用户列表中无 normal 用户信息	普通用户可以注销,与期望相符
在台站 1 的用户注销页面的用户列表中,管理员选择 admin 用户后点击"注销"	显示管理员不可删除的提示信息	管理员不可注销,与期望相符

第9章 系统部署与运行

9.1 系 统 部 署

9.1.1 空间部署

按照地震前兆观测台网的架构和运行管理机制,系统在空间上部署在台站、区域中心、国家中心和学科中心四级节点。各级节点因功能不同分为四个节点级别版本。具体部署情况如下。

① 台站版:部署在 285 个前兆台站节点。

② 区域中心版:部署在 35 个省级地震局前兆台网中心和中国地震局直属研究所的区域中心节点。

③ 国家中心版:部署在中国地震台网中心的国家地震前兆中心节点。

④ 学科中心版:部署在 5 个学科中心节点。

9.1.2 物理部署

地震前兆观测台网的台站、区域中心、国家中心和学科中心各级节点因功能设计不同而配置不同的管理软硬件平台,因此系统在各级节点的部署也不尽相同。各级节点的物理部署如表 9.1 所示。各级节点管理系统物理部署示意图如图 9.1 所示。

表 9.1 各级节点的物理部署

版本	应用服务器	数据库服务器	备份服务器	GIS 服务器
台站版	台站版管理系统	同机部署	无	无
区域中心版	区域中心版管理系统	主数据库系统	备份数据库系统	GIS 服务系统
国家中心版	国家中心版管理系统	主数据库系统	备份数据库系统	GIS 服务系统
学科中心版	学科中心版管理系统	主数据库系统	备份数据库系统	GIS 服务系统

为了满足本系统运行的需求,各级节点服务器环境要求如表 9.2 所示。

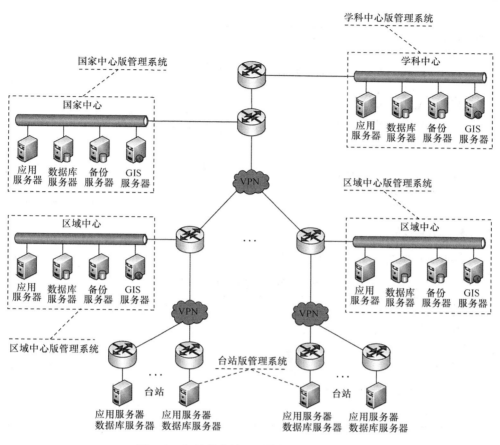

图 9.1　各级节点管理系统物理部署示意图

表 9.2　各级节点服务器环境要求

节点类型	支撑软件	服务器最低硬件要求
学科中心	SUSE Linux Enterprise 10 Oracle10g for SUSE Linux Enterprise 10 jdk-1_5-linux-i586 Apache2.0.48 Jakarta-Tomcat5.5.12 ArcIMS9.1	数据库服务器：2CPU、8GByte 内存 备份数据库服务器：2CPU、2GByte 内存 应用服务器：2CPU、2GByte 内存 GIS 服务器：2CPU、2GByte 内存
国家中心	SUSE Linux Enterprise 10 Oracle10g for SUSE Linux Enterprise 10 jdk-1_5-linux-i586 Apache2.0.48 Jakarta-Tomcat5.5.12 ArcIMS9.1	数据库服务器：4CPU、16GByte 内存 备份数据库服务器：4CPU、16GByte 内存 应用服务器：2CPU、4GByte 内存 GIS 服务器：2CPU、4GByte 内存

续表

节点类型	支撑软件	服务器最低硬件要求
区域中心	SUSE Linux Enterprise 10 Oracle10g for SUSE Linux Enterprise 10 jdk-1_5-linux-i586 Apache2.0.48 Jakarta-Tomcat5.5.12 ArcIMS9.1	数据库服务器:2CPU、8GByte 内存 备份数据库服务器:2CPU、2GByte 内存 应用服务器:2CPU、2GByte 内存 两个标准 RS232 接口 GIS 服务器:2CPU/2GByte 内存
台站	SUSE Linux Enterprise 10 Oracle10g for SUSE Linux Enterprise 10 jdk-1_5-linux-i586	服务器:2CPU、2GByte 内存 两个标准 RS232 接口

9.1.3 功能部署

各级节点的功能部署如表9.3所示。

表 9.3 各级节点的功能部署表

业务功能	台站	区域中心	国家中心	学科中心
元数据管理	√	√	√	√
数据采集	√	√		
数据交换		√	√	√
数据服务	√	√	√	√
系统监控	√	√	√	√
系统管理	√	√	√	√

9.2 系 统 安 装

9.2.1 数据库建表脚本

在系统安装时,首先需要建立数据库表。数据库建表脚本设计为新建表脚本和升级表脚本两类。

1. 新建表脚本

新建表脚本是针对所有数据表尚未创建的全新数据库设计的脚本,每个数据表需要按照设计的表结构建立。一些建表脚本可以共用,如原始观测数据和预处理数据的分钟值数据表、秒钟值数据表、小时值数据表、日值数据表、台站工作日志表和仪器运行日志表等。这些数据表在创建时只是表名不同、表结构相同。其他单一类型的数据表,如采集信息表、注册信息表等,每个表都需要各自的创建脚本,系统安装时根据表名自动查找相应的建表脚本进行创建。

2. 升级表脚本

升级表脚本是针对已经建有数据表的数据库进行升级而设计的脚本,系统安装时根据升级表脚本对数据表进行删除表、删除快照、修改表名、修改表结构等操作。

数据库建表脚本流程如图 9.2 所示。

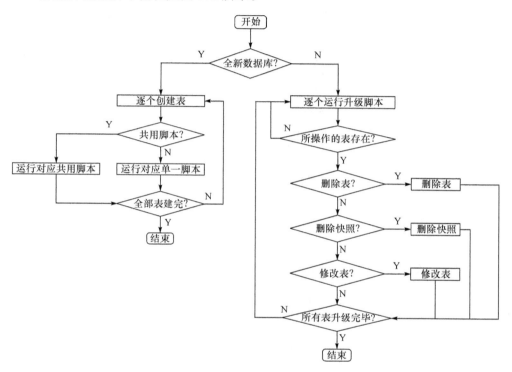

图 9.2 数据库建表脚本流程图

9.2.2 管理系统安装

管理系统安装前,应用服务器应已经安装完成 Linux 操作系统,数据库服务器已经安装完成 Oracle 数据库系统。

设计完成管理系统安装文件并上传至 Linux 服务器,安装文件包括 install. sh(安装程序启动文件)、run. sh(启动管理系统程序)、stoprun. sh(停止管理系统程序)、package(安装程序文件压缩包,包含安装控制文件、数据库脚本文件和应用程序安装文件)。

以 root 用户登录 Linux 服务器,打开一个 Linux 终端,输入". /install. sh"启动系统安装。管理系统安装流程如图 9.3 所示。

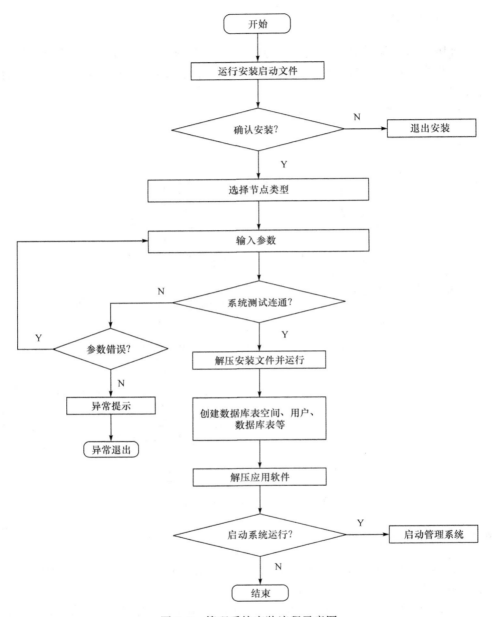

图 9.3　管理系统安装流程示意图

9.2.3　备份数据库安装

管理系统安装前备份数据库服务器已经安装完成 Linux 操作系统和 Oracle 数据库系统。

　　设计完成管理系统安装文件包含备份数据库安装程序并上传至备份数据库服务器。

　　系统以 root 用户登录 Linux 服务器，打开一个 Linux 终端，输入". /install. sh"启动安装。备份数据库安装流程如图 9.4 所示。

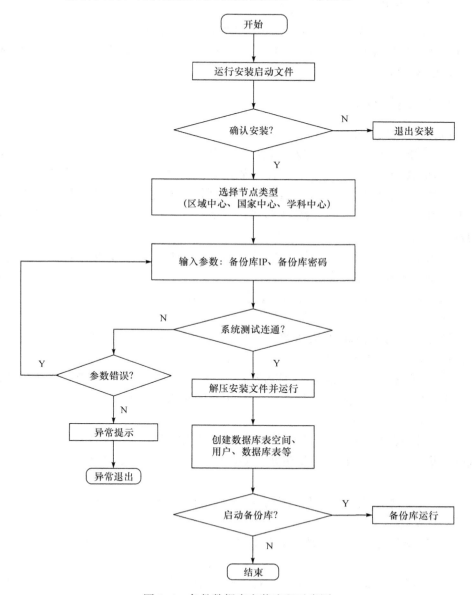

图 9.4　备份数据库安装流程示意图

9.3 系统运行维护

9.3.1 日常维护

本管理系统作为信息管理系统,依赖数据库运行,因此系统日常维护主要涉及管理系统的维护和数据库系统的维护。下面针对这两部分日常运行的典型问题介绍相应的维护策略。

1. 管理系统维护

(1) 仪器 ID 冲突

① 故障现象。由于部分仪器厂家没有完全遵守仪器 ID 编码规则,对仪器重复编码,而管理系统设计时没有在任何节点对仪器 ID 进行全网唯一性校验,因此台站添加新仪器后有可能造成上级节点的仪器 ID 冲突。出现仪器 ID 冲突时,导致上下级节点之间的注册失败,仪器基础信息的快照更新异常,系统出现仪器冲突的告警页面等。

② 解决策略。通过手工更改数据库中仪器 ID 的办法解决冲突问题。以区域中心为例介绍具体解决策略。

第一,登录区域中心数据库,执行查询操作语句,查询得到发生冲突的仪器 ID。

第二,将查询得到的冲突仪器 ID 作为参数,执行查询操作语句,可以查询得到两条记录,指向发生冲突的具体台站和测点。

第三,根据仪器 ID 编码规则重新编制一个新的仪器 ID,执行更新操作语句,将一个冲突的仪器信息表的原有仪器 ID 更新为重新编制的仪器 ID 。

(2) 数据采集逾期

① 故障现象。仪器运行正常,由网络环境不正常等原因造成在 15 天内自动数据采集和手动数据采集均未成功。数据采集超过系统设计的 15 天时间期限。

② 解决策略。

第一,通过仪器网页下载或现场网络通信直连数据传输的方式得到仪器上指定的数据文件。

第二,按照文件导入数据采集方式的规则进行数据文件格式整理和数据文件命名。

第三,将符合规则要求的数据文件上传至指定路径。

第四,通过文件导入的数据采集页面完成数据采集。

（3）数据文件无法入库

① 故障现象。由于网络传输突发异常或仪器自身数据传输的不稳定等原因，数据采集时可能发生由数据文件化失败而导致的数据无法入库。造成这一故障现象的原因是设备返回的数据中含有采集模块无法识别和校正的非法字符。此外，从仪器网页上下载的数据文件没有错误，能够采集入库，而通过采集模块得到的数据仍然不能入库，可能是仪器从网页上发送数据和给管理系统发送数据采用不同的网络端口或调用不同的发送程序造成的差异。

② 解决策略。

第一，采用手动数据采集基本可以解决因数据传输不稳定造成的无法入库故障。

第二，采取上一个故障"数据采集逾期"的解决策略完成。

第三，联系仪器厂家彻底解决仪器自身传输不稳定或不一致等问题。

（4）节点间基础信息不一致

① 故障现象。管理系统基础信息同步采用 Oracle 的快照技术，在小数据量和低更新同步频率的情况下，基础信息同步是基本稳定可靠的，但是在台站和测点较多的区域中心和国家中心，运行较长时间后偶尔会出现各节点之间基础信息的不一致现象，影响观测业务数据的使用。

② 解决策略。对于少量基础信息可以直接操作数据库进行更新解决，对于大量基础信息更新则可编写批处理执行脚本完成。下面以区域中心更新台站基础信息为例介绍解决策略。

第一，登录区域中心本地数据库，执行删除操作语句，删除需要更新的台站基础信息。

第二，通过 DBLink 拷贝下级台站节点对应的基础信息，执行插入操作语句，将重新拷贝的基础信息插入本地数据库相应的台站基础信息表中。

支撑管理系统运行最为重要的四张基础信息表，即台站基础信息表、测点基础信息表、仪器基础信息表和测项基础信息，应同时进行更新操作。

（5）数据交换缓慢

① 故障现象。数据库表空间不够或者节点间网络不稳定造成数据交换缓慢，有时出现数据交换超时现象。

② 解决策略。

第一，查看两个节点的数据库表空间，如果数据库表空间不够，及时增加表空间。

第二，查看节点间网络是否稳定，若不稳定及时与网络技术支持联系。

第三，查看数据库服务器资源是否被大量占用。

解决以上问题之后，可点击系统监控-进程状态-交换进程-停止当前交换任务，中止当前交换任务,稍后再试。

（6）数据交换失败

① 故障现象。在管理系统实际运行过程中,由于各种原因,偶尔发生下级节点观测数据不能交换至上级节点的现象,自动交换和手动交换均失败。

② 解决策略。在此以台站观测数据交换到区域中心失败为例说明解决策略。

第一,首先采取更新台站未交换观测数据的索引的对策。登录台站数据库,执行更新操作语句,更新未交换的数据表。更新数据表名、索引名、台站代码、测点代码、起止日期。数据表更新成功后,在区域中心执行手动交换或等待下一次的自动交换执行,将台站未交换的观测数据交换到区域中心。

第二,如果第一种方法无效,则采取远程拷贝台站观测数据到区域中心的解决策略。登录区域中心数据库,执行台站未交换数据表插入区域中心本地对应数据表的操作语句,将台站未交换的观测数据远程拷贝至区域中心。

（7）系统密码变更

① 故障现象。管理系统或数据库系统重新安装,或者出于安全考虑定期更换密码等原因,引起管理系统密码的变化,需要上级节点更新对应的下级节点密码,否则会影响两级节点的信息交互功能。

② 解决策略。在此以台站变更系统密码后,区域中心和台站的操作为例进行解决策略说明。

第一,采用管理系统本身提供的注册注销的解决策略。在区域中心注销该台站;台站变更系统密码后重新向区域中心注册;区域中心重新批准该台站。

第二,当基础信息较多的台站变更系统密码,采用注册注销策略更新区域中心中对应的密码耗时较长,而且容易失败,建议采用手工干预解决策略。根据系统密码变更台站的台站代码选定原 DBLink 后删除;重新建立 DBLink;连接台站数据库并识别台站的新密码;重新设置区域中心中对应台站的系统密码。

（8）系统参数配置更改

① 故障现象。系统参数配置文件是系统运行的核心参数文件,配置文件以 xml 文件保存在应用服务器的指定目录下。系统运行过程中根据此参数文件保存的信息进行数据库连接、GIS 服务器连接等操作。当系统参数配置文件发生变更时,必须对参数配置文件重新按照规定格式要求进行正确配置。

② 解决策略。在系统指定的目录下打开系统参数配置文件,按照以下格式重新配置:数据库 IP 地址、数据库端口号、数据库 JDBC(Java data base connectivity)链接地址、数据库访问密码、数据库实例密码、节点代码、节点名称、节点所在机构代码、应用服务器 IP 地址、应用服务器端口号、GIS 服务器 IP 地址、GIS 服务器端口号和自动数据交换时间点。

2. 数据库系统维护

（1）操作系统升级

① 故障现象。服务器升级后，需要在服务器上安装 64 位的 SUSE10 操作系统和 Oracle 数据库，而历史数据存放在 32 位的 Oracle 数据库中，在对历史数据冷备到 64 位的数据库系统的过程中，需要执行参数修改操作才能使迁移的数据库正常启动，否则会出现异常报错。

② 解决策略。

第一，以 SYS 用户登录数据库，重启数据库服务，并进入 SQL 语句编辑状态。

第二，执行语句：select status from dba_objects where object_name='DBMS_STANDARD' and object_type='PACKAGE' and owner='SYS'。

第三，执行语句：select object_name from dba_objects where status='INVALID'。

当查询结果为空时即更改完毕，重启数据库服务即可。

（2）数据库表解锁

① 故障现象。Oracle 多用户操作某数据表时，如果前兆数据库中有多个软件对该数据表同时操作，可能发生锁表现象。这时其他用户读取该表时会出现假死现象。

② 解决策略。

第一，查看锁表进程。

第二，杀掉锁表进程。

（3）数据库表索引修复

① 故障现象。数据库经过长期运行后，可能出现表索引损坏，特别是数据记录量大的表、操作频繁的表和数据量大的数据库容易出现该问题。具体情况有包括从表中选择数据时报错；查询结果不正常；插入记录时报错；打开表时失败。

② 解决策略。

第一，以 SYS 用户登录本地数据库，执行 analyze table 对可疑表进行分析，若返回异常，执行下一步。

第二，对可疑表的索引进行查询，若返回异常，执行下一步。

第三，重建表索引。

（4）数据库数据丢失恢复

① 故障现象。地震前兆观测数据是历史数据，不能再生，保证数据不丢失至关重要。在实际业务运行中，由各类原因导致的误操作等会造成数据丢失。

② 解决策略。

第一，执行 alter table 提交需要恢复的表行号。

第二，执行 flashback table 对表进行闪回，恢复到指定时刻。

（5）数据库悬挂修复

① 故障现象。Linux x86 服务器在运行天数是 24.8 的倍数时,有可能引发 CPU 占用率突然达到 100% 的现象。此时操作系统命令可以执行,但 Oracle 的命令,如 lsnrctl、sqlplus、dbca 等都会被悬挂,不能执行,Oracle 用户登录到应用服务器后运行速度减慢。

② 解决策略。通过安装相应版本的数据库补丁包来解决。以下是 Oracle10.2.0.1 版本数据库的补丁安装过程,其他版本过程类似。

第一,查看数据库版本,确定是 32 位还是 64 位。

第二,下载相应的补丁包。

第三,停止数据库,并将补丁压缩包上传至数据库目录后解压缩。

第四,运行补丁命令,补丁包安装好后重新启动数据库。

（6）数据库表空间维护

① 故障现象。表空间维护是数据库日常维护的一项重要内容,很多异常现象与此相关,包括数据库运行效率变低、变慢、易卡;影响各级节点交换和丢数;相关应用软件不能访问数据库等。

② 解决策略。使用 Oracle 企业管理工具（oracle enterprise manager,OEM）进行维护。

第一,用 SYS 用户登录 OEM,进入主页面,查看数据库各个指标概览。

第二,进入表空间管理页面,点击数据文件选项 datafiles。

第三,查看表空间使用百分比。若发现有的表的表空间接近满载,点击进入相应表的表空间数据文件添加页面,配置并添加数据文件。

（7）数据库数据逻辑备份

① 故障现象。在地震前兆台网实际运行和应用中,需要将特定仪器特定时期或特定条件的数据导出,以便数据的传阅、使用和备份保存。

② 解决策略。采用 Oracle 数据库的数据泵技术进行数据的导出和导入。

9.3.2 灾难恢复

1. 应用服务器故障恢复

应用服务器因故宕机,但数据库服务器完全正常时,待应用服务器恢复正常工作后,使用系统安装文件重新安装管理系统。安装过程将数据库 IP 地址指向正常运行的数据库服务器,但对正在执行的任务进程需进行相应的补救措施。

（1）数据采集任务

应用服务器恢复,应用程序重新启动后,数据采集进程自动查找宕机前未完成的任务,并记录日志为此次任务异常终止,重新下发此次数据采集任务。管理员查看该数据采集任务再次执行的采集日志,确认该任务的准确完成,否则可以通过手动数据采集补救。

(2) 数据交换任务

应用服务器恢复,应用程序重新启动后,数据交换进程自动查找宕机前未完成的任务,并记录日志为此次任务异常终止,重新执行此次数据交换任务。管理员数据查看该数据交换任务再次执行的交换日志,确认该任务的准确完成,否则可以通过手动交换补救。

2. 数据库服务器故障恢复

数据库服务器因故宕机,但备份数据库正常时,需要重新安装管理系统应用程序,使其指向正常运转的备份数据库,并执行一系列数据库切换操作。下面分别介绍台站、区域中心、国家中心和学科中心的数据库服务器故障的恢复策略。

(1) 台站数据库服务器故障恢复策略

① 台站管理员重新安装数据库服务器,此时无须配置与该台站相关的任何台站和仪器。

② 区域中心管理员在区域中心节点删除宕机的台站节点。

③ 台站管理员将本台站节点向区域中心重新提交注册申请。

④ 区域中心管理员审批重新恢复的台站节点提交的注册申请。

⑤ 区域中心管理员将该台站节点在服务器宕机前储存在区域中心数据库的信息下载到重新恢复的台站节点。修复后,台站节点数据库中的配置信息将恢复到宕机前的状态,但台站节点先前采集的数据将只保留在注册的区域中心数据库中。

(2) 区域中心数据库服务器故障恢复策略

① 区域中心管理员重新安装数据库服务器,并从区域中心备份数据库恢复丢失的数据表数据信息。

② 区域中心管理员在区域中心的节点审批页面中,对所有台站节点重新审批(不需要强制注销下级节点台站,下级节点台站也无须向区域中心发送注册申请)。

③ 如果该区域中心未注册到国家中心,区域中心数据库恢复到此结束。如果该区域中心已经注册到国家中心,还需进行如下几步恢复工作。

第一,区域中心管理员通知国家中心管理员注销该区域中心节点。

第二,区域中心管理员将本节点重新向国家中心提交注册申请。

第三,国家中心管理员在国家中心节点审批页面批准该区域中心的注册申请。

第四,区域中心管理员将该区域中心的配置信息重新上传。

（3）国家中心数据库服务器故障恢复策略

① 国家中心管理员重新安装数据库服务器，并从国家中心的备份数据库恢复丢失的数据表数据信息。

② 国家中心管理员在国家中心的节点审批页面中，对所有区域中心节点及学科中心节点重新审批（不需要强制注销下级节点，下级节点也无须向国家中心发送注册申请）。

（4）学科中心数据库服务器故障恢复策略

① 学科中心管理员重新安装数据库服务器，并从学科中心的备份数据库恢复丢失的数据表数据信息。

② 学科中心管理员通知国家中心管理员，在学科中心配置页面，注销该学科中心节点。

③ 国家中心管理员注销宕机的学科中心，然后重新配置恢复学科中心。

3．网络故障恢复

网络通信中断时，系统按照一定的中断时间设计恢复策略。

（1）网络中断 20 分钟以内

① 数据采集任务。如果网络中断时正在执行数据采集任务，则正在执行的数据采集任务超时，之后的数据采集任务连接设备失败，需要重新下发数据采集指令。

② 数据交换任务。如果网络中断时正在执行数据交换任务，网络恢复后，交换任务会继续执行，不对此次数据交换任务造成任何影响，不需任何补救措施。

③ 系统监控任务。对于访问仪器的监控任务，维护策略与数据采集任务相同。对于进程监视和资源监视，本次监视任务失败，待下次监视任务启动后自动恢复。

（2）网络中断 20 分钟以上

① 数据采集任务。如果网络中断时正在执行数据采集任务，则正在执行的数据采集任务超时，之后的采集任务连接设备失败，重新下达采集指令。

② 数据交换任务。如果网络中断时正在执行数据交换任务，如果网络在 20 分钟无法恢复，此次数据交换任务失败，整个任务回滚至任务执行前的状态，重新下达此次数据交换任务指令。

③ 系统监控任务。对于访问仪器的监控任务，维护策略与数据采集任务相同。对于进程监视和资源监视，本次监视任务失败，待下次监视任务启动后自动恢复。